初級會計
實務核算

張幫鳳、唐 瑩 ◎ 主編

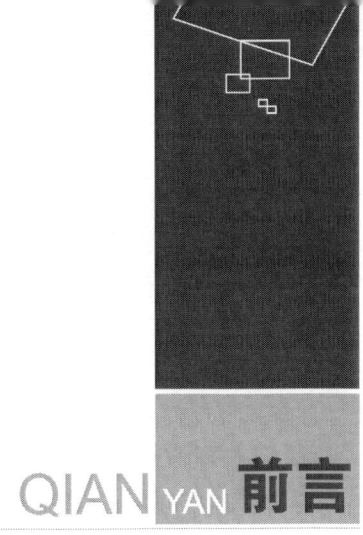

QIAN YAN 前言

　　初級會計實務核算是高職高專會計學專業的主幹課程，也是會計專業知識結構中的主體部分。本書以最新修訂執行的《企業會計準則》及其應用指南為編寫依據，同時以教育部《全面提高高等職業教育教學質量的若干意見》文件為指導，以高職高專會計專業的人才培養目標、市場需求、職業崗位群為導向，本著理論知識夠用、強化實踐能力的要求，打破傳統上按會計要素為內容的編排方式，按主要會計崗位設置教學模塊，每個模塊以項目為載體，典型工作任務為驅動，按「項目任務式」進行知識講解，力求使學生明確學習任務、掌握任務核心、完成任務操作。本書具有如下特點：

　　（1）立足真實會計職業崗位。本教材以會計職業崗位能力需求為切入點，以崗位調查和素質、知識、能力的分析為依據，對傳統以會計要素為模塊的初級會計實務內容進行優化整合，把知識點、能力要素落實到具體課程中，建立與會計崗位相互對應的教學模塊，參照初級會計職稱資格考試大綱，直接面向學生將來就業的職業崗位安排教學內容，更有利於培養學生職業適應能力。

　　（2）教材內容與時俱進。隨著社會經濟的發展，中國企業會計準則和稅收法規近年來進行了較大幅度的變動，教材內容的編寫力求體現會計理論與會計實務的新發展，與新頒布和修訂的企業會計準則及相關法律、法規保持一致。

　　（3）編寫體例有助於學生學習。我們在每個模塊下介紹了崗位具體核算內容，每個項目下列示了項目任務細分表，條理清晰，內容一目了然。在每個具體任務中都提示了任務目的，讓學生目標明確，圍繞著任務目的的完成，進行任務指導學習，最後對每個任務再次進行重點內容的歸納提煉，並提供了恰當、適量的練習題，以培養學生的實務處理能力。

　　本書由重慶商務職業學院張幫鳳和唐瑩主編，張幫鳳提出全書的編寫大綱和組織編寫

工作，並負責全書初稿的修改和最終的統稿、定稿，唐瑩負責體例的設計。具體編寫分工為：張幫鳳編寫模塊1、模塊2、會計實務分錄精編；唐瑩編寫模塊3；重慶商務職業學院周麗編寫模塊4，雷霞編寫模塊6、模塊7；重慶電子工程職業學院駱劍華編寫模塊5。

  本書在編寫過程中參閱了大量的不同版本、不同層次的教材，從內容、結構上得到了一些啟示，進行了一些借鑒，同時走訪了多家企業，得到了多方人士的幫助和支持，重慶匯博燁煜稅務師事務所所長張承建先生對全書內容進行了審定，在此一併表示感謝。由於編者水平有限，教材中難免出現疏漏，歡迎讀者批評指正！

編　者

2015 年 9 月

MU LU 目錄

模塊 1　出納崗位涉及的業務核算 ──── 001

　　項目 1.1　庫存現金的核算　　　　　　　　　　001

　　項目 1.2　銀行存款的核算　　　　　　　　　　009

　　項目 1.3　其他貨幣資金的核算　　　　　　　　017

模塊 2　往來結算會計崗位涉及的業務核算 ──── 026

　　項目 2.1　購銷往來的核算　　　　　　　　　　026

　　項目 2.2　其他往來及應收款項減值的核算　　　045

　　項目 2.3　往來中涉及流轉稅及附加的核算　　　052

模塊 3　財產物資會計崗位涉及的業務核算 ──── 071

　　項目 3.1　存貨的核算　　　　　　　　　　　　071

　　項目 3.2　固定資產的核算　　　　　　　　　　104

　　項目 3.3　投資性房地產的核算　　　　　　　　122

　　項目 3.4　無形資產的核算　　　　　　　　　　132

模塊 4　資金管理會計崗位涉及的業務核算 ──── 139

　　項目 4.1　籌資的核算　　　　　　　　　　　　139

　　項目 4.2　投資的核算　　　　　　　　　　　　160

模塊 5　職工薪酬會計崗位涉及的業務核算 　192

項目 5.1　職工薪酬核算基本認知 　192

項目 5.2　短期薪酬的核算 　199

項目 5.3　離職后福利的核算 　215

模塊 6　財務成果會計崗位涉及的業務核算 　227

項目 6.1　收入的核算 　227

項目 6.2　費用的核算 　246

項目 6.3　利潤的核算 　255

模塊 7　財務報告編製崗位 　267

項目 7.1　財務報告基本認知 　267

項目 7.2　基本財務報表的編製 　269

參考文獻 　286

附錄　會計實務分錄精編 　287

模塊 1　出納崗位涉及的業務核算

【模塊介紹】

1. 出納簡介

出即支出，納即收入，出納包括出納工作和出納人員兩種含義。出納工作，是指按照有關規定和制度，辦理本單位的現金收付、銀行結算及有關帳務，保管庫存現金、有價證券、財務印章及有關票據等工作的總稱。出納人員，指從事出納工作的人員，從廣義上講，出納人員既包括會計部門的出納人員，也包括業務部門的各類收款員（收銀員）；狹義的出納人員僅指會計部門的出納人員。一般來講，在銀行開戶並有經常性現金收入和支出、實行獨立核算的企事業單位都應該配備出納人員。根據會計基礎工作規範，出納崗位屬於會計工作崗位，各單位應在財會部門設置出納崗位，根據出納業務量的大小和繁簡程度配備相應的出納人員。因此，本模塊涉及的出納指狹義範疇的出納。

2. 出納崗位主要職責

（1）出、納工作：辦理現金收付和結算業務。

（2）保管工作：保管庫存現金和各種有價證券，保管有關印章、空白收據和空白支票，保險箱管理。

（3）核算工作：貨幣資金收付業務核算，日記帳登記，貨幣資金盤查。

注意：根據會計機構內部牽制制度的需要，出納人員不得兼任稽核、會計檔案保管和收入、費用、債權債務帳目的登記工作。

3. 出納崗位具體核算內容

以《企業會計準則》分類為指南，結合國家對高職高專財經類學生專業素質的要求，本模塊主要介紹出納崗位的核算工作，具體包括庫存現金、銀行存款、其他貨幣資金三種貨幣資金的核算。

項目 1.1　庫存現金的核算

【項目介紹】

本項目內容以《現金管理暫行條例》《企業會計準則第 22 號——金融工具確認和計

量》及《企業會計準則第22號——金融工具確認和計量》應用指南為指導，主要介紹庫存現金的管理及庫存現金的核算，要求學生通過學習對庫存現金的管理及具體核算內容產生認知，通過任務處理，進一步演練借貸記帳法，為會計實務工作打下基礎。

【項目實施標準】

本項目通過完成3項具體任務來實施，具體任務內容結構如表1.1-1所示

表1.1-1　　　　　　　「庫存現金的核算」項目任務細分表

任務	子任務
任務1.1.1　庫存現金的管理	—
任務1.1.2　庫存現金的核算	1. 庫存現金的日常收支核算
	2. 庫存現金的清查

任務1.1.1　庫存現金的管理

【任務目的】

通過完成本任務，使學生熟悉國家現行現金管理制度，能對現金管理行為進行判斷，為出納實務工作以及后續庫存現金核算打下理論基礎。

【任務指導】

1. 貨幣資金的概念及內容

貨幣資金是指企業生產經營過程中處於貨幣形態的那部分資產，按存放地點分為庫存現金、銀行存款和其他貨幣資金。

2. 庫存現金的概念

庫存現金是指存放於企業財會部門、由出納人員經管的貨幣。它是企業流動性最強的資產，是最直接的交換、流通的支付手段，很容易被挪用和侵吞，因此，企業應當嚴格遵守國家有關現金管理制度，正確進行現金收支的核算，監督現金使用的合法性與合理性。

3. 庫存現金的管理制度

為強化現金管理，國務院早在1988年就頒布並要求在銀行和其他金融機構開立帳戶的機關、團體、部隊、企業、事業單位和其他單位執行《現金管理暫行條例》，后於2011年做了修訂。現金管理制度主要包括以下內容：

（1）現金的使用範圍

根據國務院發布的《現金管理暫行條例》的規定，開戶單位只可在下列範圍內使用現金：

①職工工資、津貼；

②個人勞務報酬；

③根據國家規定頒發給個人的科學技術、文化藝術、體育等各種獎金；

④各種勞保、福利費用以及國家規定的對個人的其他支出；

⑤向個人收購農副產品和其他物資的款項；
⑥出差人員必需隨身攜帶的差旅費；
⑦結算起點（1,000元）以下的零星支出；
⑧中國人民銀行確定需要支付現金的其他支出。
除上述規定範圍內的其他款項的支付，必須通過銀行進行轉帳結算。
（2）現金的限額
現金的限額是指為了保證開戶單位日常零星開支的需要，允許單位留存現金的最高數額。這一限額由開戶銀行根據開戶單位的實際需要核定，一般按照單位3~5天日常零星開支的需要確定，邊遠地區和交通不便地區開戶單位的庫存現金限額，可按多於5天但不超過15天的日常零星開支的需要確定。一個單位在幾家銀行開戶的，由一家開戶銀行核定開戶單位庫存現金限額。核定后的現金限額，開戶單位必須嚴格遵守，超過部分應於當日終了前存入銀行，庫存現金低於限額時，可以簽發現金支票從銀行提取現金，以補足限額。需要增加或減少現金限額的單位，應向開戶銀行提出申請，由開戶銀行核定。
（3）現金收支的規定
①開戶單位收入的現金，應於當日送存開戶銀行，當日送存確有困難的，由開戶銀行確定送存時間。
②開戶單位支付現金，可以從本單位庫存現金限額中支付或者從開戶銀行提取，不得從本單位的現金收入中直接支付（即坐支）。因特殊情況需要坐支現金的，應當事先報經開戶銀行審查批准，由開戶銀行核定坐支範圍和限額。坐支單位應當定期向開戶銀行報送坐支金額和使用情況。
③開戶單位從開戶銀行提取現金，應當寫明用途，由本單位財會部門負責人簽字蓋章，經開戶銀行審核后，支付現金。
④因採購地點不固定，交通不便，生產或者市場急需，搶險救災以及其他特殊情況必須使用現金的，開戶單位應當向開戶銀行提出申請，由本單位財會部門負責人簽字蓋章，經開戶銀行審核后，支付現金。
⑤嚴格做到「八不準」：不準用不符合國家統一的會計制度的憑證頂替庫存現金，即不得「白條頂庫」；不準謊報用途套取現金；不準用銀行帳戶代其他單位和個人存入或支取現金；不準將單位收入的現金以個人名義儲蓄；不準保留帳外公款，即不得「公款私存」；不得設置「小金庫」；不準發行變相貨幣；不準以任何票券代替人民幣在市場上流通。
（4）現金的內部控制制度
所謂內部控制制度，是指企業決策層、職能部門、下屬單位及其人員之間處理各種業務活動時相互聯繫、相互制約的管理體系。由於現金具有貨幣性和通用性特徵，必須建立、健全嚴密的現金內部控制制度，加強現金的管理。一般來講，現金的內部控制制度應具備以下基本內容：
①錢帳分管制度。出納人員不得兼管稽核、會計檔案保管和收入、費用、債權、債務帳目的登記工作。現金總帳不能由出納登記而應由會計登記；另外還可以讓出納登記一些和庫存現金、銀行存款不產生對應關係的帳簿，比如累計折舊等明細帳。

②現金收支審核制度。企業的一切收支，都必須取得或填製原始憑證，作為收付款的書面證明。會計主管人員或其他指定人員對證明收付款的一切原始憑證，都應認真審核和簽章。單位各項現金的收支，必須以合法的原始憑證為依據，經會計主管人員的審核和授權批准人員審批後，才能據以收支款項。現金收付業務辦理完畢，應在收付款憑證上加蓋「現金收訖」或「現金付訖」印章和出納人員名章，表示款項已經收付完畢。

③現金日清月結制度。日清是指出納人員對當日的現金收付業務全部登記現金日記帳，結出帳面餘額，並與庫存現金實有數核對，保證帳款相符；月結是指出納人員必須對現金日記帳按月結帳，定期或不定期地與會計人員核對帳目，以保證帳帳相符。

④現金保管制度。超過庫存限額的，下班前送存銀行；除工作時間需用的小額現金外一律放入保險櫃；限額內的庫存現金核對後，放入保險櫃；不得公款私存；紙幣和鑄幣分類保管。

【任務操作要求】

1. 學習並理解任務指導
2. 獨立完成給定任務

(1)（多選題）根據《現金管理暫行條例》規定，下列經濟業務中，一般不應用現金支付的是（　　）。

A. 支付職工獎金 900 元
B. 支付零星辦公用品購置費 950 元
C. 支付物資採購貨款 1,900 元
D. 支付職工差旅費 500 元

(2)（單選題）下列項目中，不屬於貨幣資金的是（　　）。

A. 庫存現金　　　B. 銀行存款　　　C. 其他貨幣資金　　　D. 應收票據

任務 1.1.1 小結

庫存現金管理中的重點：庫存現金的使用範圍、庫存現金限額規定、坐支。

任務 1.1.2　庫存現金的核算

現金管理制度中規定，企業必須建立健全現金帳目，逐筆記載現金收付，帳目要日清月結，做到帳款相符。基於現金管理的需要，企業庫存現金的核算應包括日常收支核算和庫存現金的清查。

子任務 1　庫存現金的日常收支核算

【任務目的】

通過完成本任務，使學生明確庫存現金日常核算涉及的具體帳戶，掌握庫存現金日常收支業務的帳務處理，以備在核算實務中熟練運用。

【任務指導】

庫存現金的日常收支核算包括總分類核算和序時核算。

1. 總分類核算

這是指企業通過設置和登記「庫存現金」總帳來進行庫存現金的總分類核算。

(1) 核算帳戶:「庫存現金」

該帳戶屬於資產類帳戶,用來總括地反應企業庫存現金的收入、支出和結存情況,借方登記庫存現金的增加,貸方登記庫存現金的減少,期末餘額在借方,表示期末庫存現金的結餘額。

「庫存現金」總帳由出納人員以外的會計人員根據審核無誤的記帳憑證直接登記或根據科目匯總表、匯總記帳憑證進行定期匯總登記。

(2) 業務處理

[案例 1.1.2-1]

201×年 3 月 2 日,江河公司簽發現金支票一張,從銀行提取現金 5,000 元備用。

案例 1.1.2-1 解析:

借:庫存現金　　　　　　　　　　　　　　　　　5,000
　　貸:銀行存款　　　　　　　　　　　　　　　　　5,000

[案例 1.1.2-2]

201×年 3 月 5 日,江河公司以現金支付管理部門房屋租金 850 元。

案例 1.1.2-2 解析:

借:管理費用　　　　　　　　　　　　　　　　　850
　　貸:庫存現金　　　　　　　　　　　　　　　　　850

[案例 1.1.2-3]

201×年 3 月 10 日,江河公司銷售產品,開出的增值稅專用發票上註明:價款 600 元,增值稅 102 元,收到現金 702 元。

案例 1.1.2-3 解析:

借:庫存現金　　　　　　　　　　　　　　　　　702
　　貸:主營業務收入　　　　　　　　　　　　　　　600
　　　　應交稅費——應交增值稅(銷項稅額)　　　　102

[案例 1.1.2-4]

201×年 3 月 10 日,江河公司以現金支付職工工資 3,500 元。

案例 1.1.2-4 解析:

借:應付職工薪酬——工資　　　　　　　　　　　3,500
　　貸:庫存現金　　　　　　　　　　　　　　　　　3,500

2. 序時核算

企業通過設置和登記「庫存現金」日記帳進行庫存現金的序時核算。

庫存現金日記帳按幣種分設,應採用訂本式帳簿,其帳頁格式通常採用借貸餘三欄式,也可採用多欄式,由出納人員根據審核無誤的現金收款憑證和現金付款憑證以及銀行存款付款憑證(從銀行提取現金業務),按照業務發生的時間先后順序逐日逐筆進行登記。每日終了,應當在現金日記帳上計算出當日的現金收入合計數、現金支出合計數和結餘額,並將現金日記帳的餘額與實際庫存現金額核對,保證帳款相符。月度終了,庫存現金

日記帳的余額應當與庫存現金總帳的余額核對，做到帳帳相符。

【任務操作要求】

1. 學習並理解任務指導
2. 獨立完成給定業務核算

甲企業201×年3月發生如下經濟業務：

（1）2日，以現金50元購買辦公用品交付使用。

（2）5日，開出現金支票從銀行提現4,000元備用。

（3）6日，將多余現金3,000元送存銀行。

（4）10日，銷售商品，開出的專用發票註明：價款500元，增值稅85元，收取現金585元。

要求：根據業務編製會計分錄。

子任務2　庫存現金的清查

【任務目的】

通過完成本任務，使學生理解庫存現金清查的目的、意義及方法，明確庫存現金清查結果帳實不相符核算涉及的主要帳戶及核算步驟，能對庫存現金清查發現的溢余或短缺進行帳務處理，以備在核算實務中熟練運用。

【任務指導】

1. 庫存現金清查概述

為了保證庫存現金的安全完整，同時加強對出納保管工作的監管，企業應當按規定對庫存現金進行定期和不定期的清查，以保證庫存現金帳實相符。

庫存現金的清查包括出納人員的每日清點核對和清查小組進行的定期或不定期的庫存現金盤點核對。庫存現金的清查一般採用實地盤點法。清查小組清查時，出納人員必須在場，以明確經濟責任，清查內容主要是檢查是否有挪用庫存現金、白條抵庫、超限額留存庫存現金的情況，以及帳款是否相符。

對於清查的結果應當編製「現金盤點報告單」。如果有挪用現金、白條頂庫的情況，應及時予以糾正；對於超限額留存的現金應及時送存銀行。如果帳款不符，發現有待查明原因的現金短缺或溢余，應先通過「待處理財產損溢」科目核算，按管理權限經批准后，分別按以下情況進行處理。

（1）如為現金短缺，屬於應由責任人賠償或保險公司賠償的部分，計入其他應收款；屬於無法查明原因的，計入管理費用。

（2）如為現金溢余，屬於應支付給有關人員或單位的，計入其他應付款；屬於無法查明原因的，計入營業外收入。

「待處理財產損溢」帳戶屬於資產類帳戶，用來核算企業在清查財產過程中查明的各種財產盤盈、盤虧和毀損的價值，物資在運輸途中發生的非正常短缺與損耗，也通過本帳戶核算。盤盈固定資產的價值在「以前年度損益調整」帳戶核算，不在本帳戶核算。借方登記待處理的財產盤虧、毀損數以及審批后轉銷的財產的盤盈數，貸方登記待處理的財產盤盈數以及審批后轉銷的財產的盤虧、毀損數，因會計準則規定，企業的財產損益，應查

明原因，在期末結帳前處理完畢，處理后本帳戶應無余額。本帳戶可按盤盈、盤虧的資產種類和項目進行明細核算。

「待處理財產損溢」帳戶具有雙重性質，它是個過渡帳戶，但不是備抵項目。它的借方登記的是企業的財產損失，在未處理之前，仍是企業資產的一種存在形式，具有資產性質；而貸方登記的是企業的財產盈余，反應了資產取得的一種特殊方式，具有權益性質。同時，通過財產清查獲得的盤盈、盤虧信息需要先計入該帳戶，然后再做進一步的處理，這樣就會有一定的掛帳期。這就是「待處理財產損溢」帳戶具有的雙重性和過渡性。

2. 庫存現金清查結果處理的業務框架

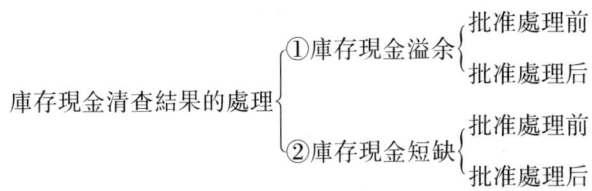

3. 庫存現金溢余的業務處理

庫存現金清查，如出現實際盤點數大於帳面結余數，即為庫存現金溢余，也稱為庫存現金盤盈或庫存現金長款。庫存現金溢余基本帳務處理如下：

（1）批准處理前：
借：庫存現金
　　貸：待處理財產損溢
（2）批准處理后：
借：待處理財產損溢
　　貸：其他應收款（應支付給有關人員或單位的）
　　　　營業外收入（無法查明原因的）

［案例 1.1.2-5］
201×年 3 月 31 日，江河公司進行現金清查，發現現金溢余 150 元。
案例 1.1.2-5 解析：
借：庫存現金　　　　　　　　　　　　　　　　150
　　貸：待處理財產損溢　　　　　　　　　　　　　　150

［案例 1.1.2-6］
接前例［案例 1.1.2-5］，該款項無法查明原因，經批准按規定轉銷。
案例 1.1.2-6 解析：
借：待處理財產損溢　　　　　　　　　　　　　150
　　貸：營業外收入　　　　　　　　　　　　　　　　150

4. 庫存現金短缺的業務處理

庫存現金清查，如出現實際盤點數小於帳面結余數，即為庫存現金短缺，也稱為庫存現金盤虧或庫存現金短款。庫存現金短缺基本帳務處理如下：

（1）批准處理前：

借：待處理財產損溢

　　貸：庫存現金

（2）批准處理后：

借：其他應收款（能夠索賠的）

　　管理費用（無法查明原因的）

　　貸：待處理財產損溢

［案例 1.1.2-7］

201×年 4 月 30 日，江河公司進行現金清查，發現現金短缺 50 元。

案例 1.1.2-7 解析：

借：待處理財產損溢　　　　　　　　　　　　　　　　50

　　貸：庫存現金　　　　　　　　　　　　　　　　　　　　50

［案例 1.1.2-8］

接前例［案例 1.1.2-7］，經查明，屬於出納李麗的責任，應由其賠償。

案例 1.1.2-8 解析：

借：其他應收款——李麗　　　　　　　　　　　　　　50

　　貸：待處理財產損溢　　　　　　　　　　　　　　　　50

【任務操作要求】

1. 學習並理解任務指導

2. 獨立完成給定業務核算

（1）企業 201×年 5 月 31 日進行現金清查，發現現金長款 150 元。經查，其中 100 元應支付給職工王宏，另 50 元無法查明原因，經批准按規定轉銷。

（2）企業 201×年 6 月 30 日進行現金清查，發現現金短缺 200 元。經查，其中 150 元系出納李紅工作失誤造成，應由其賠償，另 50 元無法查明原因，經批准按規定轉銷。

要求：根據業務編製會計分錄。

任務 1.1.2 小結

1. 庫存現金日常核算重點：庫存現金日記帳和總帳的登記。

2. 庫存現金清查核算重點：

（1）「兩步一帳戶」的核算思路；

（2）庫存現金出現不明原因的長款與短款轉銷規定是不一樣的：長款轉入「營業外收入」科目；短款記入「管理費用」科目。

項目 1.2　銀行存款的核算

【項目介紹】

本項目內容以《人民幣銀行結算帳戶管理辦法》《支付結算辦法》《企業會計準則第 22 號——金融工具確認和計量》及《企業會計準則第 22 號——金融工具確認和計量》應用指南為指導，主要介紹銀行存款的管理及銀行存款的核算，要求學生通過學習，對銀行存款的管理及具體核算內容產生認知，通過任務處理，進一步演練借貸記帳法，為會計實務工作打下基礎。

【項目實施標準】

本項目通過完成 3 項具體任務來實施，具體任務內容結構如表 1.2-1 所示：

表 1.2-1　　　　　　　「銀行存款的核算」項目任務細分表

任務	子任務
任務 1.2.1　銀行存款的管理	—
任務 1.2.2　銀行存款的核算	1. 銀行存款的日常收支核算
	2. 銀行存款的清查

任務 1.2.1　銀行存款的管理

銀行存款是企業存放在銀行或其他金融機構的貨幣資金。企業應當根據業務需要，按照規定在其所在地銀行開設帳戶，運用所開設的帳戶，進行存款、取款以及各種收支轉帳業務的結算。銀行存款的收付應嚴格執行銀行結算制度的規定。

【任務目的】

通過完成本任務，使學生熟悉中國銀行結算帳戶開立和使用的有關規定，能自覺遵守銀行結算帳戶管理辦法；熟悉中國常用銀行結算方式，自覺遵守銀行支付結算辦法，為后續出納實務工作打下理論基礎。

【任務指導】

1. 銀行存款帳戶的有關規定

根據國家規定，各單位之間的經濟往來，除按照現金管理辦法規定可以使用現金的以外，都必須通過銀行辦理結算。凡在銀行辦理結算的單位，必須按照銀行的規定，在銀行開立帳戶。根據 2003 年 9 月 1 日實施的《人民幣銀行結算帳戶管理辦法》規定，單位銀行結算帳戶按用途分為基本存款帳戶、一般存款帳戶、專用存款帳戶、臨時存款帳戶。

（1）基本存款帳戶。基本存款帳戶是存款人因辦理日常轉帳結算和現金收付需要開立

的銀行結算帳戶。存款人日常經營活動的資金收付及其工資、獎金和現金的支取，應通過該帳戶辦理。企業可以自主選擇銀行，但一個企業只能選擇一家銀行的一個營業機構開立一個基本存款帳戶，不得在多家銀行機構開立基本存款帳戶。

（2）一般存款帳戶。一般存款帳戶是存款人因借款或其他結算需要，在基本存款帳戶開戶銀行以外的銀行營業機構開立的銀行結算帳戶。該帳戶可以辦理現金繳存和轉帳結算，但不得辦理現金支取。

（3）專用存款帳戶。專用存款帳戶是存款人按照法律、行政法規和規章，對其特定用途資金（如基本建設資金、更新改造資金、財政預算外資金、住房基金、社會保障基金、證券交易結算資金等）進行專項管理和使用而開立的銀行結算帳戶。該帳戶用於辦理各項專用資金的收付。

（4）臨時存款帳戶。臨時存款帳戶是存款人因臨時需要並在規定期限內使用而開立的銀行結算帳戶，如設立臨時機構、異地臨時經營活動、註冊驗資等。臨時存款帳戶用於辦理臨時機構以及存款人臨時經營活動發生的資金收付。該帳戶可以辦理轉帳結算，也可以根據國家現金管理的規定存取現金。臨時存款帳戶的有效期最長不得超過2年。

企業在銀行開立基本存款帳戶時，必須填製開戶申請書，提供當地工商行政管理機關核發的《企業法人執照》或《營業執照》正本等有關證件，送交蓋有企業印章的印鑒卡片，經銀行審核同意，並憑中國人民銀行當地分支機構核發的開戶許可證開立帳戶。企業申請開立一般存款帳戶、臨時存款帳戶和專用存款帳戶，應填製開戶申請書，提供基本存款帳戶的企業同意其附屬的非獨立核算單位開戶的證明等證件，送交蓋有企業印章的卡片，銀行審核同意后開立帳戶。企業在銀行開立帳戶後，可到開戶銀行購買各種銀行往來使用的憑證（如送款簿、進帳單、現金支票、轉帳支票等），用以辦理銀行存款的收付款項。

2. 銀行結算紀律

企業通過銀行辦理結算時，應當認真執行國家各項管理辦法和結算制度。不準違反規定開立和使用帳戶；不準簽發沒有資金保障的票據和遠期票據以套取銀行信用；不準簽發、取得或轉讓沒有真實交易和債權債務關係的票據以套取銀行和他人資金；不準無理拒絕付款、任意占用他人資金等。

3. 銀行結算方式

結算，是企業與其他單位、個人或企業內部發生商品交換、勞務供應等經濟往來而引起的貨幣收付行為。結算方式分為兩類：一類是現金結算，指收付款雙方直接用現金進行收付的行為；另一類是銀行轉帳結算，簡稱銀行結算，亦即銀行支付結算，指通過銀行將款項從付款方帳戶劃轉到收款方帳戶的貨幣收付行為。在中國，除按《現金管理暫行條例》規定可以直接使用現金進行結算的業務以外，其他貨幣收付業務都必須通過銀行進行轉帳結算。目前國內常用銀行結算方式有8種：支票、銀行匯票、銀行本票、商業匯票、匯兌、委託收款、托收承付、信用卡。本教材將銀行匯票、銀行本票、信用卡3種方式放在模塊1「其他貨幣資金」項目介紹，商業匯票結算方式納入模塊2「應收票據與應付票據」項目介紹，故在這裡只介紹4種銀行轉帳結算方式。

（1）支票

支票是出票人簽發的委託辦理支票存款業務的銀行或者其他金融機構在見票時無條件支付確定的金額給收款人或者持票人的票據。在實際工作中，支票是同城結算中應用最為廣泛的銀行結算方式，單位和個人在同一票據交換區域內各種款項的結算，都可以使用支票。

支票分為現金支票、轉帳支票、普通支票三種。支票上印有「現金」字樣的為現金支票，現金支票只能用於支取現金，它可以由存款人簽發用到銀行為本單位提取現金，也可以簽發給其他單位和個人用來辦理結算或者委託銀行代為支付現金給收款人。支票上印有「轉帳」字樣的為轉帳支票，轉帳支票只能用於轉帳。支票上未印有「現金」或「轉帳」字樣的為普通支票，普通支票可以用於支取現金，也可以用於轉帳。但在普通支票左上角劃兩條平行線的，為劃線支票，劃線支票只能用於轉帳，不能支取現金。

在簽發和使用支票時，應注意以下事項：

①簽發的支票必須註明收款人的名稱，只準收款人或簽發人向銀行辦理轉帳或提取現金。

②簽發支票要用墨汁或碳素墨水（或使用支票打印機）認真填寫，支票日期、大小寫金額和收款人三處不得更改，其他內容如有更改須由簽發人加蓋預留銀行印鑒之一證明。

③付款人在簽發支票之前，應認真查明銀行存款的帳面結餘數額，防止簽發超過存款餘額的空頭支票。

④出票人簽發空頭支票、簽章與預留銀行簽章不符的支票、使用支付密碼地區支付密碼錯誤的支票，銀行應予以退票，並按票面金額處以 5%但不低於 1,000 元的罰款；持票人有權要求出票人賠償支票金額2%的賠償金。

⑤支票的提示付款期限自出票日起 10 日（到期日遇節假日順延），但中國人民銀行另有規定的除外。超過提示付款期限提示付款的，出票人開戶銀行不予受理，付款人不予付款。

⑥已簽發的現金支票遺失，可以向銀行申請掛失。掛失前已經支付的，銀行不予受理。已簽發的轉帳支票遺失，銀行不受理掛失，可請求收款人協助防範。在中國人民銀行總行批准的地區，轉帳支票可以背書轉讓。

企業開出支票時，根據支票存根，借記有關科目，貸記「銀行存款」科目；企業收到支票並填製進帳單到銀行辦理收款手續后，根據進帳單及有關原始憑證，借記「銀行存款」，貸記有關科目。

（2）匯兌

匯兌是匯款人委託銀行將其款項支付給收款人的結算方式。單位和個人異地之間的各種款項的結算，均可使用匯兌結算方式。

匯兌按款項劃轉方式不同分為信匯和電匯兩種。信匯是指匯款人委託銀行通過郵寄方式將款項劃給收款人，電匯是指匯款人委託銀行通過電信手段將款項劃轉給收款人，兩種方式可由匯款人根據需要選擇使用。

匯款人委託銀行辦理信匯或電匯時，應向銀行填製一式四聯的信匯憑證或一式三聯的電匯憑證，加蓋預留銀行印鑒，並按要求詳細填寫收、付款人名稱以及帳號、匯入地點、

匯入行名稱、匯款金額等。匯出行受理匯款人的信匯、電匯憑證后，應按規定進行審查。審查無誤后即可辦理匯款手續，在第一聯回單上加蓋「轉訖」章退給匯款單位，並按規定收取手續費；不符合條件的，匯出銀行不予辦理匯出手續，作退票處理。匯入銀行對開立帳戶的收款單位的款項應直接轉入收款單位的帳戶。採用信匯方式的，收款單位開戶銀行（即匯入銀行）在信匯憑證第四聯上加蓋「轉訖」章后交給收款單位，表示匯款已由開戶銀行代為進帳。採用電匯方式的，收款單位開戶銀行根據匯出行發來的電報編製三聯聯行電報劃收款補充報單，在第三聯上加蓋「轉訖」章作收帳通知交給收款單位，表明銀行已代為進帳。

付款方委託銀行匯出款項后，根據信（電）匯憑證回單，借記有關科目，貸記「銀行存款」科目。收款方根據銀行轉來的信匯憑證第四聯（信匯）或聯行電報劃收款補充報單（電匯），借記「銀行存款」科目，貸記有關科目。

（3）委託收款

委託收款，是指收款人委託銀行向付款人收取款項的結算方式。單位和個人憑已承兌商業匯票、債券、存單等付款人債務證明辦理款項的結算，均可使用委託收款結算方式。委託收款還適用於收取電費、電話費等付款人眾多且分散的公用事業費等有關款項。委託收款在同城和異地均可使用，且不受金額的限制。

委託收款，按結算款項的劃回方式不同分為委郵（郵寄）和委電（電報劃回）兩種，由收款人選用。

根據委託收款結算程序，收款人辦理委託收款應填寫一式五聯的郵劃委託收款憑證或電劃委託收款憑證並簽章，並將委託收款憑證和有關的債務證明一起提交收款人開戶行。收款方開戶銀行受理委託收款后，將有關單證寄交付款人開戶銀行，以通知付款人。付款人收到通知后，經審查，如果認為符合拒付條件，應在 3 日內填寫拒付理由書，連同委託收款憑證一併交付銀行，辦理拒付手續。如果 3 日內未提出異議，銀行視為同意付款，並於第四日從付款人帳戶劃出此筆款項。

收款方辦妥委託收款手續后，根據委託收款結算憑證的回單聯，借記「應收帳款」科目，貸記有關科目（視其具體業務，也可能不做處理）。收款方接到銀行轉來委託收款憑證的收帳通知時，借記「銀行存款」，貸記「應收帳款」等科目。付款方接到銀行付款通知、審查債務憑證后支付款項時，借記「應付帳款」等科目，貸記「銀行存款」科目。如拒付，不做處理。

（4）托收承付

托收承付是指根據購銷合同，由收款人發貨后委託銀行向異地購貨單位收取貨款，由付款人向銀行承認付款的一種結算方式。托收承付結算方式只適用於異地企業間訂有經濟合同的商品交易及因商品交易而產生的勞務供應款項的結算。托收承付結算每筆金額起點為 10,000 元，新華書店系統每筆金額起點為 1,000 元。

托收承付結算方式分為托收和承付兩個階段。托收是指收款人根據經濟合同發貨后，委託其開戶銀行向付款人收取款項的行為；承付是指付款人根據經濟合同核對單證或驗貨后，向銀行承認付款的行為。承付方式分為驗單承付和驗貨承付兩種，在雙方簽訂合同時約定。驗單承付，是指付款人接到其開戶銀行轉來的承付通知和相關憑證，並與合同核對

相符后，就必須承付貨款的結算方式。驗單承付的承付期為3天，從付款人開戶銀行發出承付通知的次日算起，遇節假日順延。驗貨承付，是指付款人除了驗單外，還要等商品全部運達並驗收入庫后才承付貨款的結算方式。驗貨承付的承付期為10天，從承運單位發出提貨通知的次日算起，遇節假日順延。付款人經過驗單或驗貨后，發現與合同不符，可在承付期內提出全部或部分拒付，並填寫「拒付理由書」交銀行辦理。銀行負責審核拒付理由，付款人拒付理由不足，銀行應主動劃款。

收款方辦妥托收手續后，根據銀行蓋章退回的托收承付結算憑證的回單聯，借記「應收帳款」科目，貸記「主營業務收入」等有關科目。待收到銀行轉來托收承付結算憑證的收款通知時，再借記「銀行存款」科目，貸記「應收帳款」科目。付款方對於承付的款項，應於承付時根據托收承付結算憑證的付款通知和有關發票帳單等原始憑證，借記「材料採購」等科目，貸記「銀行存款」科目。如拒付，不做處理。

【任務操作要求】
1. 學習並理解任務指導
2. 獨立完成給定任務
(1) (多選題) 單位銀行結算帳戶按用途分為 (　　　)。
A. 基本存款帳戶　　　　　　B. 一般存款帳戶
C. 專用存款帳戶　　　　　　D. 臨時存款帳戶
(2) (判斷題) 為了便於結算，一個單位可以同時在多家金融機構開立銀行基本存款帳戶。(　　)

任務1.2.1 小結

1. 銀行存款帳戶規定重點：注意區別各帳戶的用途。
2. 銀行結算方式重點：熟悉支票、匯兌、委託收款、托收承付幾種銀行轉帳結算方式的結算流程。

任務1.2.2　銀行存款的核算

子任務1　銀行存款的日常收支核算

【任務目的】
通過完成本任務，使學生明確銀行存款日常核算涉及的具體帳戶，掌握銀行存款日常收支業務的帳務處理，以備在核算實務中熟練運用。

【任務指導】
銀行存款的日常收支核算包括總分類核算和序時核算。
1. 總分類核算
企業通過設置和登記「銀行存款」總帳進行銀行存款的總分類核算。
(1) 核算帳戶：「銀行存款」
該帳戶屬於資產類帳戶，用來總括核算企業銀行存款的收入、支出和結存情況，借方

登記存入銀行或其他金融機構的款項，貸方登記從銀行提取或支付的款項，期末餘額在借方，表示期末銀行存款的結餘額。

「銀行存款」總帳由出納人員以外的會計人員根據審核無誤的記帳憑證直接登記或根據科目匯總表、匯總記帳憑證進行定期匯總登記。

（2）業務處理

[案例1.2.2-1]

201×年3月5日，江河公司銷售產品一批，開出的增值稅專用發票上註明：價款20,000元，增值稅3,400元，收到轉帳支票一張，已辦理進帳手續。

案例1.2.2-1解析：

借：銀行存款	23,400
貸：主營業務收入	20,000
應交稅費——應交增值稅（銷項稅額）	3,400

[案例1.2.2-2]

201×年3月15日，江河公司收到銀行轉來外地A公司信匯憑證收帳通知聯，歸還前欠貨款50,000元。

案例1.2.2-2解析：

借：銀行存款	50,000
貸：應收帳款——A公司	50,000

[案例1.2.2-3]

201×年3月20日，江河公司收到銀行轉來的外地丙公司托收承付結算憑證的付款通知聯及增值稅專用發票，購買A材料價款70,000元，增值稅11,900元，審核無誤，予以承付。材料已收到並驗收入庫。

案例1.2.2-3解析：

借：原材料	70,000
應交稅費——應交增值稅（進項稅額）	11,900
貸：銀行存款	81,900

2. 序時核算

企業通過設置和登記「銀行存款」日記帳進行銀行存款的序時核算。

企業應按開戶銀行和其他金融機構、存款種類等設置「銀行存款日記帳」，銀行存款日記帳應採用訂本式帳簿，其帳頁格式通常採用借貸餘三欄式，也可採用多欄式，由出納人員根據審核無誤的銀行存款收款憑證和銀行存款付款憑證以及庫存現金付款憑證（將現金存入銀行業務），按照業務發生的時間先後順序逐日逐筆進行登記。每日終了，應當在銀行存款日記帳上計算出當日的銀行存款收入合計數、銀行存款支出合計數和結餘額，並定期與「銀行對帳單」進行核對，保證帳實相符。月度終了，銀行存款日記帳的餘額應當與銀行存款總帳的餘額核對，做到帳帳相符。

【任務操作要求】

1. 學習並理解任務指導
2. 獨立完成給定業務核算

（1）銷售產品一批，增值稅專用發票註明價款 20,000 元，增值稅額 3,400 元，收到轉帳支票一張，已辦理進帳。
（2）開出現金支票從銀行提現 5,000 元備用。
（3）開出轉帳支票 100,000 元支付前欠甲公司貨款。
（4）收到銀行轉來外地丙企業信匯憑證收帳通知聯，系償還前欠購貨款 20,000 元。
（5）填製電匯憑證，將 50,000 元差旅費匯給常住某市的採購員周明。
（6）收到銀行轉來的供電公司委託收款結算憑證的付款通知聯，電費共計 5,000 元，其中生產車間一般耗用 4,000 元，行政管理部門耗用 1,000 元。
（7）收到銀行轉來托收憑證收帳通知聯，系收到前向丁企業托收的貨款 60,000 元。
要求：說出各業務所採用的銀行結算方式並編製會計分錄。

子任務 2　銀行存款的清查

【任務目的】
通過完成本任務，使學生理解銀行存款清查的目的、意義及方法，明確未達帳項產生的原因及種類，能熟練編製銀行存款余額調節表。

【任務指導】
為了加強對銀行存款的管理和監督，防止記帳發生差錯，企業對銀行存款必須經常進行清查。至少每月核對一次，將「銀行存款日記帳」與開戶銀行編製的「銀行對帳單」進行核對，既要核對金額，也要核對結算憑證的種類和號數，以便及時發現差錯，便於調節。

在實際工作中，企業銀行存款日記帳余額與銀行對帳單余額不一致，原因有二：一是任何一方可能出現的記帳錯誤；二是由於企業入帳的時間和程序與銀行入帳的時間和程序不相同，形成未達帳項。所謂未達帳項，是指企業或銀行一方已入帳，而另一方由於未收到有關收付款結算憑證或未及時進行帳務處理，因而還未入帳的款項。未達帳項具體有以下四種情況：
（1）企業已收款入帳，而銀行尚未收款入帳；
（2）企業已付款入帳，而銀行尚未付款入帳；
（3）銀行已收款入帳，而企業尚未收款入帳；
（4）銀行已付款入帳，而企業尚未付款入帳。
對於上述未達帳項應編製「銀行存款余額調節表」檢查核對，如果沒有記帳錯誤，調節后的雙方余額應相符。

[案例 1.2.2-4]
江河公司 2014 年 12 月 31 日銀行存款日記帳的余額為 540,000 元，銀行轉來對帳單的余額為 830,000 元。經逐筆核對，發現以下未達帳項：
（1）企業送存轉帳支票 600,000 元，並已登記銀行存款增加，但銀行尚未記帳。
（2）企業開出轉帳支票 450,000 元，但持票單位尚未到銀行辦理轉帳，銀行尚未記帳。
（3）企業委託銀行代收某公司購貨款 480,000 元，銀行已收妥並登記入帳，但企業尚

未收到收款通知，尚未記帳。

（4）銀行代企業支付電話費 40,000 元，銀行已登記企業銀行存款減少，但企業未收到銀行付通知，尚未記帳。

案例 1.2.2-4 解析：

根據上述未達帳項編製銀行存款餘額調節表，見表 1.2-2：

表 1.2-2　　　　　　　　　　銀行存款餘額調節表

2014 年 12 月 31 日　　　　　　　　　　　　　單位：元

項目	金額	項目	金額
銀行存款日記帳餘額	540,000	銀行對帳單餘額	830,000
加：銀行已收企業未收的款項	480,000	加：企業已收銀行未收的款項	600,000
減：銀行已付企業未付的款項	40,000	減：企業已付銀行未付的款項	450,000
調節后餘額	980,000	調節后餘額	980,000

在案例 1.2.2-4 中，通過「銀行存款餘額調節表」調節后，雙方餘額相等，980,000 元亦即江河公司可以動用的實際存款數，另一方面說明江河公司銀行存款日記帳餘額與銀行對帳單餘額之間不一致的原因，一般來說就是因為存在未達帳項。如果調節后的雙方餘額仍不相等，表明記帳有錯誤，必須進一步逐筆核對，發現錯帳、漏帳等，予以更正。

特別注意：銀行存款餘額調節表只是為了核對帳目，並不能作為調整銀行存款帳面餘額的記帳依據。對於銀行已經入帳而企業尚未入帳的未達帳項，一定要等到結算憑證到企業後，才能進行帳務處理。

【任務操作要求】

1. 學習並理解任務指導
2. 獨立完成給定業務核算

某企業 6 月 30 日銀行存款日記帳餘額為 80,000 元，銀行對帳單餘額為 87,000 元。經逐筆核對，發現如下未達帳項：

（1）委託銀行收款 8,000 元，銀行已收到入帳而企業尚未接到收款通知。

（2）本月水電費 2,000 元，銀行已從企業銀行存款帳戶中代為付出，而企業尚未接到付款通知，尚未入帳。

（3）開出轉帳支票支付李力差旅費 3,000 元，並已做存款減少入帳，但持票人尚未到銀行辦理轉帳手續。

（4）企業送存轉帳支票一張計 2,000 元，並已作增加存款入帳，而銀行尚未辦理轉帳手續，未予入帳。

要求：分析未達帳項種類，編製銀行存款餘額調節表。

任務 1.2.2 小結

1. 銀行存款日常核算重點：銀行存款日記帳和總帳的登記。
2. 銀行存款清查核算重點：

（1）未達帳項的種類及查找；
（2）「銀行存款余額調節表」的編製。

項目 1.3　其他貨幣資金的核算

【項目介紹】

本項目內容以《支付結算辦法》《企業會計準則第 22 號——金融工具確認和計量》及《企業會計準則第 22 號——金融工具確認和計量》應用指南為指導，主要介紹其他貨幣資金的構成內容及其具體業務核算，要求學生通過學習，對其他貨幣資金內容及其具體核算產生認知，通過任務處理，進一步演練借貸記帳法，為會計實務工作打下基礎。

【項目實施標準】

本項目通過完成兩項具體任務來實施，具體任務內容結構如表 1.3-1 所示：

表 1.3-1　「其他貨幣資金的核算」項目任務細分表

任務	子任務
任務 1.3.1　認知其他貨幣資金	
任務 1.3.2　其他貨幣資金業務核算	

任務 1.3.1　認知其他貨幣資金

【任務目的】

通過完成本任務，使學生正確認識其他貨幣資金，熟悉其他貨幣資金包括的具體內容及主要核算帳戶，為后續其他貨幣資金的具體業務核算打下理論基礎。

【任務指導】

1. 其他貨幣資金的內容

其他貨幣資金是指企業除庫存現金、銀行存款以外的其他各種貨幣資金。其他貨幣資金就其性質而言，同庫存現金、銀行存款一樣都屬於貨幣資金，但其存放地點和用途不同於庫存現金和銀行存款，因此在會計上分別核算。其主要內容包括：

（1）銀行匯票存款——企業為取得銀行匯票按規定存入銀行的款項。

（2）銀行本票存款——企業為取得銀行本票按規定存入銀行的款項。

（3）信用卡存款——企業為取得信用卡而存入銀行信用卡專戶的款項。

（4）信用證保證金存款——採用信用證結算方式的企業為開具信用證而存入銀行信用證保證金專戶的款項。

（5）外埠存款——企業為了到外地進行臨時或零星採購，而匯往採購地銀行開立採購

專戶的款項。

（6）存出投資款——企業為購買股票、債券、基金等根據有關規定在證券公司指定銀行開立的投資專戶存入的款項。

2. 核算帳戶：「其他貨幣資金」

該帳戶屬於資產類帳戶，用來核算其他貨幣資金的收支和結存情況，借方登記其他貨幣資金的增加數，貸方登記其他貨幣資金的減少數，期末餘額在借方，表示其他貨幣資金的結存數。為了分別反應其他貨幣資金的收支情況，在該帳戶下分別按照「銀行匯票存款」「銀行本票存款」「信用卡存款」「信用證保證金存款」「存出投資款」「外埠存款」等設置明細帳戶進行明細分類核算。

【任務操作要求】

1. 學習並理解任務指導
2. 獨立完成給定任務

（1）（多選題）下列項目中，屬於其他貨幣資金的有（　　　）。
A. 外埠存款　　　　　　　　B. 商業匯票
C. 信用證保證金存款　　　　D. 存出保證金

（2）（多選題）下列各項中，通過「其他貨幣資金」帳戶核算的有（　　　）。
A. 信用證保證金存款　　　　B. 銀行匯票存款
C. 備用金　　　　　　　　　D. 銀行本票存款

任務 1.3.2　其他貨幣資金業務核算

【任務目的】

通過完成本任務，使學生明確其他貨幣資金業務的基本帳務處理，能對具體其他貨幣資金進行判斷，對其具體業務進行核算，以備在核算實務中熟練運用。

【任務指導】

1. 其他貨幣資金業務基本帳務處理

（1）取得時：

借：其他貨幣資金——××

　　貸：銀行存款

（2）使用時：

借：原材料等

　　應交稅費——應交增值稅（進項稅額）

　　貸：其他貨幣資金——××

（3）餘款退回時：

借：銀行存款

　　貸：其他貨幣資金——××

2. 銀行匯票存款的核算

（1）銀行匯票

銀行匯票，是匯款人將款項交存當地銀行，由出票銀行簽發的，由其在見票時按照實際結算金額無條件付給收款人或者持票人的票據。銀行匯票的出票銀行為銀行匯票的付款人。銀行匯票具有票隨人到、用款及時、付款有保證、使用靈活等特點，異地間單位和個人各種款項的結算，均可使用銀行匯票。

銀行匯票可用於轉帳，填明「現金」字樣的銀行匯票也可用於支取現金。銀行匯票的提示付款期限為自出票日起一個月，持票人超過付款期限提示付款的，銀行將不予受理。持票人向銀行提示付款時，必須同時提交銀行匯票和解訖通知，缺少任何一聯，銀行都不予受理。銀行匯票喪失，失票人可以憑人民法院出具的其享有票據權利的證明，向出票銀行請求付款或退款。

匯款人需要辦理銀行匯票時，應先填寫「銀行匯票委託書」一式三聯，送本單位開戶銀行申請簽發銀行匯票。銀行受理后，根據「銀行匯票委託書」第二、第三聯辦理銀行收款手續，然后簽發銀行匯票一式四聯，留下第一聯和第四聯，將第二聯匯票、第三聯解訖通知和加蓋印章后的銀行匯票委託書第一聯交給匯款人。匯款人取得簽發銀行簽發的銀行匯票后，即可到異地向收款人辦理結算。對已註明收款人的銀行匯票，可直接將匯票交收款人到兌付銀行辦理兌付；對收款人為持票人的銀行匯票，可由持票人到兌付銀行辦理兌付手續，也可將銀行匯票背書轉讓給收款人，由收款人到兌付銀行辦理兌付。收款人向銀行兌付時，應將實際結算金額填入第二聯匯票和第三聯解訖通知，並填寫進帳單一式兩聯，一併送交開戶銀行辦理入帳手續。兌付銀行按實際結算金額辦理入帳后，將銀行匯票第三聯解訖通知傳遞給匯票簽發銀行，簽發銀行核對后將余款轉入匯款人帳戶，並將銀行匯票第三聯多余款收帳通知單轉給匯款人，匯款人據此辦理余款入帳手續。

（2）銀行匯票存款

銀行匯票存款系申請人為取得銀行匯票按照規定存入銀行的款項。

（3）業務處理

付款方（匯款人）填寫「銀行匯票申請書」、將款項交存銀行時，借記「其他貨幣資金——銀行匯票存款」科目，貸記「銀行存款」科目；企業持銀行匯票購貨、收到有關發票帳單時，借記「材料採購」或「原材料」「庫存商品」「應交稅費——應交增值稅（進項稅額）」等科目，貸記「其他貨幣資金——銀行匯票存款」科目；採購完畢收回剩餘款項時，借記「銀行存款」科目，貸記「其他貨幣資金——銀行匯票存款」科目。

收款方收到銀行匯票、填製進帳單到開戶銀行辦理款項入帳手續時，根據進帳單及銷貨發票等，借記「銀行存款」科目，貸記「主營業務收入」「應交稅費——應交增值稅（銷項稅額）」等科目。

［案例1.3.2-1］

江河公司為增值稅一般納稅人，201×年5月5日，將款項300,000元交存銀行申請辦理銀行匯票。5月15日，江河公司向A公司購入原材料一批，取得的增值稅專用發票上註明：價款為200,000元，增值稅稅額為34,000元，材料已驗收入庫，已用銀行匯票辦理結算，並已收到開戶銀行轉來的銀行匯票第四聯（多余款項收帳通知）。

案例1.3.2-1解析：江河公司應編製如下會計分錄：
5月5日，申請取得銀行匯票，根據銀行匯票申請書存根聯：
借：其他貨幣資金——銀行匯票存款　　　　　　　　　300,000
　　貸：銀行存款　　　　　　　　　　　　　　　　　　　　300,000
5月15日，用銀行匯票結算材料價款和增值稅款時：
借：原材料　　　　　　　　　　　　　　　　　　　　200,000
　　應交稅費——應交增值稅（進項稅額）　　　　　　　34,000
　　貸：其他貨幣資金——銀行匯票存款　　　　　　　　　234,000
5月15日，收到退回的銀行匯票多余款項時：
借：銀行存款　　　　　　　　　　　　　　　　　　　　66,000
　　貸：其他貨幣資金——銀行匯票存款　　　　　　　　　66,000

想一想：在此案例中，假設A公司為銷售材料，A公司應如何進行帳務處理？

3. 銀行本票存款的核算

（1）銀行本票

銀行本票，是由銀行簽發的承諾自己在見票時無條件支付確定的金額給收款人或者持票人的票據。單位和個人在同一票據交換區域內需要支付各種款項時，均可以使用銀行本票。

銀行本票分為不定額本票和定額本票兩種。定額本票面額為1,000元、5,000元、10,000元和50,000元。銀行本票的提示付款期限自出票日起最長不得超過兩個月。在有效付款期內，銀行見票付款。持票人超過付款期限提示付款的，銀行不予受理。銀行本票可用於轉帳，註明「現金」字樣的銀行本票可用於支取現金。銀行本票可以背書轉讓。銀行本票喪失，失票人可以憑人民法院出具的其享有票據權利的證明，向出票銀行請求付款或退款。

申請人需要辦理銀行本票時，應向銀行填寫「銀行本票申請書」一式三聯，申請人或收款人為單位的，不得申請簽發現金銀行本票。出票銀行受理銀行本票申請書，收妥款項後簽發銀行本票，在本票上簽章後交給申請人。申請人應將銀行本票交付給本票上記明的收款人。收款人收到銀行本票後，可以將銀行本票背書轉讓給被背書人，也可以填製進帳單直接到銀行辦理進帳。

（2）銀行本票存款

銀行本票存款系申請人為取得銀行本票按規定存入銀行的款項。

（3）業務處理

付款方填寫「銀行本票申請書」、將款項交存銀行時，借記「其他貨幣資金——銀行本票存款」科目，貸記「銀行存款」科目；企業持銀行本票購貨、收到有關發票帳單時，借記「材料採購」或「原材料」「庫存商品」「應交稅費——應交增值稅（進項稅額）」等科目，貸記「其他貨幣資金——銀行本票存款」科目。

收款方收到銀行本票、填製進帳單到開戶銀行辦理款項入帳手續時，根據進帳單及銷貨發票等，借記「銀行存款」科目，貸記「主營業務收入」「應交稅費——應交增值稅（銷項稅額）」等科目。

[案例1.3.2-2]

江河公司為取得銀行本票，向銀行填交「銀行本票申請書」，並將10,000元銀行存款轉作銀行本票存款。使用銀行本票購買了10,000元的辦公用品。

案例1.3.2-2解析：江河公司編製如下會計分錄：

申請取得銀行本票，根據銀行本票申請書存根聯：

借：其他貨幣資金——銀行本票存款　　　　　　　　10,000
　　貸：銀行存款　　　　　　　　　　　　　　　　　　10,000

使用銀行本票購買辦公用品時：

借：管理費用　　　　　　　　　　　　　　　　　　　10,000
　　貸：其他貨幣資金——銀行本票存款　　　　　　　　10,000

想一想：銀行匯票存款與銀行本票存款在業務處理上有何異同？

4. 信用卡存款的核算

(1) 信用卡

信用卡是指商業銀行向個人和單位發行的，憑以向特約單位購物、消費和向銀行存取現金，且具有消費信用的特製載體卡片，如中國銀行發行的長城卡、中國工商銀行發行的牡丹卡等。

信用卡按使用對象分為單位卡和個人卡；按信用等級分為金卡和普通卡。凡在中國境內金融機構開立基本存款帳戶的單位可申領單位卡。單位卡可申領若干張，持卡人資格由申領單位法定代表人或其委託的代理人書面指定和註銷，持卡人不得出租或轉借信用卡。單位卡帳戶的資金一律從基本存款帳戶轉帳存入，不得交存現金，不得將銷貨收入的款項存入其帳戶。單位信用卡不得用於10萬元以上的商品交易、勞務供應款項的結算，不得支取現金。

根據《支付結算辦法》的規定，信用卡的持卡人在信用卡帳戶內資金不足以支付款項時，可以在規定的限額內透支，並在規定期限內將透支款項償還給發卡銀行。但是，持卡人進行惡意透支的，即超過規定限額或規定期限，並經發卡銀行催收無效的，持卡人必須承擔相應的法律責任。信用卡透支額，金卡最高不得超過10,000元，普通卡最高不得超過5,000元。信用卡透支期限最長為60天。關於信用卡透支的利息，依《支付結算辦法》的規定，自簽單日或銀行記帳日起15日內按日息0.05%計算，超過15日按日息0.1%計算，超過30日或透支金額超過規定限額的，按日息1.5‰計算，透支計息不分段，按最后期限或最高透支額的最高利率檔次計算。

(2) 信用卡存款

信用卡存款系申請人為取得信用卡而存入銀行信用卡專戶的款項。

(3) 業務處理

申請人為取得信用卡，應填製「信用卡申請表」，連同支票和有關資料一併送存發卡銀行，根據銀行蓋章退回的進帳單第一聯，借記「其他貨幣資金——信用卡存款」科目，貸記「銀行存款」科目；企業用信用卡購物或支付有關費用，收到開戶銀行轉來的信用卡存款的付款憑證及所附發票帳單，借記「管理費用」等科目，貸記「其他貨幣資金——信用卡存款」科目；企業信用卡在使用過程中，需要向其帳戶續存資金的，應借記「其他

貨幣資金——信用卡存款」科目，貸記「銀行存款」科目；企業的持卡人不需要繼續使用信用卡時，應持信用卡主動到發卡銀行辦理銷戶，銷卡時，信用卡余額轉入企業基本存款戶，不得提取現金，借記「銀行存款」科目，貸記「其他貨幣資金——信用卡存款」科目。

[案例1.3.2-3]

江河公司於201×年3月5日向銀行申領信用卡，向銀行交存50,000元。201×年4月10日，該公司用信用卡向新華書店支付購書款5,000元。

案例1.3.2-3解析：

3月5日申領信用卡時：

借：其他貨幣資金——信用卡存款　　　　　　　　　　　50,000
　　貸：銀行存款　　　　　　　　　　　　　　　　　　　50,000

4月10日使用信用卡購書時：

借：管理費用　　　　　　　　　　　　　　　　　　　　5,000
　　貸：其他貨幣資金——信用卡存款　　　　　　　　　　5,000

5. 信用證保證金存款的核算

（1）信用證

信用證結算是付款單位將款項預先交給銀行並委託銀行簽收信用證，通知異地收款單位開戶行轉知收款單位，收款單位按照合同和信用證規定的結算條件發貨後，收款單位開戶銀行代付款單位立即付給貨款的結算。信用證結算方式是當前國際貿易中使用最廣泛的一種結算方式。經中國人民銀行批准經營結算業務的商業銀行總行以及經商業銀行總行批准開辦信用證結算業務的分支機構，也可辦理國內企業間商品交易的信用證結算業務。

採用信用證結算方式，開證申請人（進口商）向當地銀行填製開證申請書，依照合同的有關條款填製申請書的各項要求，並按照規定交納保證金，請開證行開具信用證。開證銀行審核無誤後，根據開證申請書的有關內容，向受益人（出口商）開出信用證，並將信用證寄交受益人所在地銀行（即通知銀行）。通知銀行收到開證銀行開來的信用證後，經核對印鑒密押無誤後，根據開證行的要求繕制通知書，及時、正確地通知受益人。受益人接受信用證後，按照信用證的條款辦事，在規定的裝運期內裝貨，取得運輸單據並備齊信用證所要求的其他單據，開出匯票，一併送交當地銀行（議付銀行）。議付銀行按信用證的有關條款對受益人提供的單據進行審核，審核無誤後按照匯票金額扣除應付利息後墊付給受益人。議付銀行將匯票和有關單據寄交給開證銀行（或開證銀行指定的付款銀行），索取貨款。

（2）信用證保證金存款

信用證保證金存款係申請人為開具信用證而存入銀行信用證保證金專戶的款項。

（3）業務處理

付款方填寫「信用證申請書」，將信用證保證金交存銀行時，應根據銀行蓋章退回的「信用證申請書」回單，借記「其他貨幣資金——信用證保證金存款」科目，貸記「銀行存款」科目；企業接到開證行通知，根據供貨單位信用證結算憑證及所附發票帳單，借記「材料採購」或「原材料」「庫存商品」「應交稅費——應交增值稅（進項稅額）」等科

目，貸記「其他貨幣資金——信用證保證金存款」科目；將未用完的信用證保證金存款余額轉回開戶銀行時，借記「銀行存款」科目，貸記「其他貨幣資金——信用證保證金存款」科目。

[案例1.3.2-4]

201×年5月5日，江河公司向銀行申請開具信用證4,000,000元，用於支付境外採購材料價款，公司已向銀行繳納保證金。5月25日，江河公司收到銀行轉來的境外銷貨單位信用證結算憑證以及所附發票帳單、海關進口增值稅專用繳款書等有關憑證，材料價款3,000,000元，增值稅稅額為510,000元。5月28日，江河公司收到銀行收款通知，對該境外銷貨單位開出的信用證余款490,000元已經轉回銀行帳戶。

案例1.3.2-4解析：江河公司應編製如下會計分錄：

5月5日，申請信用證時：

借：其他貨幣資金——信用證保證金存款　　　　　　　4,000,000
　　貸：銀行存款　　　　　　　　　　　　　　　　　4,000,000

5月25日，使用信用證購入材料時：

借：原材料　　　　　　　　　　　　　　　　　　　　3,000,000
　　應交稅費——應交增值稅（進項稅額）　　　　　　　510,000
　　貸：其他貨幣資金——信用證保證金存款　　　　　3,510,000

5月28日，余款轉回時：

借：銀行存款　　　　　　　　　　　　　　　　　　　490,000
　　貸：其他貨幣資金——信用證保證金存款　　　　　490,000

6. 外埠存款的核算

外埠存款，是企業為了到外地進行臨時或零星採購，而匯往採購地銀行開立採購專戶的款項。該帳戶的存款不計利息、只付不收、付完清戶，除了採購人員可從中提取少量現金外，一律採用轉帳結算。

企業將款項匯往外地時，應填寫匯款委託書，委託開戶銀行辦理匯款。匯入地銀行以匯款單位名義開立臨時採購帳戶。

企業將款項匯往外地開立採購專用帳戶，根據匯出款項憑證編製付款憑證時，借記「其他貨幣資金——外埠存款」科目，貸記「銀行存款」科目；收到採購人員轉來供應單位發票帳單等報銷憑證時，借記「材料採購」或「原材料」「庫存商品」「應交稅費——應交增值稅（進項稅額）」等科目，貸記「其他貨幣資金——外埠存款」科目；採購完畢收回剩餘款項時，根據銀行的收帳通知，借記「銀行存款」科目，貸記「其他貨幣資金——外埠存款」科目。

[案例1.3.2-5]

江河公司派採購員到異地採購原材料，201×年8月10日公司委託開戶銀行匯款100,000元到採購地設立採購專戶。8月20日，採購員交來採購專戶付款購入材料的有關憑證，增值稅專用發票上的原材料價款為80,000元，增值稅稅額為13,600元。材料已驗收入庫。8月30日，收到開戶銀行的收款通知，該採購專戶中的結余款項已經轉回。

案例 1.3.2-5 解析：
8 月 10 日，開立採購專戶時：
借：其他貨幣資金——外埠存款　　　　　　　　　　　　100,000
　　貸：銀行存款　　　　　　　　　　　　　　　　　　　　　100,000
8 月 20 日，收到採購員交來採購專戶付款購入材料的有關憑證時：
借：原材料　　　　　　　　　　　　　　　　　　　　　　80,000
　　應交稅費——應交增值稅（進項稅額）　　　　　　　　13,600
　　貸：其他貨幣資金——外埠存款　　　　　　　　　　　　93,600
8 月 30 日，收到轉回結余款項的通知時：
借：銀行存款　　　　　　　　　　　　　　　　　　　　　6,400
　　貸：其他貨幣資金——外埠存款　　　　　　　　　　　　6,400

7. 存出投資款的核算

企業向證券公司劃出資金時，應按實際劃出的金額，借記「其他貨幣資金——存出投資款」科目，貸記「銀行存款」科目；購買股票、債券、基金等時，借記「交易性金融資產」等科目，貸記「其他貨幣資金——存出投資款」科目。

[案例 1.3.2-6]
201×年 8 月 15 日，江河公司向證券公司存入資金 100,000 元。
案例 1.3.2-6 解析：
借：其他貨幣資金——存出投資款　　　　　　　　　　　100,000
　　貸：銀行存款　　　　　　　　　　　　　　　　　　　　100,000

【任務操作要求】
1. 學習並理解任務指導
2. 獨立完成給定業務核算

某企業 2014 年 5 月發生如下經濟業務：
（1）填寫銀行匯票申請書，辦理銀行匯票 13,000 元。
（2）收到王芳從北京寄回購買 A 材料增值稅專用發票，發票上註明：價款 20,000 元，增值稅 3,400 元，已從當地採購專戶支付。同時，北京採購專戶結束，余款 6,600 元劃回。
（3）將 100,000 元款項劃入證券公司帳戶。
（4）持銀行匯票 13,000 元向 A 公司購入原材料一批，取得的增值稅專用發票上註明：價款為 10,000 元，增值稅為 1,700 元，材料已驗收入庫，並已收到開戶銀行轉來的余款退回通知。
（5）收到甲公司一張面額為 234,000 元的銀行本票，系其償還前欠貨款，已辦理進帳。
要求：根據業務編製會計分錄。

任務 1.3.2 小結

其他貨幣資金核算重點：
（1）區別銀行匯票和銀行本票，區分在這兩種結算方式中收款方和付款方的核算；

（2）外埠存款的形成和使用核算。

模塊 2　往來結算會計崗位涉及的業務核算

【模塊介紹】

1. 往來結算簡介

往來結算是指企業在生產經營過程中，因經濟信用產生的企業與其外部和內部不同經濟主體之間的財務關係。在日常經營過程中，企業會不斷發生各種交易和事項，在交易和事項中可能收到或支付貨幣資金，也可能形成債權債務。由於在現代社會商業信用應用非常發達，而更多地會形成債權債務，同時企業在生產經營過程中，必須根據國家有關稅收法律法規的規定進行納稅，產生納稅義務，因此，往來核算對企業會計核算來說非常重要。

2. 往來結算會計崗位主要職責

（1）建立往來款項結算手續制度；

（2）辦理往來款項的結算業務；

（3）負責往來款項結算的明細核算。

3. 往來結算會計崗位具體核算內容

廣義的往來結算會計崗位核算內容包括資金核算、往來核算、稅務核算和薪酬核算，因本教材單獨設計了資金管理會計崗位、職工薪酬會計崗位，因此，本模塊只核算購銷往來、其他往來、往來中涉及的稅費三方面內容。

項目 2.1　購銷往來的核算

【項目介紹】

本項目內容以《企業會計準則第 22 號——金融工具確認和計量》及《企業會計準則第 22 號——金融工具確認和計量》應用指南為指導，主要介紹因商品購銷產生的應收應付票據、應收應付帳款、預收預付帳款的核算，要求學生通過學習，對購銷活動產生的債權債務的具體核算內容產生認知，通過任務處理，進一步演練借貸記帳法，為會計實務工作打下基礎。

【項目實施標準】

本項目通過完成 6 項具體任務來實施，具體任務內容結構如表 2.1-1 所示。

表 2.1-1　　　　　　　　　「購銷往來的核算」項目任務細分表

任務	子任務
任務 2.1.1　應收票據與應付票據的核算	1. 應收票據的核算
	2. 應付票據的核算
任務 2.1.2　應收帳款與應付帳款的核算	1. 應收帳款的核算
	2. 應付帳款的核算
任務 2.1.3　預收帳款與預付帳款的核算	1. 預收帳款的核算
	2. 預付帳款的核算

任務 2.1.1　應收票據與應付票據的核算

在現實的購銷活動中，商業匯票是企業間結算款項常用的一種結算方式。這種結算方式對於購銷雙方都有利：對於銷售方，雖延期收款但可以促進銷售；對於購貨方，提供了資金緩衝時間，同時又能保證企業生產經營的正常進行。採用這種結算方式對購銷雙方分別產生應付票據債務和應收票據債權。

子任務 1　應收票據的核算

【任務目的】

通過完成本任務，使學生熟悉商業匯票結算方式，正確理解應收票據和運用「應收票據」帳戶，掌握應收票據取得、到期及轉讓的核算，能完成應收票據貼現的相關計算及核算。

【任務指導】

1. 商業匯票

商業匯票是一種由出票人簽發的，委託付款人在指定日期無條件支付確定金額給收款人或者持票人的票據。在銀行開立存款帳戶的法人以及其他組織之間，必須具有真實的交易關係或債權債務關係，才能使用商業匯票。

商業匯票的付款期限由交易雙方商定，但最長不超過 6 個月。商業匯票期限有按月表示和按日表示兩種。若票據期限按日表示，應從出票日起按實際天數計算，通常出票日和到期日，只能算其中一天，即「算頭不算尾」或「算尾不算頭」。例如：5 月 20 日簽發的期限 50 天的票據，其到期日為 7 月 9 日。票據期限如果按月表示，應以到期月份中與出票日相同的那一日為到期日。例如：4 月 10 日簽發期限 2 個月的票據，其到期日為 6 月 10 日；如果剛好是月末簽發的票據，不論月份大小，一律以到期月份的月末那一日為到期日。例如：3 月 31 日簽發的期限為 1 個月的商業匯票，到期日應為 4 月 30 日。商業匯票的提示付款期限自匯票到期日起 10 日內。商業匯票一律記名，可以背書轉讓。符合條件的持票人可持未到期的商業匯票向銀行申請貼現。

商業匯票按是否帶息，分為不帶息商業匯票和帶息商業匯票。不帶息商業匯票是指商

業匯票到期時,承兌人只按票面金額(面值)向收款人或被背書人支付票款的商業匯票;帶息商業匯票是指商業匯票到期時,承兌人必須按票面金額(面值)加上應計利息(面值×票面利率×票據期限)向收款人或被背書人支付票款的商業匯票。

商業匯票按承兌人不同,分為商業承兌匯票和銀行承兌匯票兩種。

(1)商業承兌匯票,是指由收款人簽發,交付款人承兌或者由付款人簽發並承兌的票據。商業承兌匯票按購、銷雙方約定簽發。由收款人簽發的商業承兌匯票,應交付款人承兌;由付款人簽發的商業承兌匯票,應經本人承兌。承兌時,付款人應在商業承兌匯票正面記載「承兌」字樣和承兌日期並加蓋預留銀行印章,再將商業承兌匯票交給收款人。收款人應在提示付款期限內通知開戶銀行委託收款或直接向付款人提示付款。對異地委託收款的,收款人可匡算郵程,提前通知開戶銀行委託收款。付款人應於匯票到期前將款項足額存到銀行,銀行在到期日憑票將款項劃轉給收款人、被背書人或貼現銀行。如到期日付款人帳戶存款不足支付票款,開戶銀行不承擔付款責任,將匯票退回收款人、被背書人或貼現銀行,由其自行處理,並對付款人處以罰款。

(2)銀行承兌匯票,是指收款人或承兌申請人簽發,由承兌申請人向開戶銀行提出申請,經銀行審查同意承兌的票據。採用銀行承兌匯票結算方式,承兌申請人應持購銷合同向開戶銀行申請承兌,銀行按有關規定審查同意后,與承兌申請人簽訂承兌協議,在匯票上簽章並用壓數機壓印匯票金額后將銀行承兌匯票和解訖通知交給承兌申請人轉交收款人,並按票面金額收取萬分之五的手續費。收款人或被背書人應在銀行承兌匯票到期時將銀行承兌匯票、解訖通知連同進帳單送交開戶銀行辦理轉帳。承兌申請人應於到期前將票款足額交存銀行。到期未能有足票款的,承兌銀行除憑票向收款人、被背書人或貼現銀行無條件支付款項外,還將按承兌協議的規定,對承兌申請人執行扣款,並將未扣回的承兌金額作為逾期貸款,同時按每天萬分之五計收罰息。

採用商業匯票結算方式,可以使企業之間的債權債務關係表現為外在的票據,使商業信用票據化,加強約束力。對於購貨企業來說,由於可以延期付款,在資金暫時不足的情況下就能及時購進材料物資,保證生產經營順利進行。對於銷貨企業來說,可以疏通商品渠道,擴大銷售,促進生產。商業匯票經過承兌,信用較高,可以按期收回貨款,防止拖欠;在急需資金時,還可以向銀行申請貼現,融通資金,比較靈活。

在商業匯票結算方式中,銷貨企業因銷售貨物、提供勞務等而收到的商業匯票形成應收票據,購貨企業因購買貨物、接受勞務等而開出、承兌的商業匯票形成應付票據。為了加強商業匯票的管理,購貨企業和銷貨企業都應指定專人負責管理商業匯票,對應收、應付票據都應在有關的明細帳或登記簿中詳細地記錄。

2. 應收票據的計價

由於中國商業匯票的期限一般較短,最長不超過6個月,利息金額相對來說不大,用現值計價不但計算麻煩而且其折價還要逐期攤銷,過於繁瑣。因此,應收票據一般按面值計價,即無論收到的是帶息票據還是不帶息票據一律按面值入帳。帶息應收票據應於期末按票據的面值和票面利率計提利息,計提的利息增加應收票據的帳面餘額。

3. 核算帳戶:「應收票據」

該帳戶屬於資產類帳戶,用來核算應收票據取得、票款收回等。借方登記取得的應收

票據的面值和計提的帶息票據的利息，貸方登記到期收回票款、到期前向銀行貼現或背書轉讓的應收票據的面值和已計提的利息，期末餘額在借方，反應企業持有的尚未到期的商業匯票的面值和已計提的利息。「應收票據」帳戶按照開出、承兌商業匯票的單位設置明細帳進行明細核算。

為了便於管理和分析各種票據的具體情況，企業應設置「應收票據備查簿」，逐筆登記每一應收票據的種類、號數和出票日、票面金額、交易合同號和付款人、承兌人、背書人的姓名或單位名稱、到期日、背書轉讓日、貼現日、貼現率和貼現淨額以及收款日和收回金額、退票情況等資料。應收票據到期結清票款或退票後，在備查簿中應予註銷。

4. 核算業務框架

應收票據的核算
- ① 應收票據取得
  - A. 因債務人抵債而取得
  - B. 銷售貨物取得
- ② 計提帶息應收票據利息
- ③ 應收票據到期
  - A. 如數收到款項
  - B. 到期商業承兌匯票，對方無力付款
- ④ 應收票據轉讓
  - A. 轉讓應收票據購買所需物資
  - B. 應收票據貼現（計算、核算）

5. 應收票據取得的業務處理

應收票據取得的原因不同，其會計處理亦有所不同。

（1）因債務人抵償前欠貨款而取得的應收票據。按面值借記「應收票據」科目，貸記「應收帳款」科目。

（2）因企業銷售商品、提供勞務等而收到開出、承兌的商業匯票，借記「應收票據」科目，貸記「主營業務收入」「應交稅費——應交增值稅（銷項稅額）」等科目。

[案例2.1.1-1]

2014年10月1日，江河公司向乙公司銷售一批產品，開出的增值稅專用發票上註明：價款20,000元，增值稅3,400元。收到乙公司一張票面金額為23,400元、期限為5個月的商業承兌匯票。

案例2.1.1-1解析：

江河公司應編製如下會計分錄：

借：應收票據——乙公司　　　　　　　　　　　　　　23,400
　　貸：主營業務收入　　　　　　　　　　　　　　　　20,000
　　　　應交稅費——應交增值稅（銷項稅額）　　　　　3,400

6. 帶息應收票據期末計提利息的業務處理

按照權責發生制，對於帶息應用票據，應在會計期末按應收票據的面值和確定的利率計提票據利息。計提利息時，借記「應收票據」科目，貸記「財務費用」科目。

[案例2.1.1-2]

承案例2.1.1-1。假設江河公司收到的是一張帶息商業承兌匯票，票面利率為6%，江河公司每半年計提一次利息，2014年年終，江河公司計提票據利息。

案例 2.1.1-2 解析：

江河公司應計提的票據利息 = 23,400×6%÷12×3 = 351（元）

江河公司應編製如下會計分錄：

借：應收票據——乙公司　　　　　　　　　　　　　　　351

　　貸：財務費用　　　　　　　　　　　　　　　　　　　351

7. 應收票據到期的業務處理

應收票據到期，一般情況下能如數收回票款，但也存在無法收回票款的情況，所以應分情況進行處理。

（1）應收票據到期，如數收回票款。借記「銀行存款」科目，貸記「應收票據」科目，帶息應收票據到期有未計提的利息收回時，貸記「財務費用」。

（2）應收票據若為商業承兌匯票，到期時付款方無力支付票款，將應收票據的帳面余額轉為應收帳款。借記「應收帳款」科目，貸記「應收票據」科目。帶息應收票據未計提的利息不再計提，待實際收到時再沖減財務費用。

[案例 2.1.1-3]

承案例 2.1.1-1。2015 年 3 月 1 日，持有的乙公司的商業承兌匯票到期，如數收回款項 23,400 元存入銀行。

案例 2.1.1-3 解析：

借：銀行存款　　　　　　　　　　　　　　　　　　　23,400

　　貸：應收票據——乙公司　　　　　　　　　　　　　23,400

如果票據到期，乙公司無力支付票款，則：

借：應收帳款——乙公司　　　　　　　　　　　　　　23,400

　　貸：應收票據——乙公司　　　　　　　　　　　　　23,400

8. 應收票據轉讓的業務處理

實務中，企業可以將自己持有的未到期的商業匯票進行轉讓。轉讓的形式有兩種：一是將應收票據背書轉讓給其他企業以取得所需物資；二是將應收票據轉讓給銀行，即貼現。

（1）以應收票據購買物資

企業將持有的應收票據背書轉讓以取得所需物資時，按應計入取得物資成本的金額，借記「材料採購」「原材料」「庫存商品」等科目，按照增值稅專用發票上註明的可抵扣的增值稅稅額，借記「應交稅費——應交增值稅（進項稅額）」科目，按商業匯票的票面金額，貸記「應收票據」科目，如有差額，借記或貸記「銀行存款」等科目。

[案例 2.1.1-4]

承案例 2.1.1-1。假設江河公司於 2014 年 12 月 1 日將上述商業承兌匯票背書轉讓，以取得生產經營所需的 B 材料，該材料價款為 22,000 元，適用的增值稅稅率為 17%，材料已驗收入庫，不足款項以銀行存款支付。

案例 2.1.1-4 解析：

借：原材料——B 材料　　　　　　　　　　　　　　　22,000

　　應交稅費——應交增值稅（進項稅額）　　　　　　3,740

貸：應收票據——乙公司　　　　　　　　　　　　　23,400
　　　　　銀行存款　　　　　　　　　　　　　　　　　　2,340
（2）以應收票據向銀行貼現
　　應收票據貼現是指持票人在票據未到期前為獲得現款向銀行貼付一定利息而發生的票據轉讓行為。銀行受理後，按票據到期值扣除貼現利息後，將餘款（貼現淨額）交給貼現申請人。銀行計算貼現利息的利率稱為貼現利率。
　　應收票據貼現的計算過程可概括為以下三個步驟：
　　第一步：計算應收票據到期值
　　不帶息應收票據到期值＝面值
　　帶息應收票據到期值＝面值+到期利息＝面值×(1+票面利率×票據期限)
　　第二步：計算貼現利息
　　貼現利息＝到期值×貼現利率×貼現期
　　貼現期是指貼現日至到期日的時間間隔，按實際天數數，貼現日和到期日只能計算其中一天，即「算頭不算尾」或「算尾不算頭」。承兌人在異地的，應該另加3天的劃款時間。
　　第三步：計算貼現淨額
　　貼現淨額＝到期值－貼現利息
　　企業持未到期的應收票據向銀行申請貼現取得貼現款的基本帳務處理如下：
　　借：銀行存款　　　　（貼現淨額）
　　　　財務費用　　　　（貼現淨額小於票據帳面餘額）
　　　貸：應收票據　　　（帳面餘額）
　　　　　財務費用　　　（貼現淨額大於票據帳面餘額）
　　特別說明：
　　應收票據貼現按是否帶有追索權有兩種情形：帶追索權貼現和不帶追索權貼現。目前中國應收票據的貼現一般都帶有追索權，即當貼現的應收票據到期了，若承兌人無力支付票款，貼現企業負有連帶償還責任。而按中國現行會計制度規定，貼現企業貼現後直接轉銷「應收票據」科目，不再單獨設置會計科目反應或有負債，而是將這項潛在的債務責任在資產負債表附註中加以說明。若票據到期時承兌人無力支付，貼現銀行將已貼現票據退回給貼現申請人，並從貼現申請人存款帳戶中扣回票據到期值。此時貼現申請人應按票據到期值借記「應收帳款」科目，按被扣款額貸記「銀行存款」科目，按不足支付部分貸記「短期借款」科目。

[案例2.1.1-5]
　　江河公司因急需資金，2014年6月2日將持有的丙公司承兌的一張面值為50,000元、期限為3個月的商業承兌匯票向開戶銀行申請貼現。該匯票簽發日為4月5日，到期日為7月5日，貼現利率為9%，江河公司與丙公司在同一票據交換區域，貼現淨額已收存銀行。
　　案例2.1.1-5解析：
　　①計算票據的到期值、貼現利息和貼現淨額

票據到期值＝50,000 元

貼現期：6月2日至7月5日，共計 33 天

貼現利息＝50,000×9%÷360×33＝412.50（元）

貼現淨額＝50,000-412.5＝49,587.50（元）

②編製分錄

借：銀行存款　　　　　　　　　　　　　　　　　　　49,587.50
　　財務費用　　　　　　　　　　　　　　　　　　　　　412.50
　　貸：應收票據——丙公司　　　　　　　　　　　　　50,000

若7月5日票據到期，丙公司無力付款，接到銀行扣款通知，款項已從江河公司存款帳戶中扣收。則江河公司應編製如下會計分錄：

借：應收帳款——丙公司　　　　　　　　　　　　　　50,000
　　貸：銀行存款　　　　　　　　　　　　　　　　　　50,000

如果江河公司的存款帳戶只有40,000元供扣收，不足扣款10,000元已收到銀行傳來的轉為貸款的特種傳票。則江河公司應編製如下會計分錄：

借：應收帳款——丙公司　　　　　　　　　　　　　　50,000
　　貸：銀行存款　　　　　　　　　　　　　　　　　　40,000
　　　　短期借款　　　　　　　　　　　　　　　　　　10,000

【任務操作要求】

1. 學習並理解任務指導
2. 獨立完成給定業務核算

江河公司 2014 年發生如下經濟業務：

（1）1月1日，銷售一批產品給 A 公司，售價 500 萬元，應收取的增值稅為 85 萬元，產品已發出，貨款尚未收到。

（2）1月5日，雙方協商採用商業匯票結算方式，江河公司收到 A 公司無息的商業承兌匯票，期限為 3 個月，面值為 585 萬元。

（3）江河公司於2月1日將該商業承兌匯票到銀行貼現，貼現利率為9%，貼現淨額已存入銀行。

（4）4月7日，江河公司收到銀行通知，付款單位 A 公司無力支付已貼現的商業承兌匯票款，款項已從江河公司的銀行帳戶扣收。

要求：進行貼現的計算並編製各業務會計分錄。

子任務 2　應付票據的核算

【任務目的】

通過完成本任務，使學生正確理解應付票據和運用「應付票據」帳戶，掌握應付票據開出業務及應付票據到期業務的核算。

【任務指導】

1. 應付票據的計價

和應收票據計價原理一樣，應付票據一般按面值計價，即無論開出的是帶息票據還是

不帶息票據一律按面值入帳。帶息應付票據應於期末按票據的面值和票面利率計提利息，計提的利息增加應付票據的帳面餘額。

2. 核算帳戶：「應付票據」

該帳戶屬於負債類帳戶，用來核算應付票據的發生、償付等。貸方登記開出、承兌匯票的面值及帶息票據的計提利息，借方登記支付或轉銷的票據金額，期末餘額在貸方，反應尚未到期應付票據的面值和已提未支付的帶息票據利息。「應付票據」帳戶一般按債權人設置明細帳進行明細核算。

為了便於管理和分析各種票據的具體情況，企業應設置「應付票據備查簿」，逐筆登記每一應付票據的種類、號數、簽發日期、到期日、票面金額、票面利率、交易合同號、收款人姓名或單位名稱以及到期后的付款日期和金額等內容。應付票據到期結清時，在備查簿中應予註銷。

3. 核算業務框架

應付票據的核算
① 應付票據開出 { A. 因抵債而開出 / B. 購買貨物開出 }
② 計提帶息應付票據利息
③ 應付票據到期 { A. 如數支付款項 / B. 到期商業承兌匯票，無力付款 / C. 到期銀行承兌匯票，無力付款 }

4. 應付票據開出的業務處理

應付票據開出的原因不同，其會計處理亦有所不同。

（1）因抵償前欠債務而開出的應付票據。借記「應付帳款」科目，按面值貸記「應付票據」科目。

（2）因企業購買材料、商品、接受勞務等而開出的應付票據。借記「材料採購」「原材料」「庫存商品」「應交稅費——應交增值稅（進項稅額）」等科目，按面值貸記「應付票據」科目。

企業因開出銀行承兌匯票而支付銀行的承兌匯票手續費，應當計入當期財務費用，借記「財務費用」科目，貸記「銀行存款」「庫存現金」科目。

[案例2.1.1-6]

江河公司為增值稅一般納稅人，2014年4月1日購入原材料一批，增值稅專用發票上註明的價款為60,000元，增值稅稅額為10,200元，原材料已驗收入庫。江河公司開出並經開戶銀行承兌的商業匯票一張，面值為70,200元、期限5個月。交納銀行承兌手續費35.10元。

案例2.1.1-6解析：

江河公司應編製如下會計分錄：

①開出商業匯票購入材料：

借：原材料 60,000
　　應交稅費——應交增值稅（進項稅額） 10,200

貸：應付票據　　　　　　　　　　　　　　　　　　　　　　　　70,200
　②支付銀行承兌匯票承兌手續費：
　　借：財務費用　　　　　　　　　　　　　　　　　　　　　　　　35.10
　　貸：銀行存款　　　　　　　　　　　　　　　　　　　　　　　　　　35.10
　5. 帶息應付票據期末計提利息的業務處理
　　企業開出、承兌的商業匯票如果是帶息應付票據，應在會計期末按票面利率計提應付票據利息。計提利息時，借記「財務費用」科目，貸記「應付票據」科目。

[案例2.1.1-7]
　　承案例2.1.1-6。假設江河公司開出的是一張帶息銀行承兌匯票，票面利率為6%，江河公司4月末應計提票據利息。
　　案例2.1.1-7解析：
　　江河公司應計提的票據利息＝70,200×6%÷12×1＝351（元）
　　江河公司應編製如下會計分錄：
　　借：財務費用　　　　　　　　　　　　　　　　　　　　　　　　351
　　貸：應付票據　　　　　　　　　　　　　　　　　　　　　　　　　351
　6. 應付票據到期的業務處理
　（1）應付票據到期，如數支付票款。借記「應付票據」科目，貸記「銀行存款」科目。
　（2）應付票據到期，無力支付票款。若為商業承兌匯票，借記「應付票據」科目，貸記「應付帳款」科目；若為銀行承兌匯票，借記「應付票據」科目，貸記「短期借款」科目。

[案例2.1.1-8]
　　承案例2.1.1-6。2014年9月1日票據到期如數支付票款。
　　案例2.1.1-8解析：
　　借：應付票據　　　　　　　　　　　　　　　　　　　　　　　　70,200
　　貸：銀行存款　　　　　　　　　　　　　　　　　　　　　　　　　70,200
　　如果票據到期，江河公司無力支付票款，則：
　　借：應付票據　　　　　　　　　　　　　　　　　　　　　　　　70,200
　　貸：短期借款　　　　　　　　　　　　　　　　　　　　　　　　　70,200

【任務操作要求】
1. 學習並理解任務指導
2. 獨立完成給定業務核算
（1）6月2日，甲企業從乙企業購入A材料一批，貨款20,000元，增值稅3,400元，材料已驗收入庫，甲企業簽發並承兌一張為期3個月的不帶息商業承兌匯票支付價稅款。
（2）9月2日，甲企業如數支付上述商業承兌匯票款。
（3）假設上述商業承兌匯票到期，甲企業無力支付票款。
要求：分別以甲、乙企業為會計主體編製會計分錄。

任務 2.1.1 小結

應收票據與應付票據是以商業匯票這種結算方式為載體，收付款雙方相應形成的債權債務。其核算重點如下表 2.1-2 所示：

表 2.1-2　　　　　　　　　應收票據與應付票據核算重點

付款方（應付票據）	收款方（應收票據）
1. 開出商業匯票	1. 收到商業匯票
2. 計提帶息商業匯票應付利息	2. 計提帶息商業匯票應收利息
3. 商業匯票到期如數付款	3. 商業匯票到期如數收款
4. 商業承兌匯票到期無力付款	4. 商業承兌匯票到期對方無力付款
5. 銀行承兌匯票到期無力付款	5. 貼現

任務 2.1.2　應收帳款與應付帳款的核算

在現代市場經濟條件下，企業運用商業信用進行商品買賣已經是非常正常的。在商業信用條件下的賒購或賒銷業務中，就會出現企業間的欠人和人欠問題。對於銷售方來講，其已經將商品銷售給對方，或勞務已經提供，但對方尚未付款，也沒有簽發任何票據，這樣，就形成應收帳款。相應地，對於購貨方，就形成應付帳款。

子任務 1　應收帳款的核算

【任務目的】

通過完成本任務，使學生正確理解應收帳款和運用「應收帳款」帳戶，準確確定應收帳款的入帳價值，能對應收帳款產生、收回等業務進行帳務處理。

【任務指導】

1. 應收帳款的範圍

應收帳款是指企業因銷售商品、提供勞務等經營活動，應向購貨單位或接受勞務單位收取的款項，主要包括企業銷售商品或提供勞務等應向有關債務人收取的合同價款或協議價款、增值稅及代購貨單位墊付的包裝費、運雜費等。

2. 應收帳款的入帳時間與入帳價值

（1）應收帳款的入帳時間

由於應收帳款是因賒銷業務產生的，其入帳時間與銷售收入的確認時間是一致的，通常企業在確認收入的同時，確認應收帳款。具體確認標準見模塊 6 中收入的核算。

（2）應收帳款的入帳價值

通常情況下，按歷史成本計價，應收帳款的入帳價值根據買賣雙方成交時的實際金額（價款、增值稅及代購貨單位墊付的包裝費、運雜費等）入帳。

企業在商業競爭中為了招徠、吸引客戶，在與客戶成交時往往還附有各種折扣優惠條

件，如商業折扣、現金折扣等。折扣會不同程度地影回應收帳款及相應的銷售收入的入帳價值，所以，企業在確認應收帳款入帳價值時還需要考慮折扣因素。

①商業折扣

商業折扣是指企業為促進商品銷售而在商品價格上給予的價格扣除。例如，企業為鼓勵客戶多買商品可能規定購買10件以上商品給予客戶10%的折扣；為了盡快出售一些殘次、陳舊的商品，進行打折銷售等。商業折扣作為促銷手段有利於擴大商品的銷路，增加銷量，提高盈利水平。折扣一般在交易成交時即已確定，它僅僅是確定實際銷售價格的一種手段，買賣雙方均不需要在帳上反應。

在存在商業折扣的情況下，銷售方應收帳款和銷售收入的入帳價值直接按扣除商業折扣後的實際成交金額確認。對於增值稅的計算，現行增值稅暫行條例規定，如果銷售額和折扣額是在同一張發票上分別註明的，可以按扣除商業折扣後的銷售額計算增值稅；如果將折扣額另開發票，不得從銷售額中扣除折扣計算增值稅。

[案例2.1.2-1]

江河公司201×年5月11日銷售商品一批，商品價目表註明商品價款為200,000元，給予購買方10%的商業折扣，增值稅稅率為17%，以存款代購貨方墊付運雜費10,000元，款項尚未收到。則應收帳款的入帳價值為（　　　）元。

A. 220,600　　　　B. 222,000　　　　C. 210,600　　　　D. 244,000

案例2.1.2-1解析：

答案：A。在存在商業折扣的情況下，企業應按照扣除商業折扣後的淨額確認銷售收入和應收帳款。應收帳款的入帳價值＝[200,000×(1－10%)]×(1＋17%)＋10,000＝220,600元。

②現金折扣

現金折扣是指債權人為了鼓勵債務人在規定的期限內付款而向債務人提供的債務扣除。現金折扣通常發生在以賒銷方式銷售商品及提供勞務的交易中，企業為了鼓勵客戶提前償付貨款，通常與債務人達成協議，債務人在不同的期限內付款可享受不同比例的折扣，付款時間越早，折扣越大。現金折扣一般用符號「折扣率/付款期限」表示。例如，「2/10，1/20，N/30」表示：銷售方允許客戶最長的付款期限為30天，如果客戶在10天內付款，銷售方可給予客戶2%的折扣；如果客戶在10天以後，20天以內付款，按1%給其折扣；如果客戶在20天以後，30天以內付款，將不能享受現金折扣。

現金折扣發生在企業銷售商品之後，現金折扣是否發生以及發生多少要視買方的付款情況而定。因此，存在現金折扣時，應將不扣除現金折扣前的金額（總價法確定）作為應收帳款和銷售收入的入帳價值，待實際發生現金折扣時，將其計入財務費用。對於增值稅的計算，現行增值稅暫行條例規定，計算增值稅不得按扣除現金折扣後的銷售額來計算，與總價法核算現金折扣是保持一致的。

值得注意的是：在實際發生現金折扣時，計算折扣額的基數是含增值稅的價款還是不含增值稅的價款，購銷雙方應在合同協議中事先約定，不同的基數計算出的現金折扣額是有差異的。

[案例 2.1.2-2]

江河公司 201×年 5 月 15 日賒銷給長江公司商品一批，按價目單上價格計算的價款為 200,000 元，增值稅稅率為 17%，約定的付款條件為「3/10, 2/20, N/30」，以存款代購貨方墊付運雜費 10,000 元，計算現金折扣時不考慮增值稅，則應收帳款的入帳價值為（　　）元。

A. 220,600　　　B. 222,000　　　C. 210,600　　　D. 244,000

案例 2.1.2-2 解析：

答案：D。在存在現金折扣的情況下，江河公司應按照扣除現金折扣前的金額確認銷售收入和應收帳款。應收帳款的入帳價值 = 200,000×(1+17%)+10,000 = 244,000（元）。

3. 核算帳戶：「應收帳款」

該帳戶屬於資產類帳戶，用來核算應收帳款的增減變動及其結存情況，不單獨設置「預收帳款」帳戶的企業，預收的帳款也在「應收帳款」帳戶核算。該帳戶借方登記應收帳款的增加，貸方登記應收帳款的收回、改用商業匯票結算及確認的壞帳損失。期末餘額一般在借方，反應企業尚未收回的應收帳款；如果期末餘額在貸方，則反應企業預收的帳款。「應收帳款」帳戶按照購貨單位或接受勞務單位設置明細帳進行明細核算。

4. 核算業務框架

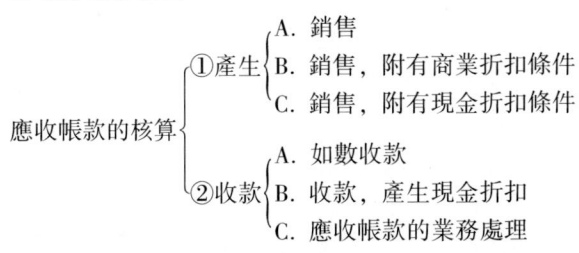

應收帳款的核算
① 產生
　A. 銷售
　B. 銷售，附有商業折扣條件
　C. 銷售，附有現金折扣條件
② 收款
　A. 如數收款
　B. 收款，產生現金折扣
　C. 應收帳款的業務處理

（1）企業因銷售商品、提供勞務等產生應收帳款時，按確定的應收帳款入帳價值借記「應收帳款」科目，按確認的收入貸記「主營業務收入」等科目，按計算的銷項稅額貸記「應交稅費——應交增值稅（銷項稅額）」科目，如有為購貨方墊付的包裝費、運雜費等貸記「銀行存款」或「庫存現金」科目。

[案例 2.1.2-3]

201×年 5 月 5 日，江河公司採用託收承付結算方式向乙公司銷售商品一批，價款 300,000 元，增值稅稅額 51,000 元，以銀行存款代墊運雜費 6,000 元，已辦妥託收手續。

案例 2.1.2-3 解析：

借：應收帳款——乙公司　　　　　　　　　　　　　　　　357,000
　　貸：主營業務收入　　　　　　　　　　　　　　　　　　300,000
　　　　應交稅費——應交增值稅（銷項稅額）　　　　　　　51,000
　　　　銀行存款　　　　　　　　　　　　　　　　　　　　6,000

[案例 2.1.2-4]

編製案例 2.1.2-1 的會計分錄。

案例 2.1.2-4 解析：

借：應收帳款   220,600
　　貸：主營業務收入   ［200,000×（1-10%）＝180,000］180,000
　　　　應交稅費——應交增值稅（銷項稅額）（180,000×17%＝30,600）30,600
　　　　銀行存款   10,000

［案例2.1.2-5］

編製案例2.1.2-2的會計分錄。

案例2.1.2-5解析：

借：應收帳款——長江公司   244,000
　　貸：主營業務收入   200,000
　　　　應交稅費——應交增值稅（銷項稅額）   34,000
　　　　銀行存款   10,000

（2）收回應收帳款時，若如數收回，借記「銀行存款」科目，貸記「應收帳款」科目。若收回時產生現金折扣，則按收款數借記「銀行存款」科目，按現金折扣額借記「財務費用」科目，按應收數貸記「應收帳款」科目。

［案例2.1.2-6］

承接案例2.1.2-3。接銀行收款通知，向乙公司托收的款項357,000元已如數收到。

案例2.1.2-6解析：

借：銀行存款   357,000
　　貸：應收帳款——乙公司   357,000

［案例2.1.2-7］

承接案例2.1.2-5。201×年5月20日，收到長江公司支付的款項。

案例2.1.2-7解析：

按照約定的現金折扣條件，長江公司在10天內付款，應給予售價3%的現金折扣，即：200,000×3%＝6,000元，實際收到238,000元（244,000-6,000）。

借：銀行存款   238,000
　　財務費用   6,000
　　貸：應收帳款——長江公司   244,000

想一想：如果長江公司在5月28日或者6月8日付款，如何進行處理？

【任務操作要求】

1. 學習並理解任務指導

2. 獨立完成給定業務核算

某企業在201×年3月1日銷售一批商品，增值稅專用發票上註明售價40,000元，增值稅為6,800元。企業在合同中規定的現金折扣條件為：2/10，1/20，N/30。假定計算折扣時不考慮增值稅，要求編製如下情況的會計分錄：

(1) 3月1日銷售確認收入時；

(2) 若3月8日買方付清貨款；

(3) 若3月19日買方付清貨款；

(4) 若買方3月30日付款。

子任務 2　應付帳款的核算

【任務目的】

通過完成本任務，使學生正確理解應付帳款和運用「應付帳款」帳戶，準確確定應付帳款的入帳價值，能對應付帳款產生、支付等業務進行帳務處理。

【任務指導】

1. 應付帳款的範圍

應付帳款是指企業因購買材料、商品或接受勞務供應等經營活動而應付給供應單位的款項。這是一種最常見、最普遍的負債。應付帳款與應付票據都是在賒購時產生的債務，但應付票據有承諾付款的票據作為依據，有確切的到期日，票據到期，企業負有無條件支付票款的責任，而應付帳款是一種僅僅憑企業的商業信用而發生的尚未結清的債務。

2. 應付帳款的入帳時間與入帳價值

（1）應付帳款的入帳時間

應付帳款的入帳時間，應以所購買物資所有權轉移或者接受勞務已經發生為標誌。但在實務中，為了使所購物資的金額、品種、數量和質量等與合同規定的條款相符，避免因驗收時發現所購物資的數量或質量存在問題而對入帳的物資或應付帳款金額進行改動，可以區別以下兩種情況進行處理：

①在物資和發票帳單同時到達的情況下，一般在所購物資驗收入庫後，根據發票帳單登記入帳，確認應付帳款。

②在所購物資已經驗收入庫，但是發票帳單未能同時到達且到月末仍未收到的情況下，在月末，為了反應企業的負債情況，需要將所購物資和相關的應付帳款暫估入帳，下月初用紅字衝銷，待實際收到發票帳單時，再按具體情況處理。

（2）應付帳款的入帳價值

和應收帳款的入帳價值相對應，通常情況下，按買賣雙方成交時的實際金額（價款、增值稅及代墊的包裝費、運雜費等）入帳。如果存在購貨折扣情況，則按照扣除商業折扣，不扣現金折扣的金額入帳。實際享受的現金折扣，衝減財務費用。

3. 核算帳戶：「應付帳款」

該帳戶屬於負債類帳戶，用來核算應付帳款的發生、償還、轉銷等情況。不單獨設置「預付帳款」帳戶的企業，預付的帳款也在「應付帳款」帳戶核算。該帳戶貸方登記企業購買材料、商品和接受勞務等形成的應付帳款，借方登記償還的應付帳款，或開出商業匯票抵付應付帳款的款項，或衝銷無法支付的應付帳款。期末餘額一般在貸方，反應企業尚未償還或抵付的應付帳款。如果期末餘額在借方，則反應企業預付的帳款。「應付帳款」帳戶按照供貨單位或提供勞務單位設置明細帳進行明細核算。

4. 核算業務框架

應付帳款的核算 { ①產生　②支付或抵付　③無法支付，轉銷

5. 應付帳款的業務處理

（1）企業因購入材料、商品或接受勞務等產生應付帳款時。根據發票帳單借記「材料採購」「在途物資」等科目，按照可抵扣的增值稅進項稅額，借記「應交稅費——應交增值稅（進項稅額）」科目，按應付的款項，貸記「應付帳款」科目。

（2）企業接受供應單位提供勞務而產生應付帳款時。根據供應單位的發票帳單，借記「生產成本」「管理費用」等科目，貸記「應付帳款」科目。

（3）償還或用商業匯票抵付應付帳款時。借記「應付帳款」科目，貸記「銀行存款」「應付票據」等科目。若償還時享受現金折扣，則按現金折扣額貸記「財務費用」科目。

（4）應付帳款轉銷時。由於債權單位撤銷或其他原因而使應付帳款無法清償，企業應將確實無法支付的應付帳款予以轉銷，按其帳面餘額計入營業外收入，借記「應付帳款」科目，貸記「營業外收入」科目。

[案例 2.1.2-8]

江河公司於 201×年 4 月 12 日，從 B 公司購入一批材料並驗收入庫。增值稅專用發票上註明的該批材料的價款為 1,000,000 元，增值稅為 170,000 元。按照購貨協議的規定，江河公司如在 10 天內付清貨款，將獲得 1%的現金折扣（假定計算現金折扣時考慮增值稅）。江河公司 201×年 4 月 18 日，按照扣除現金折扣後的金額，用銀行存款付清了所欠 B 公司貨款。

案例 2.1.2-8 解析：

① 4 月 12 日確認應付帳款：

借：原材料	1,000,000
應交稅費——應交增值稅（進項稅額）	170,000
貸：應付帳款——B 公司	1,170,000

② 4 月 18 日付清貨款：

根據現金折扣條件，江河公司在 10 天內付清貨款，可享受 1%的現金折扣，即 1,170,000×1%＝11,700 元。實際支付的款項為：1,170,000-11,700＝1,158,300 元。

借：應付帳款——B 公司	1,170,000
貸：銀行存款	1,158,300
財務費用	11,700

[案例 2.1.2-9]

201×年 12 月 31 日，江河公司確定一筆應付 A 公司帳款 8,000 元為無法支付的款項，應予轉銷。

案例 2.1.2-9 解析：

借：應付帳款——A 公司	8,000
貸：營業外收入	8,000

【任務操作要求】

1. 學習並理解任務指導

2. 獨立完成給定業務核算

（1）6 月 1 日 A 公司從 B 公司購入原材料一批，專用發票上註明：價款 50,000 元，

增值稅 8,500 元,材料已驗收入庫,款項尚未支付。雙方商定若在 20 天內付款可享受 3% 的現金折扣(假定計算折扣時不含增值稅)。

(2) 6 月 12 日 A 公司支付 B 公司貨款。

要求:分別以 A、B 公司為會計主體編製會計分錄。

任務 2.1.2 小結

應收帳款與應付帳款是收付款雙方在經營活動中基於商業信用而產生的債權債務,其核算重點如表 2.1-3 所示:

表 2.1-3　　　　　　　　應收帳款與應付帳款核算重點

付款方(應付帳款)	收款方(應收帳款)
1. 賒購: ①無附加條件 ②附有商業折扣條件 ③附有現金折扣條件	1. 賒銷: ①無附加條件 ②附有商業折扣條件 ③附有現金折扣條件
2. 付款: ①如數支付 ②支付時,享受現金折扣	2. 收款: ①如數收款 ②收款時,產生現金折扣
3. 確實無法支付,轉為利得	3. 無法收回,產生壞帳

任務 2.1.3　預收帳款與預付帳款的核算

在購銷實務中,一般情況是銷售方先提供商品或供應勞務,雙方再進行貨款結算,但可能在商品供不應求或涉及購買特定商品和接受特定勞務等情況時,需要購買方先預付款項,銷售方隨后再提供商品或勞務,這樣對於購銷雙方相應地就產生了預付帳款債權和預收帳款債務。

子任務 1　預收帳款的核算

【任務目的】

通過完成本任務,使學生正確理解預收帳款和運用「預收帳款」帳戶,能對預收帳款業務進行帳務處理。

【任務指導】

1. 預收帳款的概念

預收帳款是指企業按照合同規定向購貨單位預收的款項。根據權責發生制會計核算基礎,企業預收貨款時,因貨物尚未提供,銷售尚未實現,不能確認銷售收入,而應將預收帳款作為企業的負債,但與應付帳款、應付票據等負債不同的是,預收帳款所形成的負債不是以貨幣償付,而是以貨物清償。

2. 核算帳戶:「預收帳款」

預收帳款的核算,應視企業具體情況而定,如果企業預收帳款不多,可以不設置「預

收帳款」帳戶，直接記入「應收帳款」帳戶，該帳戶前面已作介紹；如果企業預收帳款較多，可以單獨設置「預收帳款」帳戶核算。

「預收帳款」帳戶屬於負債類帳戶，用來核算預收帳款的取得、償付等情況。該帳戶貸方登記預收的款項和補收的款項，借方登記應收的款項和退回多收的款項。期末余額若在貸方，反應企業已預收的款項，如果期末余額在借方，則反應企業應收的帳款。「預收帳款」帳戶按照購貨單位或接受勞務單位設置明細帳進行明細核算。

3. 單獨設置帳戶情況下預收帳款的業務處理

（1）企業預收款項時，借記「銀行存款」科目，貸記「預收帳款」科目。

（2）銷售實現時，按銷售總的應收款借記「預收帳款」科目，按實現的營業收入貸記「主營業務收入」等科目，按照增值稅稅額，貸記「應交稅費——應交增值稅（銷項稅額）」科目。

（3）多退少補，結清尾款。向購貨單位退回多收的款項時，借記「預收帳款」科目，貸記「銀行存款」科目。收到購貨單位補付的款項時，借記「銀行存款」科目，貸記「預收帳款」科目。

[案例2.1.3-1]

江河公司為增值稅一般納稅人。201×年5月3日，江河公司與乙公司簽訂供貨合同，向乙公司出售一批產品，貨款金額共計200,000元，應交增值稅34,000元。根據購貨合同的規定，乙公司在購貨合同簽訂後1周內，應當向江河公司預付貨款100,000元，剩余貨款在交貨後付清。201×年5月9日，江河公司收到乙公司預付貨款100,000元存入銀行，5月19日江河公司將貨物發運到乙公司並開具增值稅專用發票，乙公司驗收貨物後付清了剩余貨款。編製江河公司會計分錄。

案例2.1.3-1解析：

①5月3日收到乙公司預付的貨款：

借：銀行存款　　　　　　　　　　　　　　　　　　　　　　100,000
　　貸：預收帳款——乙公司　　　　　　　　　　　　　　　　　　100,000

②5月19日向乙公司發出貨物：

借：預收帳款——乙公司　　　　　　　　　　　　　　　　　　234,000
　　貸：主營業務收入　　　　　　　　　　　　　　　　　　　　200,000
　　　　應交稅費——應交增值稅（銷項稅額）　　　　　　　　　　34,000

③收到乙公司補付的貨款：

借：銀行存款　　　　　　　　　　　　　　　　　　　　　　134,000
　　貸：預收帳款——乙公司　　　　　　　　　　　　　　　　　　134,000

4. 不單獨設置帳戶情況下預收帳款的業務處理

如果企業不單獨設置「預收帳款」帳戶，則將預收帳款通過「應收帳款」帳戶核算。

案例2.1.3-1如果通過「應收帳款」帳戶核算，江河公司會計分錄應如下：

①5月3日收到乙公司預付的貨款：

借：銀行存款　　　　　　　　　　　　　　　　　　　　　　100,000
　　貸：應收帳款——乙公司　　　　　　　　　　　　　　　　　　100,000

② 5月19日向乙公司發出貨物：
借：應收帳款——乙公司　　　　　　　　　　　　　234,000
　　貸：主營業務收入　　　　　　　　　　　　　　　200,000
　　　　應交稅費——應交增值稅（銷項稅額）　　　　34,000
③ 收到乙公司補付的貨款：
借：銀行存款　　　　　　　　　　　　　　　　　　134,000
　　貸：應收帳款——乙公司　　　　　　　　　　　　134,000

【任務操作要求】
學習並理解任務指導。

子任務2　預付帳款的核算

【任務目的】
通過完成本任務，使學生正確理解預付帳款和運用「預付帳款」帳戶，能對預付帳款業務進行帳務處理。

【任務指導】
1. 預付帳款的概念

預付帳款是指企業按照合同規定預付的款項。根據權責發生制會計核算基礎，預付帳款雖然款項已經付出，但對方的義務尚未履行，要求對方履行提供貨物或勞務的義務仍是企業的權利，因此企業預付帳款和應收帳款、應收票據一樣，屬於企業的短期債權。

2. 核算帳戶：「預付帳款」

預付帳款的核算，應視企業具體情況而定，如果企業預付帳款不多，可以不設置「預付帳款」帳戶，直接記入「應付帳款」帳戶，該帳戶前面已作介紹；如果企業預付帳款較多，可以單獨設置「預付帳款」帳戶核算。

「預付帳款」帳戶屬於資產類帳戶，用來核算預付帳款的增減變動及其結存情況。該帳戶借方登記預付的款項和補付的款項，貸方登記收到所購物資、勞務時應付的款項和退回的多付的款項。期末余額若在借方，反應企業已預付的款項，如果期末余額在貸方，則反應企業應付的帳款。「預付帳款」帳戶按照供貨單位或提供勞務單位設置明細帳進行明細核算。

3. 單獨設置帳戶情況下預付帳款的業務處理

（1）企業按合同約定預付款項時，借記「預付帳款」科目，貸記「銀行存款」科目。

（2）企業收到所購物資時，按應計入購入物資成本的金額，借記「材料採購」「原材料」「庫存商品」等科目，按可以抵扣的增值稅進項稅額，借記「應交稅費——應交增值稅（進項稅額）」等科目，按總的應付款項貸記「預付帳款」科目。

（3）多退少補，結清尾款。收到供貨單位退回多收的款項時，借記「銀行存款」科目，貸記「預付帳款」科目。向供貨單位補付款項時，借記「預付帳款」科目，貸記「銀行存款」科目。

[案例 2.1.3-2]

江河公司向乙公司採購材料 6,000 千克，每千克單價 10 元，所需支付的價款總計 60,000 元。按照合同規定向乙公司預付價款的 50%，驗收貨物後補付其餘款項。201×年 5 月 5 日江河公司開出轉帳支票向乙公司預付貨款 30,000 元。201×年 5 月 12 日江河公司收到了乙公司發來的 6,000 千克材料，驗收無誤，增值稅專用發票上記載的價款為 60,000 元，增值稅稅額為 10,200 元，以銀行存款補付所欠款項 40,200 元。編製江河公司會計分錄。

案例 2.1.3-2 解析：

①5 月 5 日向乙公司預付 50%的價款：

借：預付帳款——乙公司　　　　　　　　　　　　　30,000
　　貸：銀行存款　　　　　　　　　　　　　　　　　　　30,000

②5 月 12 日收到所購材料：

借：原材料　　　　　　　　　　　　　　　　　　　60,000
　　應交稅費——應交增值稅（進項稅額）　　　　　10,200
　　貸：預付帳款——乙公司　　　　　　　　　　　　　70,200

③向乙公司補付貨款：

借：預付帳款——乙公司　　　　　　　　　　　　　40,200
　　貸：銀行存款　　　　　　　　　　　　　　　　　　　40,200

想一想：如果江河公司沒有單獨設置「預付帳款」帳戶，應該如何進行帳務處理？

【任務操作要求】

1. 學習並理解任務指導
2. 獨立完成給定業務核算

6 月 3 日，A 公司收到 C 公司電匯預付貨款 40,000 元，款項收存銀行；6 月 10 日，A 公司向 C 公司發出產品，專用發票上註明價款 50,000 元、增值稅 8,500 元；6 月 13 日，A 公司收到 C 公司補付貨款 18,500 元存入銀行。

要求：分別以 A、C 公司為會計主體編製會計分錄。

任務 2.1.3 小結

預收帳款與預付帳款核算重點如表 2.1-4 所示：

表 2.1-4　　　　　　　　預收帳款與預付帳款核算重點

付款方（預付帳款）	收款方（預收帳款）
1. 預付	1. 預收
2. 收到所購貨物	2. 發出貨物
3. 多退少補，結清尾款	3. 多退少補，結清尾款

項目 2.2　其他往來及應收款項減值的核算

【項目介紹】

本項目內容以《企業會計準則第 22 號——金融工具確認和計量》《企業會計準則第 8 號——資產減值》及《企業會計準則第 22 號——金融工具確認和計量》應用指南、《企業會計準則第 8 號——資產減值》應用指南為指導，主要介紹企業在商品交易或勞務供應以外產生的其他應收應付款及應收款項減值的核算，要求學生通過學習，對非購銷活動產生的債權債務及應收款項減值內容有所認知，通過任務處理，進一步演練借貸記帳法，為會計實務工作打下基礎。

【項目實施標準】

本項目通過完成 3 項具體任務來實施，具體任務內容結構如表 2.2-1 所示：

表 2.2-1　「其他往來及應收款項減值的核算」項目任務細分表

任務	子任務
任務 2.2.1　其他應收款與其他應付款的核算	1. 其他應收款的核算
	2. 其他應付款的核算
任務 2.2.2　應收款項減值	—

任務 2.2.1　其他應收款與其他應付款的核算

企業產生的債權債務有些與商品買賣、勞務供應有關，如應收應付帳款、應收應付票據、預收預付帳款；企業也會發生一些與商品買賣、勞務供應無直接關係的債權債務，諸如應收應付的賠款、收取或支付的押金、為職工代墊的款項等。顯然，這些內容必須單獨核算。

子任務 1　其他應收款的核算

【任務目的】

通過完成本任務，使學生熟悉列入其他應收款的主要內容，正確運用「其他應收款」帳戶，掌握備用金、押金、租金等的核算。

【任務指導】

1. 其他應收款核算的範圍

其他應收款是指企業除應收票據、應收帳款、預付帳款等以外的其他各種應收及暫付款項。其主要內容包括：

（1）應收的各種賠款、罰款，如因企業財產等遭受意外損失而應向有關保險公司收取的賠款等；

（2）應收的出租包裝物租金；

（3）應向職工收取的各種墊付款項，如為職工墊付的水電費、應由職工負擔的醫藥費、房租費等；

（4）存出保證金，如租入包裝物支付的押金；

（5）預付給企業內部部門或個人的備用金；

（6）其他各種應收款項、暫付款項。

2. 核算帳戶：「其他應收款」

該帳戶屬於資產類帳戶，用來核算其他應收帳款的增減變動及其結存情況，借方登記其他應收款的增加，貸方登記其他應收款的收回，期末余額在借方，反應企業尚未收回的其他應收款項。「其他應收款」帳戶通常按照債務人設置明細帳進行明細核算。

3. 其他應收款的業務處理

企業發生應收各種賠款、罰款、存出保證金、應向職工收取的各種墊付款項時，借記「其他應收款」科目，貸記「銀行存款」等科目；收回時，借記「銀行存款」等科目，貸記「其他應收款」科目。因這些內容在本教材其他模塊中會作介紹，在這裡只重點介紹列入「其他應收款」核算的備用金。

備用金是指企業預付給職工和內部有關部門單位用作差旅費、零星採購費用和零星開支，事後需要報銷的款項。備用金業務是企業中的常見業務，對於備用金的預借和報銷，既要有利於企業各項業務的正常進行，又要建立必要的制度。

備用金的管理辦法一般有兩種：一是一次報銷制度；二是定額備用金制度。

一次報銷制度的特點是按需預付，憑據報銷，余款退回，一次結清。適用於不經常使用備用金的單位和個人，如一般企業對於出差人員差旅費的借支和報銷就是實行的一次報銷制度管理辦法。一次報銷制度管理辦法下備用金業務的基本帳務處理如下：

企業撥付備用金時：

借：其他應收款

　　貸：庫存現金等

報銷備用金時：

借：管理費用等　　　　　（實際報銷數）

　　庫存現金　　　　　　（退回多余款）

　　貸：其他應收款　　　（撥付數）

　　　　庫存現金　　　　（補付不足款）

［案例2.2.1-1］

201×年5月1日，職工李明出差預借差旅費3,000元，以現金支付。5月10日，李明出差回來報銷差旅費3,600元，補付現金600元。

案例2.2.1-1解析：

5月1日預借差旅費時：

借：其他應收款——李明　　　　　　　　　　　　　　　3,000

　　　　貸：庫存現金　　　　　　　　　　　　　　　　　　　　　　　　3,000
5月10日報銷差旅費時：
　　借：管理費用　　　　　　　　　　　　　　　　　　　　　　　　　3,600
　　　　貸：其他應收款——李明　　　　　　　　　　　　　　　　　　3,000
　　　　　　庫存現金　　　　　　　　　　　　　　　　　　　　　　　　600

　　定額備用金制度的特點是按定額撥付，憑據報銷，補足定額。適用於經常使用備用金的單位和個人，如企業的后勤部門經常會發生零星採購就可以採用定額備用金管理辦法，可以大大減少工作量。定額備用金管理辦法下備用金業務的基本帳務處理如下：

企業撥付備用金時：
　　借：其他應收款
　　　　貸：庫存現金等

報銷備用金時，按實際報銷數補足備用金：
　　借：管理費用等　　　（實際報銷數）
　　　　貸：庫存現金等　　　　　（實際報銷數）

取消或核減備用金時：
　　借：庫存現金等
　　　　貸：其他應收款

[案例2.2.1-2]
　　江河公司實行定額備用金制度，會計部門根據核定的定額，撥付給行政部門定額備用金3,000元。10天后行政部門持購買辦公用品的發票2,500元報銷，會計部門審核後付給現金補足其定額。

案例2.2.1-2解析：
撥付備用金時：
　　借：其他應收款——行政部門（備用金）　　　　　　　　　　　　3,000
　　　　貸：庫存現金　　　　　　　　　　　　　　　　　　　　　　3,000
報銷時：
　　借：管理費用　　　　　　　　　　　　　　　　　　　　　　　　2,500
　　　　貸：庫存現金　　　　　　　　　　　　　　　　　　　　　　2,500

【任務操作要求】
1. 學習並理解任務指導
2. 獨立完成給定業務核算
某企業4月份發生的部分經濟業務如下：
　　(1) 4月11日，簽發轉帳支票支付水電費5,000元，其中：車間耗用4,500元，行政部門耗用480元，為青年職工王娟墊付20元。
　　(2) 已列入「待處理財產損溢」帳戶的現金短少50元。經查明，屬出納員朱彬責任，責令其賠償，但賠款尚未收到。
　　(3) 4月15日，發放本月工資32,000元，扣除前述墊款、賠款后，其余簽發現金支票轉入個人工資帳戶。

（4）4月22日，收到退回的包裝物押金200元現金。
（5）4月25日，為業務部門核定定額備用金1,000元，以現金支付。
（6）4月28日，業務部門以發票報銷辦公用品費用，共計550元，以現金補足其備用金。

要求：根據業務編製會計分錄。

子任務2 其他應付款的核算

【任務目的】
通過完成本任務，使學生熟悉列入其他應付款的主要內容，正確運用「其他應付款」帳戶，掌握常見的一些其他應付款的核算。

【任務指導】
1. 其他應付款核算的範圍

其他應付款是指企業除應付票據、應付帳款、預收帳款等經營活動以外的其他各項應付、暫收的款項，如應付經營租入固定資產租金、租入包裝物租金、存入保證金、應付賠款和罰款等。

2. 核算帳戶：「其他應付款」

該帳戶屬於負債類帳戶，用來核算其他應付款項的發生及其償還情況，貸方登記發生的各種其他應付、暫收款項，借方登記償還或轉銷的各種其他應付、暫收款項，期末餘額在貸方，反應企業應付未付的其他應付款項。該帳戶按照其他應付款的項目和對方單位（或個人）設置明細帳進行明細核算。

3. 其他應付款的業務處理

企業發生其他各種應付、暫收款項時，借記「管理費用」等科目，貸記「其他應付款」科目；支付或退回其他各種應付、暫收款項時，借記「其他應付款」科目，貸記「銀行存款」等科目。

[案例2.2.1-3]
江河公司出租給A公司機器設備一臺，收到租用押金20,000元存入銀行。
案例2.2.1-3解析：
借：銀行存款　　　　　　　　　　　　　　　　　　　　20,000
　　貸：其他應付款——A公司（押金）　　　　　　　　　　20,000
若A公司租賃期結束退還該機器設備，江河公司退還押金，則：
借：其他應付款——A公司（押金）　　　　　　　　　　20,000
　　貸：銀行存款　　　　　　　　　　　　　　　　　　　20,000

【任務操作要求】
1. 學習並理解任務指導
2. 獨立完成給定任務

（多選題）下列各項內容，應通過「其他應付款」科目核算的有（　　）。
A. 應付的租入包裝物租金
B. 應付的社會保險費

C. 應付的客戶存入保證金
D. 應付的經營租入固定資產租金

任務 2.2.1 小結

1. 其他應收款核算重點：一次報銷制度和定額備用金制度下備用金借支、報銷的核算。
2. 其他應付款核算重點：其他應付款的主要內容。

任務 2.2.2　應收款項減值

【任務目的】

通過完成本任務，使學生理解備抵法的原理，能準確計提壞帳準備並能對壞帳準備業務進行帳務處理。

【任務指導】

1. 應收款項減值損失的確認

企業的各項應收款項，可能會因購貨人拒付、破產、死亡等原因而無法收回。這類無法收回的應收款項就是壞帳。企業因壞帳而遭受的損失稱為壞帳損失或減值損失。企業應當在資產負債表日對應收款項的帳面價值（帳面余額減去壞帳準備的差額）進行檢查，有客觀證據表明應收款項發生減值的，應當將該應收款項的帳面價值減記至預計未來現金流量現值，減記的金額確認為資產減值損失，同時計提壞帳準備。例如：某企業 2014 年年末應收 A 公司的帳款余額為 500 萬元，已提壞帳準備 40 萬元，經單獨減值測試，確定該應收帳款的預計未來現金流量現值為 440 萬元，顯然，該筆應收帳款帳面價值 460 萬元（500-40＝460）低於預計未來現金流量現值 440 萬元，按準則規定，2014 年年末應確認資產減值損失 20 萬元，同時計提壞帳準備 20 萬元。

2. 應收款項減值損失的核算方法——備抵法

對於應收款項減值損失的核算，一般有兩種會計處理方法，即直接轉銷法和備抵法，但中國企業會計準則明確規定，確定應收款項的減值只能採用備抵法，不得採用直接轉銷法。

備抵法是指採用一定的方法按期估計壞帳損失，提取壞帳準備並計入當期損益，待壞帳實際發生時，衝銷已提的壞帳準備和相應的應收款項。採用這種方法，在報表上列示應收款項的淨額，使報表使用者能瞭解企業應收款項的可收回金額。在備抵法下，企業應當根據實際情況合理估計當期壞帳損失金額。由於企業發生壞帳損失帶有很大的不確定性，所以只能以過去的經驗為基礎，參照當前的信用政策、市場環境和行業慣例，準確地估計每期應收款項未來現金流量現值，從而確定當期減值損失金額，計入當期損益。企業在預計未來現金流量現值時，應當在合理預計未來現金流量的同時，合理選用折現利率。短期應收款項的預計未來現金流量與其現值相差很小的，在確認相關減值損失時，可不對其預計未來現金流量進行折現。

採用備抵法，企業應當設置「壞帳準備」帳戶，該帳戶屬於資產類帳戶，但它是特殊

的資產類帳戶，是「應收帳款」「應收票據」「其他應收款」等帳戶的備抵帳戶，用來核算壞帳準備的計提、轉銷等情況，其基本結構是貸方記增加，借方記減少，期末余額在貸方。該帳戶具體結構見下面「T」形帳戶：

壞帳準備

	期初余額
（1）實際發生壞帳損失	（1）確認的壞帳，重新收回
期末減值測試前若為借方余額：表示應補提的壞帳準備	期末減值測試前若為貸方余額：表示已提取的壞帳準備
（2）測試后沖銷多提的壞帳準備	（2）測試后補提壞帳準備
	期末調整后應為貸方余額：表示應提取的壞帳準備

3. 期末提取（或沖銷）壞帳準備的計算

期末提取（或沖銷）的壞帳準備=期末按應收款項計算的應提壞帳準備金額-（或+）「壞帳準備」帳戶期末減值測試前的貸方（或借方）余額

結果為正數，表示應補提的壞帳準備金額；結果若為負數，表示應沖銷的壞帳準備金額。

備註：期末按應收款項計算應提壞帳準備金額的方法，主要有應收款項余額百分比法、帳齡分析法、銷貨百分比法，企業可以根據需要自行選擇，但一經確定，不得隨意變更。本教材只介紹應收款項余額百分比法。

4. 核算業務框架

壞帳準備業務 ①提取壞帳準備
②沖銷多提的壞帳準備
③發生壞帳
④已轉銷的壞帳，又重新收回

5. 壞帳準備的基本業務處理

（1）提取壞帳準備時：借記「資產減值損失——計提的壞帳準備」科目，貸記「壞帳準備」科目。

（2）沖銷多提的壞帳準備時：借記「壞帳準備」科目，貸記「資產減值損失——計提的壞帳準備」科目。

（3）實際發生壞帳損失時：借記「壞帳準備」科目，貸記「應收帳款」「其他應收款」等科目。

（4）確認並轉銷的壞帳重新收回時：借記「應收帳款」「其他應收款」等科目，貸記「壞帳準備」科目；同時，借記「銀行存款」科目，貸記「應收帳款」「其他應收款」等科目。也可以編製一個會計分錄，借記「銀行存款」科目，貸記「壞帳準備」科目。

[案例2.2.2-1]

江河公司從2011年年末開始採用應收帳款余額百分比法計提壞帳準備，計提比例為5%。

（1）2011年年末，應收帳款余額為6,000,000元。

解析：

按應收帳款余額百分比法計算2011年年末應提取的壞帳準備＝6,000,000×5%＝300,000元，因2011年年末減值測試前「壞帳準備」帳戶無餘額，因此，2011年年末減值測試後應補提壞帳準備300,000元。

借：資產減值損失　　　　　　　　　　　　　　　　300,000
　　貸：壞帳準備　　　　　　　　　　　　　　　　　　300,000

（2）2012年5月，因債務人A公司經營狀況惡化，一筆50,000元款項確認為壞帳損失。

解析：

借：壞帳準備　　　　　　　　　　　　　　　　　　50,000
　　貸：應收帳款——A公司　　　　　　　　　　　　　50,000

（3）2012年年末，江河公司應收帳款余額為8,000,000元。

解析：

按應收帳款余額百分比法計算2012年年末應提取的壞帳準備＝8,000,000×5%＝400,000元；2012年年末減值測試前「壞帳準備」為貸方餘額250,000元（300,000-50,000＝250,000）；因此，2012年年末減值測試後應補提壞帳準備150,000元（400,000-250,000＝150,000）。

借：資產減值損失　　　　　　　　　　　　　　　　150,000
　　貸：壞帳準備　　　　　　　　　　　　　　　　　　150,000

（4）2013年3月，江河公司收回上年已轉銷的應收A公司帳款20,000元存入銀行。

解析：

借：應收帳款——A公司　　　　　　　　　　　　　　20,000
　　貸：壞帳準備　　　　　　　　　　　　　　　　　　20,000
借：銀行存款　　　　　　　　　　　　　　　　　　20,000
　　貸：應收帳款——A公司　　　　　　　　　　　　　20,000

或者：

借：銀行存款　　　　　　　　　　　　　　　　　　20,000
　　貸：壞帳準備　　　　　　　　　　　　　　　　　　20,000

（5）2013年年末，江河公司應收帳款余額為7,000,000元。

解析：

按應收帳款余額百分比法計算2013年年末應提取的壞帳準備＝7,000,000×5%＝350,000元；2013年年末減值測試前「壞帳準備」為貸方餘額420,000元（300,000-50,000+150,000+20,000＝420,000）；因此，2013年年末減值測試後應衝銷壞帳準備70,000元（350,000-420,000＝-70,000）。

借：壞帳準備　　　　　　　　　　　　　　　　　　　　　　　　70,000
　　貸：資產減值損失　　　　　　　　　　　　　　　　　　　　　70,000

算一算：每年調整后「壞帳準備」帳戶的余額分別是多少？有什麼規律？

【任務操作要求】
1. 學習並理解任務指導
2. 獨立完成給定業務核算

乙企業採用應收帳款余額百分比法估計壞帳損失，提取壞帳準備的比例為 5%。

（1）2012 年年初「壞帳準備」貸方余額為 6 萬元，本年發生壞帳 4.8 萬元；年末乙企業應收帳款余額為 1,200 萬元；

（2）2013 年，乙企業已轉銷的壞帳損失收回 4 萬元存入銀行，本年末應收帳款余額為 1,600 萬元；

（3）2014 年發生壞帳 5 萬元，年末應收帳款余額為 1,100 萬元。

要求：編製乙企業 2012—2014 年相關會計分錄。

任務 2.2.2 小結

應收款項減值核算重點：

（1）期末補提或衝銷壞帳準備的計算；
（2）計提壞帳準備；
（3）衝銷多提的壞帳準備；
（4）發生壞帳；
（5）已轉銷的壞帳又收回。

項目 2.3　往來中涉及流轉稅及附加的核算

【項目介紹】

企業作為商品的生產者和經營者，必須按照國家有關稅收法律法規履行納稅義務，對其在一定期間取得的營業收入和實現的利潤，向國家交納各種稅費。目前中國向企業開徵的稅費主要包括增值稅、消費稅、營業稅、城市維護建設稅、資源稅、企業所得稅、土地增值稅、房產稅、車船稅、土地使用稅、教育費附加、礦產資源補償費、印花稅、耕地占用稅等。對於這些稅種的有關具體知識將在后續稅法課程中進行學習。根據本教材的編排，本項目內容以《企業會計準則第 22 號——金融工具確認和計量》及《企業會計準則第 22 號——金融工具確認和計量》應用指南為指導，以《增值稅、消費稅、營業稅、城市維護建設稅暫行條例及教育費附加暫行規定》為依據，主要介紹企業在往來中涉及的三大流轉稅及附加的核算，要求學生通過學習，對三大流轉稅及附加的核算有所認知，通過任務處理，進一步演練借貸記帳法，為會計實務工作打下基礎。

【項目實施標準】

本項目通過完成 5 項具體任務來實施，具體任務內容結構如表 2.3-1 所示：

表 2.3-1　　　　[往來中涉及流轉稅及附加的核算] 項目任務細分表

任務	子任務
任務 2.3.1　增值稅的日常核算	1. 一般納稅人增值稅的核算
	2. 小規模納稅人增值稅的核算
任務 2.3.2　消費稅的日常核算	—
任務 2.3.3　營業稅的日常核算	—
任務 2.3.4　城市維護建設稅及教育費附加的核算	—

任務 2.3.1　增值稅的日常核算

增值稅是以商品（含應稅勞務）在流轉過程中產生的增值額為計稅依據而徵收的一種流轉稅。按照中國增值稅暫行條例的規定，增值稅的納稅人是在中國境內銷售貨物、進口貨物，或提供加工、修理修配勞務的企業單位和個人。按照納稅人的經營規模及會計核算的健全程度，增值稅納稅人分為一般納稅人和小規模納稅人。這兩種納稅人在增值稅的計算和核算上都有所不同。

子任務 1　一般納稅人增值稅的核算

【任務目的】

通過完成本任務，對增值稅一般納稅人形成基本的認知，瞭解增值稅一般納稅人增值稅的計算，掌握一般納稅人增值稅日常業務的核算。為會計實務中涉及增值稅業務的熟練核算打下理論基礎。

【任務指導】

1. 一般納稅人應交增值稅的計算

中國一般納稅人應納增值稅稅額，根據當期銷項稅額減去當期進項稅額計算確定。其具體計算公式為：

應納增值稅額 = 當期銷項稅額 − 當期準予抵扣的進項稅額

其中：當期銷項稅額是指銷售貨物或提供勞務時，向購買方收取的增值稅稅額。其計算公式為：

當期銷項稅額 = 不含稅銷售額 × 增值稅稅率

　　　　　　 = 含稅銷售額 /（1+增值稅稅率）× 增值稅稅率

目前中國一般納稅人增值稅稅率有：17%、13%、11%、6%、0。隨著營業稅改徵增值稅的逐步推進，應該還會出現新的增值稅稅率。

對於準予抵扣的進項稅額，按照《增值稅暫行條例》的規定，目前一般納稅人準予從

銷項稅額中抵扣的進項稅有兩類：一類是以票抵扣，即取得法定扣稅憑證，並符合稅法抵扣規定的進項稅額。目前包括從銷售方取得的增值稅專用發票和從海關取得的海關進口增值稅專用繳款書上註明的增值稅是可以憑票抵扣的。另一類是計算抵扣，即沒有取得法定扣稅憑證，但符合稅法抵扣政策，準予計算抵扣的進項稅額。目前，對於購進免稅農產品，如果沒有取得抵扣票據，可按照買價的13%計算抵扣進項稅額。

2. 一般納稅人增值稅的核算帳戶

一般納稅人應交的增值稅，應在「應交稅費」帳戶下設置「應交增值稅」「未交增值稅」兩個明細帳戶進行核算。

（1）「應交稅費——應交增值稅」。該帳戶借方登記購進貨物或接受勞務時支付的進項稅額、實際已繳納的增值稅額及轉出未交的增值稅等，貸方登記銷售貨物或提供勞務時收取的銷項稅額、出口退稅、進項稅額轉出及轉出多交增值稅額等，因本月多交或未交的增值稅月末都需轉入「未交增值稅」明細帳，因此，本帳戶如有餘額應為借方餘額，表示尚未抵扣的進項稅額。「應交增值稅」明細帳內設置「進項稅額」「已交稅金」「銷項稅額」「出口退稅」「進項稅額轉出」「轉出多交增值稅」「轉出未交增值稅」等專欄。

（2）「應交稅費——未交增值稅」。該明細帳戶用來核算企業月末轉入的應交未交的增值稅或多交的增值稅。貸方登記月末從「應交增值稅」明細帳借方轉入的應交未交增值稅，借方登記月末從「應交增值稅」明細帳貸方轉入的多交增值稅，該帳戶期末貸方餘額反應應交未交的增值稅額，借方餘額反應多交的增值稅額。

3. 核算業務框架

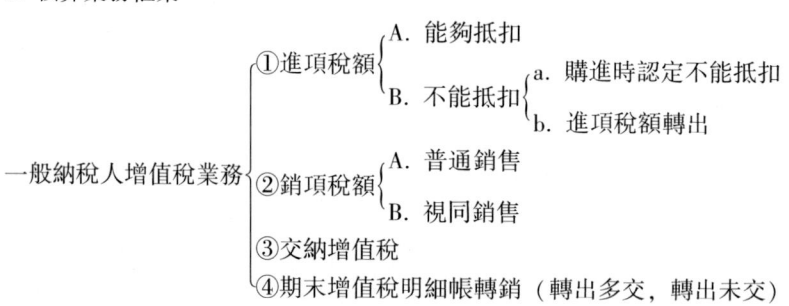

一般納稅人增值稅業務
① 進項稅額
　A. 能夠抵扣
　B. 不能抵扣
　　a. 購進時認定不能抵扣
　　b. 進項稅額轉出
② 銷項稅額
　A. 普通銷售
　B. 視同銷售
③ 交納增值稅
④ 期末增值稅明細帳轉銷（轉出多交，轉出未交）

4. 進項稅額的業務處理

（1）能夠抵扣進項稅額的業務處理

購進貨物或接受應稅勞務，根據票據或計算能夠抵扣的進項稅額，借記「應交稅費——應交增值稅（進項稅額）」，根據應計入貨物或勞務的成本，借記「固定資產」「材料採購」「在途物資」「原材料」「庫存商品」或「生產成本」「製造費用」「委託加工物資」「管理費用」等科目，按照應付或實際支付的總額，貸記「應付帳款」「應付票據」「銀行存款」等科目。

［案例2.3.1-1］

201×年5月5日，江河公司購入原材料一批，取得的增值稅專用發票上註明：價款100,000元，增值稅稅額17,000元。同時取得的貨物運輸業增值稅專用發票上註明：材料運費1,000元，增值稅110元。材料已驗收入庫，所有款項均已用銀行存款支付。

案例 2.3.1-1 解析：
借：原材料　　　　　　　　　　　　　　　　　　　　101,000
　　應交稅費——應交增值稅（進項稅額）　（17,000+110）17,110
　　貸：銀行存款　　　　　　　　　　　　　　　　　　118,110

[案例 2.3.1-2]
201×年 5 月 20 日，江河公司生產車間委託外單位修理機器設備，取得的增值稅專用發票上註明：修理費用 20,000 元，增值稅稅額 3,400 元。款項已用銀行存款支付。
案例 2.3.1-2 解析：
借：管理費用　　　　　　　　　　　　　　　　　　　　20,000
　　應交稅費——應交增值稅（進項稅額）　　　　　　　　3,400
　　貸：銀行存款　　　　　　　　　　　　　　　　　　23,400

[案例 2.3.1-3]
201×年 5 月 25 日，江河公司購入免稅農產品一批，買價 50,000 元，規定的扣除率為 13%，貨物尚未到達，貨款已用銀行存款支付。
案例 2.3.1-3 解析：
購進免稅農產品可抵扣的進項稅額＝買價×扣除率 13%＝50,000×13%＝6,500（元）
借：在途物資　　　　　　　　　　　　　　　　　　　　43,500
　　應交稅費——應交增值稅（進項稅額）　　　　　　　　6,500
　　貸：銀行存款　　　　　　　　　　　　　　　　　　50,000

（2）不能抵扣的進項稅額的業務處理
①購進貨物或接受勞務時，因不符合抵扣要求，即認定不能抵扣的進項稅額，直接計入所購貨物或勞務的成本中。

[案例 2.3.1-4]
江河公司購買一批茶葉發放給職工，取得的增值稅專用發票註明：價款 20,000 元，增值稅 3,400 元。以存款支付。
案例 2.3.1-4 解析：
增值稅暫行條例規定，購進貨物用於職工福利或個人消費，其進項稅不得抵扣。
借：應付職工薪酬　　　　　　　　　　　　　　　　　　23,400
　　貸：銀行存款　　　　　　　　　　　　　　　　　　23,400

[案例 2.3.1-5]
江河公司購買原材料，取得的增值稅普通發票上註明價款為 50,000 元，增值稅為 8,500 元，材料已驗收入庫，款項開出轉帳支票支付。
案例 2.3.1-5 解析：
增值稅普通發票不能作為抵扣依據。
借：原材料　　　　　　　　　　　　　　　　　　　　　58,500
　　貸：銀行存款　　　　　　　　　　　　　　　　　　58,500

②進項稅額轉出：購進貨物時已按可抵扣處理核算，后來又認定不能抵扣的進項稅。
企業購進的貨物發生非常損失（因管理不善以致被盜、丟失、霉爛變質的損失），以

及將購進貨物改變用途（如用於非應稅項目、集體福利或個人消費等），其進項稅額不能抵扣，應通過「應交稅費——應交增值稅（進項稅額轉出）」科目轉入有關科目，借記「待處理財產損溢」「在建工程」「應付職工薪酬」等科目，貸記「應交稅費——應交增值稅（進項稅額轉出）」科目；屬於轉作待處理財產損失的進項稅額，應與遭受非常損失的購進貨物、在產品或庫存商品的成本一併處理。

購進貨物改變用途通常是指購進的貨物在沒有經過任何加工的情況下，對內改變用途的行為，如企業在建工程項目領用原材料等。

[案例2.3.1-6]

江河公司庫存材料因管理不善以致被盜一批，有關增值稅專用發票註明的成本為20,000元，增值稅稅額為3,400元。

案例2.3.1-6解析：

借：待處理財產損溢　　　　　　　　　　　　　　　　　　23,400
　　貸：原材料　　　　　　　　　　　　　　　　　　　　20,000
　　　　應交稅費——應交增值稅（進項稅額轉出）　　　　3,400

[案例2.3.1-7]

江河公司建造廠房領用生產用原材料70,000元，原材料購入時支付的增值稅為11,900元。

案例2.3.1-7解析：

借：在建工程　　　　　　　　　　　　　　　　　　　　　81,900
　　貸：原材料　　　　　　　　　　　　　　　　　　　　70,000
　　　　應交稅費——應交增值稅（進項稅額轉出）　　　　11,900

5. 銷項稅額的業務處理

（1）企業銷售貨物或提供應稅勞務

企業銷售貨物或提供應稅勞務，按照營業收入和應收取的增值稅稅額，借記「銀行存款」「應收帳款」「應收票據」等科目，按照實現的營業收入，貸記「主營業務收入」「其他業務收入」等科目，按收取的增值稅稅額，貸記「應交稅費——應交增值稅（銷項稅額）」科目。

[案例2.3.1-8]

江河公司銷售產品一批，開出的專用發票上註明：價款80,000元，增值稅稅率為17%。款項尚未收到。

案例2.3.1-8解析：

借：應收帳款　　　　　　　　　　　　　　　　　　　　　93,600
　　貸：主營業務收入　　　　　　　　　　　　　　　　　80,000
　　　　應交稅費——應交增值稅（銷項稅額）　　　　　　13,600

[案例2.3.1-9]

某貨物運輸公司提供國內貨物運輸服務取得價稅款合計為333,000元，款項已存入銀行，增值稅稅率為11%。

案例2.3.1-9解析：

增值稅銷項稅額＝［333,000÷(1+11%)］× 11%＝33,000（元）
借：銀行存款　　　　　　　　　　　　　　　　　　333,000
　　貸：主營業務收入　　　　　　　　　　　　　　　　300,000
　　　　應交稅費——應交增值稅（銷項稅額）　　　　　33,000

[案例 2.3.1-10]

江河公司為外單位代加工辦公桌 50 張，每張收取加工費 200 元，適用的增值稅稅率為 17%，加工完成，款項已收到並存入銀行。

案例 2.3.1-10 解析：
借：銀行存款　　　　　　　　　　　　　　　　　　11,700
　　貸：主營業務收入　　　　　　　　　　　　　　　　10,000
　　　　應交稅費——應交增值稅（銷項稅額）　　　　　1,700

（2）視同銷售行為

企業的有些交易和事項從會計角度看不屬於銷售行為，不能確認銷售收入，但是按照稅法規定，應視同對外銷售處理，計算應交增值稅。視同銷售需要交納增值稅的交易和事項包括企業將自產或委託加工的貨物用於非應稅項目、集體福利或個人消費，將自產、委託加工或購買的貨物作為投資、分配給股東或投資者、無償贈送他人等。在這些情況下，企業應當借記「在建工程」「長期股權投資」「營業外支出」等科目，貸記「應交稅費——應交增值稅（銷項稅額）」科目等。

[案例 2.3.1-11]

江河公司將自產的產品用於自行建造職工俱樂部。該批產品成本為 30,000 元，計稅價格為 40,000 元，增值稅稅率為 17%。

案例 2.3.1-11 解析：
借：在建工程　　　　　　　　　　　　　　　　　　36,800
　　貸：庫存商品　　　　　　　　　　　　　　　　　　30,000
　　　　應交稅費——應交增值稅（銷項稅額）　（40,000 ×17%）6,800

[案例 2.3.1-12]

江河公司將自產的產品捐贈給某學校，該批產品成本為 400,000 元，銷售價為 600,000 元，增值稅銷項稅為 102,000 元。

案例 2.3.1-12 解析：
借：營業外支出　　　　　　　　　　　　　　　　　502,000
　　貸：庫存商品　　　　　　　　　　　　　　　　　　400,000
　　　　應交稅費——應交增值稅（銷項稅額）　（600,000 ×17%）102,000

[案例 2.3.1-13]

江河公司用原材料對外投資。該批原材料成本為 350,000 元，計稅價格為 420,000 元，應納增值稅額為 71,400 元。

案例 2.3.1-13 解析：
確認收入：
借：長期股權投資　　　　　　　　　　　　　　　　491,400

貸：其他業務收入　　　　　　　　　　　　　　　　　　　　420,000
　　　　應交稅費——應交增值稅（銷項稅額）　　　　　　　　　 71,400
結轉成本：
　　借：其他業務成本　　　　　　　　　　　　　　　　　　　　350,000
　　貸：原材料　　　　　　　　　　　　　　　　　　　　　　　350,000

　　特別提示：從案例2.3.1-11至案例2.3.1-13，同樣是視同銷售業務，會計核算卻不同。視同銷售業務有兩種核算方式：一是不作銷售處理；二是作銷售處理。是否作銷售處理，主要根據是否滿足銷售收入確認條件（具體內容見財務成果模塊下收入項目）進行判斷。如：將自產或委託加工的貨物用於不動產建造或者無形資產研發等非增值稅應稅項目，由於產品在同一會計主體內部轉移，會計上不作銷售處理。用於集體福利、分配給股東或投資者、對外投資以及非貨幣性資產交換，貨物的所有權已轉移至企業外部，雖然表面上沒有像銷售商品那樣，要麼有貨幣資金流入企業，要麼取得應收款項，但上述視同銷售行為卻抵償了負債或者取得了資產，起到了用貨幣資金償還債務、進行投資以及購買固定資產等效果，即實質上取得了有經濟利益流入企業的結果，因而符合收入確認的條件，在會計上要作銷售處理。用於捐贈、贊助等用途的，雖然貨物的所有權已轉移至企業外部，發生了所有權變化，但因沒有經濟利益流入企業，不符合收入確認的條件，因而會計上不作銷售處理。

　　6. 出口退稅的業務處理
　　企業出口產品按規定退稅的，按應收的出口退稅額，借記「其他應收款」科目，貸記「應交稅費——應交增值稅（出口退稅）」科目。

　　7. 交納增值稅的業務處理
　　企業交納當月的增值稅，借記「應交稅費——應交增值稅（已交稅金）」科目，貸記「銀行存款」科目。
　　企業交納上期未交增值稅，借記「應交稅費——未交增值稅」科目，貸記「銀行存款」科目。

　　[案例2.3.1-14]
　　江河公司用銀行存款交納上月的增值稅45,000元。
　　案例2.3.1-14解析：
　　借：應交稅費——未交增值稅　　　　　　　　　　　　　　　45,000
　　貸：銀行存款　　　　　　　　　　　　　　　　　　　　　　45,000

　　8. 月末結轉未交或多交增值稅的業務處理
　　月末結轉應交未交增值稅，應借記「應交稅費——應交增值稅（轉出未交增值稅）」科目，貸記「應交稅費——未交增值稅」科目；月末結轉多交增值稅，應借記「應交稅費——未交增值稅」科目，貸記「應交稅費——應交增值稅（轉出多交增值稅）」科目。

　　[案例2.3.1-15]
　　江河公司本月發生銷項稅額合計257,890元，進項稅轉出52,000元，進項稅額為132,400元，已交增值稅131,000元。
　　案例2.3.1-15解析：

①計算本月應交增值稅

257,890-(132,400-52,000)= 177,490 元

②計算月末未交增值稅

應交 177,490-已交增值稅 131,000=46,490 元

③月末結轉未交增值稅

借：應交稅費——應交增值稅（轉出未交增值稅）　　　　　46,490
　　貸：應交稅費——未交增值稅　　　　　　　　　　　　　46,490

【任務操作要求】

1. 學習並理解任務指導
2. 獨立完成給定業務核算

甲公司為增值稅一般納稅人，適用的增值稅稅率為17%，材料採用實際成本進行日常核算。該公司 2014 年 4 月 30 日「應交稅費——應交增值稅」科目借方余額為 4 萬元，該借方余額均可用下月的銷項稅額抵扣。5 月份發生如下涉及增值稅的經濟業務：

（1）購買原材料一批，增值稅專用發票上註明價款為 60 萬元，增值稅額為 10.2 萬元，公司已開出商業承兌匯票。該原材料已驗收入庫。

（2）企業對外銷售原材料一批。該批原材料的成本為 36 萬元，計稅價格為 41 萬元，應交納的增值稅額為 6.97 萬元。

（3）銷售產品一批，銷售價格為 20 萬元（不含增值稅額），實際成本為 16 萬元，提貨單和增值稅專用發票已交購貨方，貨款尚未收到。該銷售符合收入確認條件。

（4）不動產在建工程領用原材料一批，該批原材料實際成本為 30 萬元，應由該批原材料負擔的增值稅額為 5.1 萬元。

（5）因管理不善毀損原材料一批，該批原材料的實際成本為 10 萬元，增值稅額為 1.7 萬元。

（6）用銀行存款交納本月增值稅 2.5 萬元。

要求：

（1）編製上述經濟業務相關的會計分錄（「應交稅費」科目要求寫出明細科目及專欄名稱）。

（2）計算甲公司 5 月份發生的銷項稅額、應交增值稅額和應交未交的增值稅額。

子任務 2　小規模納稅人增值稅的核算

【任務目的】

通過完成本任務，對增值稅小規模納稅人形成基本的認知，瞭解增值稅小規模納稅人增值稅的計算，掌握小規模納稅人增值稅日常業務的核算。為會計實務中涉及增值稅業務的熟練核算打下理論基礎。

【任務指導】

1. 小規模納稅人應交增值稅的計算

小規模納稅人不享有進項稅額的抵扣權，其購進貨物或接受應稅勞務時支付的增值稅直接計入有關貨物或勞務的成本中。小規模納稅人銷售貨物或提供應稅勞務時，只能開具

普通發票，不能開具增值稅專用發票，其銷售貨物或提供勞務應納的增值稅實行簡易辦法徵稅。具體計算公式為：

應納增值稅額＝不含稅銷售額×徵收率
　　　　　　＝含稅銷售額/(1+徵收率)×徵收率

小規模納稅人增值稅徵收率為3%。

2. 小規模納稅人增值稅的核算帳戶：「應交稅費——應交增值稅」

根據小規模納稅人的特點，小規模納稅人只需在「應交稅費」帳戶下設置「應交增值稅」明細帳進行核算，不需要在「應交增值稅」明細帳中設置專欄。該帳戶貸方登記應交納的增值稅，借方登記已交納的增值稅，期末貸方余額為尚未交納的增值稅，若為借方余額，表示多交納的增值稅。

3. 小規模納稅人的業務處理

（1）購進貨物和接受應稅勞務

由於不享有進項稅額的抵扣權，支付的增值稅直接計入所購貨物或勞務的成本中，按照確定的貨物或勞務的成本，借記「固定資產」「材料採購」「在途物資」「原材料」「庫存商品」或「生產成本」「製造費用」「委託加工物資」「管理費用」等科目，按照應付或實際支付的總額，貸記「應付帳款」「應付票據」「銀行存款」等科目。

[案例2.3.1-16]

長江公司（小規模納稅人）購入材料一批，取得的專用發票註明貨款是30,000元，增值稅5,100元，款項以銀行存款支付，材料已經驗收入庫。

案例2.3.1-16解析：

借：原材料　　　　　　　　　　　　　　　　　　　　　　　　　35,100
　　貸：銀行存款　　　　　　　　　　　　　　　　　　　　　　　35,100

（2）銷售貨物和提供應稅勞務

小規模納稅人銷售貨物或提供應稅勞務，按照營業收入和應收取的增值稅稅額，借記「銀行存款」「應收帳款」「應收票據」等科目，按照實現的營業收入，貸記「主營業務收入」「其他業務收入」等科目，按收取的增值稅稅額，貸記「應交稅費——應交增值稅」科目。

[案例2.3.1-17]

長江公司（小規模納稅人）銷售產品一批，所開具的普通發票中註明貨款（含稅）30,900元，增值稅徵收率3%，款項已存入銀行。

案例2.3.1-17解析：

不含增值稅銷售額＝30,900÷(1+3%)＝30,000元

借：銀行存款　　　　　　　　　　　　　　　　　　　　　　　　30,900
　　貸：主營業務收入　　　　　　　　　　　　　　　　　　　　　30,000
　　　　應交稅費——應交增值稅　　　　　　　　　　(30,000×3%) 900

（3）交納增值稅

小規模納稅人交納增值稅時，借記「應交稅費——應交增值稅」科目，貸記「銀行存款」科目。

［案例 2.3.1-18］

長江公司（小規模納稅人）月末以銀行存款交納增值稅 900 元。

案例 2.3.1-18 解析：

借：應交稅費——應交增值稅　　　　　　　　　　　　　900
　　貸：銀行存款　　　　　　　　　　　　　　　　　　　　900

【任務操作要求】

1. 學習並理解任務指導
2. 獨立完成給定業務核算

甲公司為增值稅小規模納稅人，增值稅徵收率為 3%。5 月份發生如下經濟業務：

（1）購買原材料一批，取得的增值稅專用發票上註明價款為 50,000 元，增值稅額為 8,500 元，款項已用銀行匯票支付，原材料已驗收入庫。

（2）銷售產品一批，所開具的普通發票中註明貨款（含稅）51,500 元，款項已存入銀行。

（3）用銀行存款交納增值稅 1,500 元。

要求：根據業務編製會計分錄。

任務 2.3.1 小結

一般納稅人和小規模納稅人在增值稅的計算和核算上具有很大的差異，增值稅核算重點如表 2.3-2 所示：

表 2.3-2　　　　　　　　一般納稅人和小規模納稅人增值稅核算重點

一般納稅人	小規模納稅人
1. 應納稅額=當期銷項稅額−當期進項稅額	1. 應納稅額=不含稅銷售額×3%
2. 核算帳戶：「應交稅費——應交增值稅（進項稅額）、已交稅金、銷項稅額、進項稅額轉出、轉出多交增值稅、轉出未交增值稅」	2. 核算帳戶：「應交稅費——應交增值稅」
3. 購進： ①符合抵扣條件，進項稅額能抵扣 ②不符合抵扣條件，進項稅額不能抵扣 ③對內改變用途或發生非正常損失，進項稅額轉出	3. 購進：進項稅不能抵扣
4. 銷售或視同銷售：核算銷項稅額	4. 銷售或視同銷售：核算應交納的增值稅
5. 交納增值稅	5. 交納增值稅

任務 2.3.2　消費稅的日常核算

【任務目的】

通過完成本任務，對中國消費稅的納稅人、應稅範圍及消費稅的計算有所認知，掌握消費稅日常業務的核算。為會計實務中涉及消費稅業務的熟練核算打下理論基礎。

【任務指導】

1. 認知消費稅

消費稅是對中國境內從事生產、委託加工和進口應稅消費品的單位和個人，按其流轉額徵收的一種流轉稅。中國徵收的是選擇性的特種消費稅，現納入消費稅徵收範圍的應稅消費品有14個大類，包括菸、酒及酒精、鞭炮與菸火、木制一次性筷子、實木地板、貴重首飾及珠寶玉石、化妝品、高爾夫球及球具、高檔手錶、遊艇、小汽車、摩托車、成品油、汽車輪胎。消費稅並非在應稅消費品的所有流轉環節徵收，主要在生產、委託加工、進口環節實行單環節徵稅，除金銀首飾和卷菸外，批發和零售環節不徵消費稅。消費稅實行從價定率、從量定額，或者從價定率和從量定額複合計稅（以下簡稱複合計稅）的辦法計算應納稅額。應納稅額計算公式為：

實行從價定率辦法計算的應納稅額＝銷售額×比例稅率

實行從量定額辦法計算的應納稅額＝銷售數量×定額稅率

實行複合計稅辦法計算的應納稅額＝銷售額×比例稅率＋銷售數量×定額稅率

公式中的銷售額為納稅人銷售應稅消費品向購買方收取的全部價款和價外費用。納稅人自產自用的應稅消費品，按照納稅人生產的同類消費品的銷售價格計算納稅；沒有同類消費品銷售價格的，按照組成計稅價格計算納稅。公式中的銷售數量是指應稅消費品的數量，具體是指：銷售應稅消費品的，為應稅消費品的銷售數量；自產自用應稅消費品的，為應稅消費品的移送使用數量；委託加工應稅消費品的，為納稅人收回的應稅消費品數量；進口應稅消費品的，為海關核定的應稅消費品進口徵稅數量。

企業應在「應交稅費」帳戶下設置「應交消費稅」明細帳戶，核算應交消費稅的發生、交納情況。該帳戶貸方登記應交納的消費稅，借方登記已交納的消費稅；期末貸方余額反應企業尚未交納的消費稅，借方余額反應企業多交納的消費稅。

2. 核算業務框架

消費稅業務 ｛ ①銷售應稅消費品
②自產自用應稅消費品
③委託加工應稅消費品：發出加工物資、支付相關費用、支付消費稅（收回后直接出售、收回后繼續加工）、收回加工好物資

3. 銷售應稅消費品的業務處理

企業銷售應稅消費品應交的消費稅，應借記「營業稅金及附加」科目，貸記「應交稅費——應交消費稅」科目。

[案例2.3.2-1]

201×年5月5日，江河公司銷售所生產的化妝品，開出的增值稅專用發票上註明：價款200,000元，增值稅34,000元。款項已收到存入銀行。化妝品適用的消費稅稅率為30％。

案例2.3.2-1解析：

實現銷售，確認收入：

借：銀行存款　　　　　　　　　　　　　　　　　234,000
　　貸：主營業務收入　　　　　　　　　　　　　　　　200,000

應交稅費——應交增值稅（銷項稅）		34,000

計算應納消費稅：200,000×30％＝60,000元

借：營業稅金及附加		60,000
貸：應交稅費——應交消費稅		60,000

注意比較增值稅和消費稅，增值稅是價外稅，消費稅是價內稅。

4. 自產自用應稅消費品的業務處理

　　企業將生產的應稅消費品用於在建工程、職工福利、對外投資、捐贈等非生產項目時，應視同銷售，按規定應納的消費稅，借記什麼科目，根據視同銷售會計處理的兩種方式（見增值稅內容）確定，如果會計上作銷售處理，借記「營業稅金及附加」科目；如果會計上不作銷售處理，則根據具體用途借記「在建工程」「營業外支出」等科目，貸記「應交稅費——應交消費稅」科目。

[案例2.3.2-2]

　　江河公司在建工程領用自產柴油成本為50,000元，應納增值稅10,200元，應納消費稅6,000元。

案例2.3.2-2解析：

借：在建工程		66,200
貸：庫存商品		50,000
應交稅費——應交增值稅（銷項稅額）		10,200
應交稅費——應交消費稅		6,000

[案例2.3.2-3]

　　江河公司下設的職工食堂享受企業提供的補貼，本月領用自產產品一批，該產品的成本為20,000元，市場價格30,000元（不含增值稅），適用的增值稅稅率為17％，適用的消費稅稅率為10％。

案例2.3.2-3解析：

作銷售處理，確認收入：

借：應付職工薪酬——職工福利		35,100
貸：主營業務收入		30,000
應交稅費——應交增值稅（銷項稅額）		5,100

結轉成本：

借：主營業務成本		20,000
貸：庫存商品		20,000

計算應交的消費稅：

借：營業稅金及附加		3,000
貸：應交稅費——應交消費稅		3,000

5. 委託加工應稅消費品的業務處理

　　根據本教材內容的編排，財產物資崗位未作委託加工物資內容的介紹，故在此將委託加工物資及其消費稅一併介紹。

（1）委託加工物資的內容和成本

委託加工物資是指企業委託外單位加工的各種材料、商品等物資。

企業委託外單位加工物資的成本包括：加工中實際耗用物資的成本、支付的加工費用及應負擔的運雜費、支付的稅費等。

特別提示：關於委託加工物資涉及的稅金是否計入委託加工物資成本如圖2.3-1所示：

```
                 ┌── 一般納稅人：取得專用發票可抵扣
       增值稅 ──┤
                 └── 小規模納稅人：計入委託加工物資成本

                 ┌── 收回後直接對外出售：計入委託加工物資成本
       消費稅 ──┤
                 └── 收回後連續生產應稅消費品：計入
                     "應交稅費——應交消費稅"借方
```

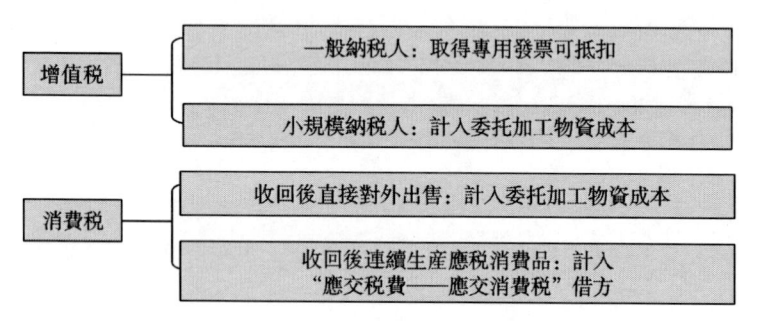

圖2.3-1

（2）核算帳戶：「委託加工物資」

該帳戶屬於資產類帳戶，用來核算委託加工物資增減變動及其結存情況，借方登記委託加工物資的實際成本，貸方登記加工完成驗收入庫的物資的實際成本和剩余物資的實際成本，期末餘額在借方，反應企業尚未完工的委託加工物資的實際成本。該帳戶可按加工單位和加工物資項目設置明細帳進行明細核算。

（3）委託加工物資的帳務處理

委託加工物資業務，在會計處理上主要包括發出物資、支付有關費用、支付稅金和收回加工物資等四個環節。基本帳務處理如下：

①發出加工的物資，按實際成本：

借：委託加工物資

　　貸：原材料、庫存商品等

　　　　材料成本差異（或借方）

如果以計劃成本核算，在發出委託加工物資時，同時結轉發出材料應負擔的材料成本差異。

②支付加工費、增值稅和往返運雜費：

借：委託加工物資

　　應交稅費——應交增值稅（進項稅額）　　　　（加工費×增值稅稅率）

　　貸：銀行存款等

③加工應稅消費品，支付由受託方代收代繳的消費稅：

根據《消費稅暫行條例》，委託加工的應稅消費品，除受託方為個人外，由受託方在向委託方交貨時代收代繳稅款。委託加工的應稅消費品，按照受託方的同類消費品的銷售價格計算納稅；沒有同類消費品銷售價格的，按照組成計稅價格計算納稅。

實行從價定率辦法計算納稅的組成計稅價格計算公式為：
組成計稅價格＝（材料成本＋加工費）÷（1－比例稅率）
實行複合計稅辦法計算納稅的組成計稅價格計算公式為：
組成計稅價格＝（材料成本＋加工費＋委託加工數量×定額稅率）÷（1－比例稅率）
應納消費稅額＝組成計稅價格×適用稅率
借：委託加工物資　　　（收回后直接用於銷售的）
　　應交稅費——應交消費稅　　（收回后連續生產應稅消費品的）
　貸：銀行存款等
④加工完成收回
借：原材料、庫存商品等
　貸：委託加工物資
　　　材料成本差異　　（或借方）
如果以計劃成本核算，收回委託加工物資時，應視同購入結轉採購形成的材料成本差異。

[**案例 2.3.2-4**]
江河公司委託丁公司加工材料一批（屬於應稅消費品）10,000 件，有關經濟業務如下：
（1）1 月 10 日，發出材料一批，計劃成本為 600,000 元，材料成本差異率為－3%。
（2）2 月 10 日，支付商品加工費 12,000 元，支付應當交納的消費稅 66,000 元，該商品收回后用於連續生產，消費稅可抵扣，江河公司和丁公司均為一般納稅人，適用增值稅稅率為 17%。
（3）3 月 4 日，用銀行存款支付往返運雜費 1,000 元。
（4）3 月 6 日，上述的材料 10,000 件（每件計劃成本為 65 元）加工完畢，甲公司已辦理驗收入庫手續。
案例 2.3.2-4 解析：
（1）發出委託加工材料時：
借：委託加工物資　　　　　　　　　　　　　　582,000
　　材料成本差異　　　　　　　　　　　　　　 18,000
　貸：原材料　　　　　　　　　　　　　　　　600,000
（2）支付加工費、增值稅、消費稅時：
借：委託加工物資　　　　　　　　　　　　　　 12,000
　　應交稅費——應交消費稅　　　　　　　　　 66,000
　　　　　　——應交增值稅（進項稅額）　　　　2,040
　貸：銀行存款　　　　　　　　　　　　　　　 80,040
（3）支付運雜費：
借：委託加工物資　　　　　　　　　　　　　　　1,000
　貸：銀行存款　　　　　　　　　　　　　　　　1,000

(4) 加工完畢收回：
借：原材料 650,000
　貸：委託加工物資 (582,000+12,000+1,000) 595,000
　　　材料成本差異 55,000
此例中如果加工收回的材料直接用於對外出售，則：
(2) 支付加工費、增值稅、消費稅時：
借：委託加工物資 78,000
　　應交稅費——應交增值稅（進項稅額） 2,040
　貸：銀行存款 80,040
(4) 加工完畢收回：
借：原材料 650,000
　　材料成本差異 11,000
　貸：委託加工物資 (582,000+78,000+1,000) 661,000

6. 進口應稅消費品的業務處理

企業進口應稅消費品在進口環節應交的消費稅，直接計入所購物資的成本，借記「材料採購」「固定資產」等科目，貸記「銀行存款」科目。

[案例 2.3.2-5]

江河公司從國外進口一批需要交納消費稅的商品，商品價值 2,000,000 元，進口環節需要交納的消費稅為 400,000 元（不考慮增值稅），採購的商品已經驗收入庫，貨款尚未支付，稅款已經用銀行存款支付。

案例 2.3.2-5 解析：
借：庫存商品 2,400,000
　貸：應付帳款 2,000,000
　　　銀行存款 400,000

【任務操作要求】

1. 學習並理解任務指導
2. 獨立完成給定業務核算

甲企業委託乙企業代為加工一批應交消費稅的材料（非金銀首飾）。甲企業的材料成本為 2,000,000 元，加工費為 400,000 元，由乙企業代收代繳的消費稅為 160,000 元，甲、乙企業均為增值稅一般納稅人，增值稅稅率為 17%，材料已經加工完成，並由甲企業收回驗收入庫，產生往返運雜費 20,000 元，所有款項均以銀行存款支付。

要求：根據業務編製相關會計分錄。

任務 2.3.2 小結

消費稅核算重點：銷售應稅消費品應納消費稅計入「營業稅金及附加」；自產自用應稅消費品應納消費稅根據是否確認收入，計入的科目有所不同；委託加工應稅消費品應納消費稅，如果收回後繼續加工，計入「應交稅費——應交消費稅」借方，如果直接出售，計入「委託加工物資」。

任務 2.3.3 營業稅的日常核算

【任務目的】

通過完成本任務，對中國營業稅的納稅人、應稅範圍及營業稅的計算有所認知，對目前正在推行的「營改增」稅制改革進程有所瞭解。

【任務指導】

1. 認知營業稅

營業稅，是對在中國境內提供應稅勞務、轉讓無形資產或銷售不動產的單位和個人，就其所取得的營業額徵收的一種稅。其中：應稅勞務是指屬於交通運輸業、建築業、金融保險業、郵電通信業、文化體育業、娛樂業、服務業稅目徵收範圍的勞務，不包括加工、修理修配等勞務；轉讓無形資產，是指轉讓無形資產的所有權或使用權的行為；銷售不動產，是指有償轉讓不動產的所有權，轉讓不動產的有限產權或永久使用權，以及單位將不動產無償贈與他人等視同銷售不動產的行為。

營業稅以營業額為計稅依據。納稅人提供應稅勞務、轉讓無形資產或者銷售不動產，按照營業額和規定的稅率計算應納稅額。應納稅額計算公式如下：

應納稅額＝營業額×稅率

營業額是指納稅人提供應稅勞務、轉讓無形資產和銷售不動產而向對方收取的全部價款和價外費用。稅率為 3%～20%。

2. 營改增

營改增是指將以前繳納營業稅的應稅項目改成繳納增值稅，這是中國正在推行的一項重要稅制改革。

2011 年，經國務院批准，財政部、國家稅務總局聯合下發營業稅改增值稅試點方案。從 2012 年 1 月 1 日起，在上海交通運輸業和部分現代服務業開展營業稅改徵增值稅試點。2012 年 7 月財政部和國家稅務總局印發通知，明確將交通運輸業和部分現代服務業營業稅改徵增值稅試點範圍，由上海市分批擴大至北京市、天津市、江蘇省、浙江省（含寧波市）、安徽省、福建省（含廈門市）、湖北省、廣東省（含深圳市）8 個省（直轄市）。2013 年 4 月國務院常務會議決定，自 2013 年 8 月 1 日起，將「營改增」試點在全國範圍推開。國務院總理李克強 12 月 4 日主持召開國務院常務會議，決定從 2014 年 1 月 1 日起，將鐵路運輸和郵政服務業納入營業稅改徵增值稅試點，至此交通運輸業已全部納入營改增範圍。2014 年 6 月 1 日起電信業實施營改增。至此，交通運輸業、郵電通信業、部分現代服務業（如研發和技術服務、信息技術服務、文化創意服務、物流輔助服務、有形資產租賃服務、鑒證諮詢服務、廣播影視服務）已納入營業稅改徵增值稅試點。還剩下建築業、房地產業、金融業、生活服務業未被納入營改增「版圖」。按照國家有關規劃要求，要在 2015 年力爭全面完成「營改增」，將「營改增」範圍擴大到建築業、房地產業、金融業和生活服務業等領域。到時，中國將全面告別營業稅。

3. 營業稅的業務處理

鑒於營改增的推進，本教材對營業稅的核算不再作詳細介紹，如果目前企業還涉及營

業稅的核算，企業應在「應交稅費」帳戶下設置「應交營業稅」明細帳戶進行核算。該帳戶用來核算應交營業稅的發生、交納情況，帳戶貸方登記應交納的營業稅，借方登記已交納的營業稅，期末貸方余額反應尚未交納的營業稅。

企業按照營業額及其適用的稅率，計算應交的營業稅，借記「營業稅金及附加」科目，貸記「應交稅費——應交營業稅」科目；企業處置原作為固定資產管理的不動產應交的營業稅，借記「固定資產清理」等科目，貸記「應交稅費——應交營業稅」科目；實際交納營業稅時，借記「應交稅費——應交營業稅」科目，貸記「銀行存款」科目。

【任務操作要求】
1. 學習並理解任務指導
2. 獨立完成給定任務

通過網路、報紙雜誌、電視媒體等關注「營改增」動態，及時學習理解有關「營改增」的政策法規。

任務 2.3.4　城市維護建設稅及教育費附加的日常核算

【任務目的】
通過完成本任務，對城市維護建設稅及教育費附加的納稅人及其計算有所認知，能對城市維護建設稅及教育費附加業務進行核算。

【任務指導】
1. 城市維護建設稅的核算
（1）認知城市維護建設稅

城市維護建設稅是國家為了加強城市的維護建設，擴大和穩定城市維護建設資金的來源而開徵的一種稅。凡繳納消費稅、增值稅、營業稅的單位和個人，都是城市維護建設稅的納稅義務人。城市維護建設稅以納稅人實際繳納的消費稅、增值稅、營業稅稅額為計稅依據，分別與消費稅、增值稅、營業稅同時繳納。其計算公式為：

應納稅額=(應交增值稅+應交消費稅+應交營業稅)×適用稅率

城市維護建設稅稅率為：納稅人所在地在市區的，稅率為7%；納稅人所在地在縣城、鎮的，稅率為5%；納稅人所在地不在市區、縣城或鎮的，稅率為1%。

（2）核算帳戶：「應交稅費——應交城市維護建設稅」

交納城市維護建設稅的企業應在「應交稅費」帳戶下設置「應交城市維護建設稅」明細帳戶進行核算。該帳戶貸方登記應交納的城市維護建設稅，借方登記已交納的城市維護建設稅，期末貸方余額反應尚未交納的城市維護建設稅，借方余額反應多交的城市維護建設稅。

（3）城市維護建設稅的業務處理

企業按規定計算出應交納的城市維護建設稅，借記「營業稅金及附加」科目，貸記「應交稅費——應交城市維護建設稅」科目。交納城市維護建設稅，借記「應交稅費——應交城市維護建設稅」科目，貸記「銀行存款」科目。

[案例 2.3.4-1]

江河公司本期實際應交增值稅 260,000 元、消費稅 340,000 元、營業稅 150,000 元，適用的城市維護建設稅稅率為 7%。

案例 2.3.4-1 解析：

(1) 計算應交城市維護建設稅：

應交的城市維護建設稅=(260,000＋340,000＋150,000)×7% ＝52,500（元）

借：營業稅金及附加　　　　　　　　　　　　　　　　　52,500
　　貸：應交稅費——應交城市維護建設稅　　　　　　　　52,500

(2) 用銀行存款交納城市維護建設稅：

借：應交稅費——應交城市維護建設稅　　　　　　　　　52,500
　　貸：銀行存款　　　　　　　　　　　　　　　　　　52,500

2. 教育費附加的核算

(1) 認知教育費附加

教育費附加是國家為了加快發展地方教育事業，擴大地方教育經費的資金來源而徵收的一種費用。凡繳納消費稅、增值稅、營業稅的單位和個人，都應當繳納教育費附加。教育費附加，以各單位和個人實際繳納的增值稅、營業稅、消費稅的稅額為計徵依據，分別與增值稅、營業稅、消費稅同時繳納。其計算公式為：

應納教育費附加=(應交增值稅+應交消費稅+應交營業稅)×教育費附加徵收率

目前，執行的教育費附加徵收率為 3%。

(2) 核算帳戶：「應交稅費——應交教育費附加」

交納教育費附加的企業應在「應交稅費」帳戶下設置「應交教育費附加」明細帳戶進行核算。該帳戶貸方登記應交納的教育費附加，借方登記已交納的教育費附加，期末貸方余額反應尚未交納的教育費附加，借方余額反應多交的教育費附加。

(3) 教育費附加的業務處理

企業按規定計算出應交納的教育費附加，借記「營業稅金及附加」科目，貸記「應交稅費——應交教育費附加」科目。交納教育費附加，借記「應交稅費——應交教育費附加」科目，貸記「銀行存款」科目。

[案例 2.3.4-2]

江河公司按稅法規定計算，201×年度第四季度應交納教育費附加 200,000 元。款項已經用銀行存款支付。

案例 2.3.4-2 解析：

(1) 計算應交納的教育費附加：

借：營業稅金及附加　　　　　　　　　　　　　　　　　200,000
　　貸：應交稅費——應交教育費附加　　　　　　　　　　200,000

(2) 交納教育費附加：

借：應交稅費——應交教育費附加　　　　　　　　　　　200,000
　　貸：銀行存款　　　　　　　　　　　　　　　　　　200,000

【任務操作要求】
1. 學習並理解任務指導
2. 獨立完成給定業務核算

甲企業本期實際應交增值稅 440,000 元、消費稅 40,000 元、營業稅 20,000 元，適用的城市維護建設稅稅率為 7%，教育費附加徵收率為 3%。

要求：計算應交納的城市維護建設稅和教育費附加，並編製計算和交納的會計分錄。

任務 2.3.4 小結

城市維護建設稅和教育費附加在計算依據上均為本期應納的增值稅、營業稅、消費稅之和，在核算上均計入「營業稅金及附加」科目。

模塊 3　財產物資會計崗位涉及的業務核算

【模塊介紹】

1. 財產物資簡介

企業從事生產經營活動，必須具備相應的物質技術資源，具體表現為材料、廠房、設備、專利權等等，這些資源在會計上屬於重要的資產要素，要求專人對其進行謹慎的核算、管理。

2. 財產物資會計崗位主要職責

（1）會同有關部門建立健全財產物資的核算、管理辦法；

（2）參與財產物資需求量預算制定，控制購建成本；

（3）要求各環節提供必要的、內容完整的原始憑證，依據其進行相關帳務處理；

（4）參與財產物資清查，根據清查結果及時調帳，保證帳實相符。

3. 財產物資會計崗位具體核算內容

以《企業會計準則》分類為指南，結合國家對高職高專財經類學生專業素質的要求，本模塊主要介紹存貨、固定資產、投資性房地產、無形資產四方面資產的具體核算、管理方法。

項目 3.1　存貨的核算

【項目介紹】

本項目內容以《企業會計準則第 1 號——存貨》及《企業會計準則第 1 號——存貨》應用指南為指導，主要介紹原材料、週轉材料及庫存商品的核算方法，要求學生通過學習，對存貨的具體核算內容有所認知，通過任務處理，進一步演練借貸記帳法，為會計實務工作打下基礎。

說明：對於會計準則中規定的「委託加工物資」相關業務，由於業務重點在對受託方代收代繳消費稅的處理上，所以在本教材中將其安排在往來崗位涉及的業務中進行講解，本項目省略。

【項目實施標準】

本項目通過完成 9 項具體任務來實施，具體任務內容結構如表 3.1-1 所示：

表 3.1-1 「存貨的核算」項目任務細分表

任務	子任務
任務 3.1.1　存貨核算基本認知	—
任務 3.1.2　原材料的日常核算	1. 實際成本法下原材料的核算
	2. 計劃成本法下原材料的核算
任務 3.1.3　週轉材料的日常核算	1. 包裝物的核算
	2. 低值易耗品的核算
任務 3.1.4　庫存商品的日常核算	1. 製造企業庫存商品的日常核算
	2. 商品流通企業庫存商品的日常核算
任務 3.1.5　存貨的期末處理	1. 存貨的清查
	2. 存貨跌價準備的計提

任務 3.1.1　存貨核算基本認知

【任務目的】

通過完成本任務，使學生瞭解存貨的具體內容，並對存貨成本的確定具有初步認知，為學習后續核算內容打下理論基礎。

【任務指導】

1. 存貨的概念

存貨，是指企業在日常活動中持有以備出售的產成品或商品、處在生產過程中的在產品、在生產過程或提供勞務過程中耗用的材料和物料等。

2. 存貨的具體內容

（1）原材料

原材料是指企業在生產過程中經加工改變其形態或性質並構成產品主要實體的各種原料及主要材料、輔助材料、外購半成品（外購件）、修理用備件（備品備件）、包裝材料、燃料等。為建造固定資產等各項工程而儲備的各種材料，雖然同屬於材料，但是由於用於建造固定資產等各項工程不符合存貨的定義，因此不能作為企業的存貨進行核算。

（2）週轉材料

週轉材料是指企業能夠多次使用但不符合固定資產定義的材料，如為了包裝本企業商品而儲備的各種包裝物、各種工具、管理用具、玻璃器皿、勞動保護用品以及在經營過程中週轉使用的容器等低值易耗品和建造承包商的鋼模板、木模板、腳手架等其他週轉材料等。但是，週轉材料符合固定資產定義的，應當作為固定資產處理。

（3）在產品

在產品是指企業正在製造尚未完工的產品，包括正在各個生產工序加工的產品和已加工完畢但尚未檢驗或已檢驗但尚未辦理入庫手續的產品。

（4）半成品

半成品是指經過一定生產過程並已檢驗合格交付半成品倉庫保管，但尚未製造完工成為產成品，仍需進一步加工的中間產品。

（5）產成品

產成品是指製造企業已經完成全部生產過程並驗收入庫，可以按照合同規定的條件送交訂貨單位或者可以作為商品對外銷售的產品。企業接受外來原材料加工製造的代製品和為外單位加工修理的代修品，製造和修理完成驗收入庫後，應視同企業的產成品。

（6）商品

商品是指商品流通企業外購或委託加工完成驗收入庫用於銷售的各種商品。

（7）委託代銷商品

委託代銷商品是指企業委託其他單位代銷的商品。

3. 存貨的確認標準

（1）與該存貨有關的經濟利益很可能流入企業；

（2）該存貨的成本能夠可靠地計量。

4. 存貨的計量

（1）存貨的初始成本

①外購的存貨

外購的存貨，以其採購成本為初始成本入帳，具體包括購買價款、相關稅費、運輸費、裝卸費、保險費以及其他可歸屬於存貨採購成本的費用。

注意：存貨的相關稅費是指企業購買存貨發生的進口關稅、消費稅、資源稅和不能抵扣的增值稅進項稅額等。

②自製的存貨

企業自製的存貨，按其加工成本作為初始成本入帳，加工成本是指存貨在加工過程中發生的相關費用，具體包括直接材料、直接人工、其他直接費用以及按照一定方法分配的製造費用。

③委託外單位加工完成的存貨

委託外單位加工完成的存貨，按其在加工過程中發生的對應成本作為初始入帳成本，包括實際耗用的原材料或半成品、加工費、裝卸費、保險費、委託加工的往返運輸費用以及按規定應計入成本的稅費等。

④投資者投入的存貨

投資者投入的存貨，按照投資各方確認的價值作為實際初始成本入帳。

⑤接受捐贈的存貨

接受捐贈的存貨，如捐贈方提供了有關憑據（如發票、報關單、有關協議）的，按憑據上標明的金額加上應支付的相關稅費，作為實際初始成本入帳。捐贈方沒有提供有關憑據的，如果同類或類似存貨存在活躍市場的，按同類或類似存貨的市場價格估計的金額，

加上應支付的相關稅費,作為實際初始成本入帳;如果同類或類似存貨不存在活躍市場的,按該接受捐贈的存貨的預計未來現金流量現值,作為實際初始成本入帳。

⑥企業接受的債務人以非現金資產抵償債務方式取得的存貨

企業接受的債務人以非現金資產抵償債務方式取得的存貨,應按照應收債權的帳面價值減去可抵扣的增值稅進項稅額后的差額,加上應支付的相關稅費,作為實際初始成本入帳。如果涉及補價,收到補價的,按應收債權的帳面價值減去可抵扣的增值稅進項稅額和補價,加上應支付的相關稅費作為實際初始成本入帳;支付補價的,按應收債權的帳面價值減去可抵扣的增值稅進項稅額,加上支付的補價和應支付的相關稅費,作為實際初始成本入帳。

⑦以非貨幣性交易換入的存貨

以非貨幣性交易換入的存貨,按換出資產的帳面價值加上應支付的相關稅費作為實際初始成本入帳。如涉及補價,收到補價的,按換出資產的帳面價值加上應確認的收益和應支付的相關稅費減去補價后的餘額,作為實際初始成本入帳;支付補價的,按換出資產的帳面價值加上應支付的相關稅費和補價,作為實際初始成本入帳。

⑧盤盈的存貨

盤盈的存貨,按照同類或類似存貨的市場價格作為實際初始成本入帳。

注意:

非正常消耗的直接材料、直接人工和製造費用,如由於自然災害而發生的直接材料、直接人工和製造費用,由於這些費用的發生無助於使該存貨達到目前場所和狀態,故不應計入存貨成本;

企業在存貨採購入庫后發生的倉儲費用,應在發生時計入當期損益,但在生產過程中為達到下一個生產階段所必需的倉儲費用應計入存貨的成本。

(2) 存貨的發出成本

在日常工作中,企業發出的存貨,可按實際成本核算,也可以按計劃成本核算;如果採用計劃成本核算,期末應將其調整為實際成本。

企業應當根據各類存貨的實物流轉方式、企業管理要求、存貨性質等實際情況,合理地確定發出存貨成本的計算方法以及當期發出存貨的實際成本。對於性質和用途相同的存貨,應當採用相同的成本計算方法確定。

對於存貨發出成本的確定方法,將在任務 3.1.2 中以原材料為例進行具體講解。

5. 存貨的披露

按照會計準則規定,企業應當在附註中披露與存貨有關的下列信息:

(1) 各類存貨的期初和期末帳面價值;

(2) 確定發出存貨成本所採用的方法;

(3) 存貨可變現淨值的確定依據,存貨跌價準備的計提方法,當期計提的存貨跌價準備的金額,當期轉回的存貨跌價準備的金額以及計提和轉回的有關情況;

(4) 用於擔保的存貨帳面價值。

【任務操作要求】

學習並理解任務指導。

任務 3.1.2　原材料的日常核算

原材料是指企業在生產過程中經過加工改變其形態或性質並構成產品主要實體的各種原料、主要材料和外購半成品，以及不構成產品實體但有助於產品形成的輔助材料。原材料是企業存貨的重要組成部分，其日常收發及結存可以採用實際成本法和計劃成本法兩種方法進行核算。

子任務 1　實際成本法下原材料的核算

【任務目的】

通過完成本實訓任務，使學生明確原材料在實際成本法下核算涉及的具體帳戶，掌握實際成本法的操作細則，以備在核算實務中熟練運用。

【任務指導】

1. 科目設置

原材料按實際成本法進行核算時，使用的會計科目主要有「在途物資」「原材料」「銀行存款」「應付帳款」「應付票據」「預付帳款」等，由於「銀行存款」「應付帳款」「應付票據」「預付帳款」等科目在出納、往來結算核算模塊已介紹，故此只介紹「在途物資」和「原材料」兩科目的具體核算內容。

（1）在途物資

「在途物資」科目用於企業在實際成本法下核算已辦理採購手續但尚未驗收入庫的各種物資的實際成本，借方登記在途採購物資的實際成本，貸方登記已驗收入庫的採購物資的實際成本，期末余額在借方，反應企業還未辦理入庫手續的在途物資的實際採購成本，「在途物資」科目一般按物資品種進行明細核算。

（2）原材料

「原材料」科目用於核算庫存各種材料的收發和結存情況，在實際成本法下，本科目的借方登記入庫材料的實際成本，貸方登記發出材料的實際成本，期末余額在借方，反應企業庫存材料的實際成本，「原材料」科目一般按材料品種、名稱進行明細核算。

2. 核算業務框架

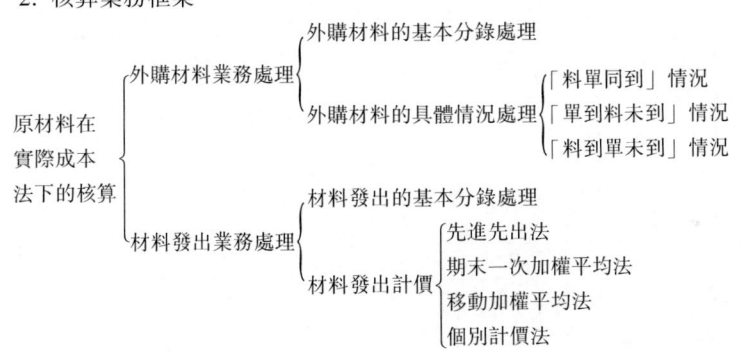

```
                          ┌ 外購材料的基本分錄處理
              外購材料業務處理┤                    ┌「料單同到」情況
                          └ 外購材料的具體情況處理┤「單到料未到」情況
原材料在                                        └「料到單未到」情況
實際成本
法下的核算
                          ┌ 材料發出的基本分錄處理
              材料發出業務處理┤                ┌ 先進先出法
                          └ 材料發出計價     │ 期末一次加權平均法
                                           ┤ 移動加權平均法
                                           └ 個別計價法
```

3. 外購材料業務處理

（1）外購材料的基本分錄處理

採購業務：

借：在途物資　　　　　　　　　　　　　　　　（材料的實際採購成本）

　　應交稅費——應交增值稅（進項稅額）（購買材料涉及的進項稅額）

　貸：銀行存款（或應付帳款、應付票據、預付帳款）（採購材料應付的款項）

入庫業務：

借：原材料　　　　　　　　　　　　　　　　　（入庫材料的實際採購成本）

　貸：在途物資　　　　　　　　　　　　　　　（入庫材料的實際採購成本）

[案例3.1.2-1]

企業購買 A 材料 1,000 千克，單價 10 元/千克，買價對應增值稅率為 17%，發生運輸費 800 元，運輸費增值稅率 11%，裝卸費 100 元，所有款項均以銀行存款支付，運回後發現短少 10 千克，經查，為運輸途中的合理損耗，辦理入庫手續。要求：①計算外購材料的總成本、單位成本；②編製外購材料採購、入庫的基本分錄。

案例 3.1.2-1 解析：

①計算外購材料的總成本、單位成本：

外購材料總成本：10×1,000+800+100=10,900（元）

外購材料單位成本：10,900/990=11.01（元/千克）

注意：運輸途中的合理損耗不影響材料採購的總成本，但會影響材料的單位成本。

②編製外購材料採購、入庫的基本分錄：

採購業務分錄：

借：在途物資——A 材料　　　　　　　　　　　　　　10,900

　　應交稅費——應交增值稅（進項稅額）　　　　　　 1,788

　貸：銀行存款　　　　　　　　　　　　　　　　　　12,688

入庫業務分錄：

借：原材料——A 材料　　　　　　　　　　　　　　　10,900

　貸：在途物資——A 材料　　　　　　　　　　　　　10,900

[案例3.1.2-2]

企業購買 A 材料 1,000 千克，單價 10 元/千克，同時購買 B 材料 2,000 千克，單價 8 元/千克，買價對應增值稅率為 17%，共發生運輸費 900 元，運輸費增值稅率為 11%，所有款項均以銀行存款支付，辦理入庫手續。要求：①計算外購材料的總成本、單位成本；②編製外購材料採購、入庫的基本分錄。

案例 3.1.2-2 解析：

①計算外購材料的總成本、單位成本：

運輸費分配率=900/(1,000+2,000)=0.3（元/千克）

A 材料承擔運輸費=0.3×1,000=300（元）

B 材料承擔運輸費=0.3×2,000=600（元）

外購 A 材料總成本：10×1,000+300=10,300（元）

外購A材料單位成本：10,300/1,000＝10.3（元/千克）
外購B材料總成本：8×2,000+600＝16,600（元）
外購B材料單位成本：16,600/2,000＝8.3（元/千克）

注意：採購材料發生的共同費用需按一定標準合理分配后再計入各材料的採購成本中。

②編製外購材料採購、入庫的基本分錄：

採購業務分錄：

借：在途物資——A材料　　　　　　　　　　　　　　　　10,300
　　　　　　——B材料　　　　　　　　　　　　　　　　16,600
　　應交稅費——應交增值稅（進項稅額）　　　　　　　　4,519
　貸：銀行存款　　　　　　　　　　　　　　　　　　　31,419

入庫業務分錄：

借：原材料——A材料　　　　　　　　　　　　　　　　　10,300
　　　　　——B材料　　　　　　　　　　　　　　　　　16,600
　貸：在途物資——A材料　　　　　　　　　　　　　　　10,300
　　　　　　　——B材料　　　　　　　　　　　　　　　16,600

（2）外購材料的具體情況處理

在實務操作中，由於支付方式不同，原材料入庫的時間與材料採購確認的時間可能一致，也可能不一致，為此，在會計上的處理也有所不同。

情況一：「料單同到」情況

「料」代表已辦理入庫手續的實際材料，「單」代表反應採購業務的原始憑證（發票帳單），「料單同到」意味著材料的採購確認和入庫同時完成，為此，可以將兩項業務合併在一個分錄中進行反應，將材料的採購成本直接計入「原材料」科目中，不須通過「在途物資」科目。

[案例3.1.2-3]

企業向萬華公司購買A材料1,000千克，單價10元/千克，買價對應增值稅率為17%，發票已收到，款未付，材料已驗收入庫。

案例3.1.2-3解析：

借：原材料——A材料　　　　　　　　　　　　　　　　　10,000
　　應交稅費——應交增值稅（進項稅額）　　　　　　　　1,700
　貸：應付帳款——萬華公司　　　　　　　　　　　　　11,700

情況二：「單到料未到」情況

「單到料未到」是指已收到反應採購業務的原始憑證（發票帳單），但材料尚未到達，沒有辦理入庫手續，為此，材料的採購業務和入庫業務必須分開處理，在收到發票帳單時做採購業務處理，待材料到達、入庫后，再根據收料單，將材料的採購成本由「在途物資」科目轉入「原材料」科目。

[案例3.1.2-4]

企業3月7日以銀行存款方式向東元公司預付款項30,000元，用於購買B材料；3月

21 日，收到東元公司開出的增值稅發票，B 材料貨款為 50,000 元，增值稅稅率為 17%，餘款暫欠，材料尚未辦理入庫。

案例 3.1.2-4 解析：
①3 月 7 日，預付款業務處理
借：預付帳款——東元公司　　　　　　　　　　　　　　　30,000
　貸：銀行存款　　　　　　　　　　　　　　　　　　　　30,000
②3 月 21 日，收到增值稅發票業務處理
借：在途物資——B 材料　　　　　　　　　　　　　　　　50,000
　　應交稅費——應交增值稅（進項稅額）　　　　　　　　　8,500
　貸：預付帳款——東元公司　　　　　　　　　　　　　　58,500

情況三：「料到單未到」情況

「料到單未到」是指材料已運達並辦理入庫手續，但反應採購業務的發票帳單沒有收到，沒有發票帳單就無法確認採購的實際成本，為此平時暫不做處理，但到會計期末時，為滿足財產清查要求，應將已入庫材料按暫估價入帳，在下月初做相反分錄予以衝回，等收到發票帳單后再按實際金額記帳。

[案例 3.1.2-5]
企業採用委託收款結算方式購入 C 材料一批，材料已驗收入庫，月末發票帳單尚未收到，無法確定其實際成本，故按暫估價 30,000 元入帳，下月初衝銷。

案例 3.1.2-5 解析：
①月末暫估入帳
借：原材料——C 材料　　　　　　　　　　　　　　　　　30,000
　貸：應付帳款——暫估應付帳款　　　　　　　　　　　　30,000
②下月初衝銷
借：應付帳款——暫估應付帳款　　　　　　　　　　　　　30,000
　貸：原材料——C 材料　　　　　　　　　　　　　　　　30,000

4. 材料發出業務處理

(1) 材料發出的基本分錄處理

材料發出代表庫存材料減少，為此應貸記「原材料」科目，同時應根據耗用的具體目的借記「生產成本」「製造費用」等科目，涉及增值稅不能抵扣項目的，還應同時進行進項稅轉出的操作。

[案例 3.1.2-6]
企業生產甲產品，領用 A 材料 2,000 元，B 材料 1,000 元。
案例 3.1.2-6 解析：
借：生產成本——甲產品　　　　　　　　　　　　　　　　3,000
　貸：原材料——A 材料　　　　　　　　　　　　　　　　2,000
　　　　　——B 材料　　　　　　　　　　　　　　　　　1,000

[案例 3.1.2-7]
企業修建廠房領用生產用 A 材料 1,000 元，按規定應轉出進項稅額 170 元。

案例 3.1.2-7 解析：
借：在建工程——廠房　　　　　　　　　　　　　　　　　　　1,170
　貸：原材料——A 材料　　　　　　　　　　　　　　　　　　　1,000
　　　應交稅費——應交增值稅（進項稅額轉出）　　　　　　　　170

（2）材料發出計價

原材料的市場價格往往會不斷波動，從而造成同樣的材料但購買批次不同單位成本就不同的情況，為此，企業在確定材料發出成本時，可以根據實際情況採用先進先出法、月末一次加權平均法、移動加權平均法或者個別計價法。

[案例 3.1.2-8]

企業 4 月 D 材料的收發情況如表 3.1-2 所示：

表 3.1-2　　　　　　　　　　4 月 D 材料收發情況表

時間		摘要	收入		發出		結存	
月	日		單價(元)	數量(千克)	單價(元)	數量(千克)	單價(元)	數量(千克)
4	1	上月結存					2.00	1,000
4	6	購入	1.80	2,000				
4	12	車間一般耗用				800		
4	15	購入	2.20	1,500				
4	21	生產甲產品領用				2,500		

要求：分別用先進先出法、月末一次加權平均法、移動加權平均法計算本月 D 材料發出成本和月末結存成本，並編製發出材料業務分錄。

案例 3.1.2-8 解析：

①先進先出法

先進先出法是指根據先入庫先發出的原則，對發出的存貨以先入庫存貨的單價計算發出存貨成本的方法。採用這種方法的具體做法是：收入存貨時，逐筆登記收入存貨的數量、單價、金額；發出存貨時，按照先購進的先發出的原則，先按存貨的期初余額的單價計算發出的存貨的成本，領發完後，再按第一批入庫的存貨的單價計算，依次從前向後類推，計算發出存貨和結存存貨的成本。

4 月 12 日車間一般耗用材料成本＝2×800＝1,600（元）

分析：根據日常帳面記錄，在 4 月 12 日之前，帳上 D 材料存在兩筆：一筆是上月結存的 1,000 千克；一筆是本月 6 日購入的 2,000 千克。按照先進先出法先購進先發出的原則，12 日發出的 800 千克材料應以上月結存的材料的單價 2 元為標準計算發出成本。

4 月 12 日發出材料分錄：
借：製造費用——材料費　　　　　　　　　　　　　　　　　　1,600
　貸：原材料——D 材料　　　　　　　　　　　　　　　　　　　1,600

4 月 21 日生產甲產品領用材料成本＝2×200+1.8×2,000+2.2×300＝4,660（元）

分析：根據日常帳面記錄，在 4 月 21 日之前，帳上 D 材料存在三筆：第一筆是上月

結存的 200 千克（原有 1,000 千克，但在 4 月 12 日領用了 800 千克）；第二筆是本月 6 日購入的 2,000 千克；第三筆是本月 15 日購入的 1,500 千克。按照先進先出法先購進先發出的原則，21 日發出材料的成本首先應以上月結存的材料的單價 2 元為標準，將上月結存的發了後再發本月 6 日購入的單價為 1.8 元的，最後再發本月 15 日購入的單價為 2.2 元的，以此相加計算發出成本。

4 月 21 日發出材料分錄：

借：生產成本——甲產品　　　　　　　　　　　　　　　4,660
　　貸：原材料——D 材料　　　　　　　　　　　　　　　　　4,660

4 月 D 材料月末結存成本 = 2.2×1,200 = 2,640（元）

分析：根據帳面記錄，在 4 月末，帳上結存的材料還有一筆，就是本月 15 日購入的單價為 2.2 元的，數量為 1,200 千克（原有 1,500 千克，在 4 月 21 日領用了 300 千克），將單價與數量相乘，得出月末結存成本。

注意：先進先出法可以隨時結轉存貨發出成本，但較繁瑣，存貨收發業務較多且存貨單價不穩定時，其工作量較大。在物價持續上升時，期末存貨成本接近於市價，而發出成本偏低，會高估企業當期利潤和庫存存貨價值；反之，會低估企業存貨價值和當期利潤。

②月末一次加權平均法

月末一次加權平均法是指以本月全部進貨數量加上月初存貨數量作為權數，去除本月全部進貨成本加上月初存貨成本，計算出存貨的加權平均單位成本，以此為基礎，計算出本月發出存貨的成本和期末存貨成本的一種方法。採用這種方法的具體做法是：收入存貨時，逐筆登記收入存貨的數量、單價、金額；發出存貨時，只登記發出存貨的數量，待月末算出加權平均單價後，再以加權平均單價為標準計算發出成本和結存成本。

月末一次加權平均法計算公式如下：

存貨單位成本（加權平均單價）
=［月初庫存存貨的實際成本+∑(當月各批進貨的實際單位成本×當月各批進貨的數量)］
　/（月初庫存存貨數量+當月各批進貨數量之和）

當月發出存貨成本
=當月發出存貨的數量×存貨單位成本

當月月末庫存存貨成本
=月末庫存存貨的數量×存貨單位成本

或　=月初存貨實際成本+本月收入存貨的實際成本-本月發出存貨的實際成本

根據案例 3.1.2-8 資料

4 月 D 材料單位成本
=（2×1,000+1.8×2,000+2.2×1,500）/（1,000+2,000+1,500）
= 8,900/4,500≈1.98（元/千克）

4 月 12 日 D 材料發出成本
= 1.98×800 = 1,584（元）

4 月 21 日 D 材料發出成本
= 1.98×2,500 = 4,950（元）

4月發出材料業務分錄為：
借：製造費用——材料費　　　　　　　　　　　　　1,584
　　生產成本——甲產品　　　　　　　　　　　　　4,950
　　貸：原材料——D材料　　　　　　　　　　　　　　　　6,534
4月D材料期末結存成本
=(2×1,000+1.8×2,000+2.2×1,500)-6,534=2,366（元）

注意：考慮到計算出的加權平均單價不一定是整數，往往要小數點后四舍五入，為了保持帳面數字之間的平衡關係，一般採用倒擠成本法計算發出存貨的成本。採用加權平均法只在月末一次計算加權平均單價，比較簡單，有利於簡化成本計算工作，但由於平時無法從帳上提供發出和結存存貨的單價及金額，因此不利於存貨成本的日常管理與控制。

③移動加權平均法
移動加權平均法是指以每次進貨的成本加上原有庫存存貨的成本，除以每次進貨數量與原有庫存存貨的數量之和，據以計算加權平均單位成本，以此為基礎計算當月發出存貨的成本和期末存貨的成本的一種方法。

移動加權平均法計算公式如下：
存貨單位成本（加權平均單價）
=(原有庫存存貨實際成本+本次購進存貨實際成本)
　/(原有庫存存貨數量+本次購進存貨數量)
本次發出存貨的成本
=本次發出存貨數量×本次發貨前的存貨單位成本
月末庫存存貨成本
=月末庫存存貨數量×本月月末存貨單位成本
根據案例3.1.2-8資料
4月12日D材料發出材料單位成本
=(2×1,000+1.8×2,000)/(1,000+2,000)=1.87（元/千克）
4月12日D材料發出材料成本
=1.87×800=1,496（元）
4月12日D材料發出材料業務處理
借：製造費用——材料費　　　　　　　　　　　　　1,496
　　貸：原材料——D材料　　　　　　　　　　　　　　　　1,496
4月12日D材料結存成本
=1.87×(1,000+2,000-800)=4,114（元）
4月21日D材料發出材料單位成本
=(1.87×2,200+2.2×1,500)/(2,200+1,500)=2（元/千克）
4月21日D材料發出材料成本
=2×2,500=5,000（元）
4月21日D材料發出材料業務處理

借：生產成本——甲產品　　　　　　　　　　　　　5,000
　　貸：原材料——D材料　　　　　　　　　　　　　　5,000
4月末D材料結存成本
＝2×(2,200+1,500-2,500)＝2,400（元）

注意：移動加權平均法計算出來的存貨成本比較均衡和準確，但計算起來的工作量大，一般適用於經營品種不多或者前后購進商品的單價相差幅度較大的商品流通類企業。

補充：個別計價法

個別計價法，是假設存貨具體項目的實物流轉與成本流轉一致，按照各種存貨逐一辨認各批發出存貨和期末存貨所屬的購進批別或生產批別，分別按其購入或生產時的單位成本計算發出成本和結存成本的方法。個別計價法的成本計算準確，但發出成本分辨工作量較大，為此，此方法適用於一般不能替代的存貨或是為特定項目專門購入或製造的存貨，如珠寶、名畫等貴重物品。

【任務操作要求】

1. 學習並理解任務指導
2. 獨立完成給定業務核算

（1）企業購入A材料一批，價款3,000元，增值稅率為17%，款項用銀行存款支付，材料已入庫；

（2）企業購入A材料8,000千克，單價30元/千克，同時購入B材料7,000千克，單價50元/千克，增值稅率為17%，兩種材料共發生運費3,000元，運輸費增值稅率為11%，所有款項均以銀行存款支付，材料未入庫；

（3）承第（2）題，材料運到，辦理入庫手續；

（4）企業購入C材料，月末尚未收到發票帳單，按20,000元暫估入帳；

（5）承第（4）題，下月初，衝銷暫估分錄；

（6）企業本月E材料收發情況如表3.1-3所示：

表 3.1-3

201×年		摘要	收入			發出數量（件）	庫存數量（件）
月	日		數量(件)	單價(元)	金額(元)		
×	1	期初結存	200	200	40,000		200
×	3	購入	120	210	25,200		320
×	6	發出（車間一般耗用）				240	80
×	15	購入	400	220	88,000		480
×	20	發出（生產甲產品領用）				300	180
×	24	購入	100	231	23,100		280
×	30	期末結存					280

要求：分別按照先進先出法、月末一次加權平均法、移動加權平均法計算出本月發出成本和期末結存成本，並做發出業務分錄處理。

子任務2　計劃成本法下原材料的核算

【任務目的】

通過完成本任務，使學生明確原材料在計劃成本法下核算涉及的具體帳戶，掌握計劃成本法的操作細則，以備在核算實務中熟練運用。

【任務指導】

1. 科目設置

原材料按計劃成本法進行核算時，使用的會計科目主要有「材料採購」「原材料」「材料成本差異」「銀行存款」「應付帳款」「應付票據」「預付帳款」等，由於「銀行存款」「應付帳款」「應付票據」「預付帳款」等科目在出納、往來結算核算模塊已介紹，故此處只介紹「材料採購」「原材料」和「材料成本差異」三科目的具體核算內容。

（1）材料採購

「材料採購」科目用於企業在計劃成本法下核算已辦理採購手續但尚未驗收入庫的各種材料的實際成本，借方登記在途材料的實際成本，貸方登記已驗收入庫的材料的實際成本，期末餘額在借方，反應企業還未辦理入庫手續的在途材料的實際採購成本，「材料採購」科目一般按物資品種進行明細核算。

（2）原材料

「原材料」科目用於核算庫存各種材料的收發和結存情況，在計劃成本法下，本科目的借方登記入庫材料的計劃成本，貸方登記發出材料的計劃成本，期末餘額在借方，反應企業庫存材料的計劃成本，「原材料」科目一般按材料品種、名稱進行明細核算。

（3）材料成本差異

「材料成本差異」科目用於反應企業已入庫的各種材料的實際成本和計劃成本的差異，借方登記入庫材料的超支差異及發出材料應負擔的節約差異，貸方登記入庫材料的節約差異及發出材料應負擔的超支差異。期末如為借方餘額，反應企業庫存材料的實際成本大於計劃價格成本的差異（即超支差異）；如為貸方餘額，反應企業庫存材料的實際成本小於計劃價格成本的差異（即節約差異）。

注意：

「在途物資」和「材料採購」都是核算企業購買材料的實際成本，只是「在途物資」用於實際成本法，「材料採購」用於計劃成本法；

「原材料」科目在實際成本法下登記的是材料的實際成本，在計劃成本法下登記的是材料的計劃成本。

2. 核算業務框架

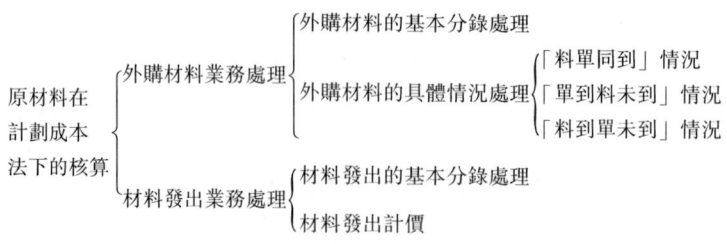

原材料在計劃成本法下的核算
┌ 外購材料業務處理
│   ┌ 外購材料的基本分錄處理
│   └ 外購材料的具體情況處理
│   ┌「料單同到」情況
│   ├「單到料未到」情況
│   └「料到單未到」情況
└ 材料發出業務處理
    ┌ 材料發出的基本分錄處理
    └ 材料發出計價

3. 外購材料業務處理

（1）外購材料的基本分錄處理

採購業務：

借：材料採購　　　　　　　　　　　　　　　［材料的實際採購成本］
　　應交稅費——應交增值稅（進項稅額）　　［購買材料涉及的進項稅額］
　貸：銀行存款（或應付帳款、應付票據、預付帳款）［採購材料應付的款項］

入庫業務：

借：原材料　　　　　　　　　　　　　　　　［入庫材料的計劃採購成本］
　貸：材料採購　　　　　　　　　　　　　　［入庫材料的實際採購成本］
　　　材料成本差異　　　　　　　　　　　　［計劃成本＞實際成本的節約差異］

或

借：原材料　　　　　　　　　　　　　　　　［入庫材料的計劃採購成本］
　　材料成本差異　　　　　　　　　　　　　［計劃成本＜實際成本的超支差異］
　貸：材料採購　　　　　　　　　　　　　　［入庫材料的實際採購成本］

[案例3.1.2-9]

企業A材料計劃單價10元/千克，3月18日，購買A材料1,000千克，單價9元/千克，買價對應增值稅率為17%，所有款項均以銀行存款支付，材料已入庫。要求：編製外購材料採購、入庫的基本分錄。

案例3.1.2-9解析：

①採購業務

借：材料採購——A材料　　　　　　　　　　　　9,000
　　應交稅費——應交增值稅（進項稅額）　　　　1,530
　貸：銀行存款　　　　　　　　　　　　　　　　　　10,530

②入庫業務

借：原材料——A材料　　　　　　　　　　　　　10,000
　貸：材料採購——A材料　　　　　　　　　　　　　9,000
　　　材料成本差異　　　　　　　　　　　　　　　　1,000

在此案例中，實際採購成本小於計劃採購成本，所以材料成本差異在貸方，代表節約差異。

[案例3.1.2-10]

企業A材料計劃單價10元/千克，3月21日，購買A材料1,000千克，單價12元/千

克，買價對應增值稅率為17%，所有款項均以銀行存款支付，材料已入庫。要求：編製外購材料採購、入庫的基本分錄。

案例3.1.2-10解析：
①採購業務
借：材料採購——A材料　　　　　　　　　　　　　　　　12,000
　　應交稅費——應交增值稅（進項稅額）　　　　　　　　2,040
　貸：銀行存款　　　　　　　　　　　　　　　　　　　14,040
②入庫業務
借：原材料——A材料　　　　　　　　　　　　　　　　　10,000
　　材料成本差異　　　　　　　　　　　　　　　　　　　2,000
　貸：材料採購——A材料　　　　　　　　　　　　　　　12,000

在此案例中，實際採購成本大於計劃採購成本，所以材料成本差異在借方，代表超支差異。

注意： 在計劃成本法下，不管實際購買成本是多少，「原材料」科目永遠按計劃成本入帳。

（2）外購材料的具體情況處理

在實務操作中，由於支付方式不同，原材料入庫的時間與材料採購確認的時間可能一致，也可能不一致，為此，在會計上的處理也有所不同。

情況一：「料單同到」情況

「料」代表已辦理入庫手續的實際材料，「單」代表反應採購業務的原始憑證（發票帳單），「料單同到」意味著材料的採購確認和入庫同時完成。在實際成本法下，兩項業務可以合併在一個分錄中進行反應，但在計劃成本法下，由於「材料採購」反應的是實際成本，而「原材料」反應的是計劃成本，為了更好地體現實際成本和計劃成本之間的差異，兩項業務仍然要分開處理。

[案例3.1.2-11]

企業B材料計劃單價6元/千克，3月6日，企業向萬華公司購買B材料1,000千克，單價7元/千克，買價對應增值稅率為17%，發票已收到，款未付，材料已驗收入庫。

案例3.1.2-11解析：
①採購業務
借：材料採購——B材料　　　　　　　　　　　　　　　　7,000
　　應交稅費——應交增值稅（進項稅額）　　　　　　　　1,190
　貸：銀行存款　　　　　　　　　　　　　　　　　　　　8,190
②入庫業務
借：原材料——B材料　　　　　　　　　　　　　　　　　6,000
　　材料成本差異　　　　　　　　　　　　　　　　　　　1,000
　貸：材料採購——B材料　　　　　　　　　　　　　　　7,000

情況二：「單到料未到」情況

「單到料未到」是指已收到反應採購業務的原始憑證（發票帳單），但材料尚未到達，

沒有辦理入庫手續。為此，材料的採購業務和入庫業務必須分開處理，在收到發票帳單時做採購業務處理，待材料到達、入庫後，再根據收料單，將材料的採購成本由「材料採購」科目轉入「原材料」科目，同時確認材料成本差異。

[案例 3.1.2-12]

企業 3 月 7 日以銀行存款方式向東元公司預付款項 30,000 元，用於購買 B 材料；3 月 21 日，收到東元公司開出的增值稅發票，B 材料貨款為 50,000 元，增值稅稅率為 17%，餘款暫欠，材料尚未辦理入庫。

案例 3.1.2-12 解析：

①3 月 7 日，預付款業務處理

借：預付帳款——東元公司　　　　　　　　　　　　　　　　30,000
　　貸：銀行存款　　　　　　　　　　　　　　　　　　　　　　30,000

②3 月 21 日，收到增值稅發票業務處理

借：在途物資——B 材料　　　　　　　　　　　　　　　　　50,000
　　應交稅費——應交增值稅（進項稅額）　　　　　　　　　　8,500
　　貸：預付帳款——東元公司　　　　　　　　　　　　　　　58,500

情況三：「料到單未到」情況

「料到單未到」是指材料已運達並辦理入庫手續，但反應採購業務的發票帳單沒到收到，沒有發票帳單就無法確認採購的實際成本。為此平時暫不做處理，但到會計期末時，為滿足財產清查要求，應將已入庫材料按計劃成本暫估入帳，在下月初做相反分錄予以沖回，等收到發票帳單後再按實際金額記帳。

[案例 3.1.2-13]

企業採用委託收款結算方式購入 C 材料 2,000 千克，材料已驗收入庫，月末發票帳單尚未收到，無法確定其實際成本，C 材料計劃成本 2 元/千克，暫估入帳，下月初沖銷。

案例 3.1.2-13 解析：

①月末暫估入帳

借：原材料——C 材料　　　　　　　　　　　　　　　　　　4,000
　　貸：應付帳款——暫估應付帳款　　　　　　　　　　　　　4,000

②下月初沖銷

借：應付帳款——暫估應付帳款　　　　　　　　　　　　　　4,000
　　貸：原材料——C 材料　　　　　　　　　　　　　　　　　4,000

4. 材料發出業務處理

（1）材料發出的基本分錄處理

在計劃成本法下，月末，企業根據領料單等編製「發料憑證匯總表」結轉發出材料的計劃成本，根據發出材料的用途，按計劃成本計入不同成本費用科目，同時結轉材料成本差異。

①按計劃成本發出材料

借：生產成本（製造費用、管理費用等）　　　[發出材料的計劃成本]
　　貸：原材料　　　　　　　　　　　　　　　[發出材料的計劃成本]

②結轉材料成本差異
如為應負擔的超支差異：
借：生產成本（製造費用、管理費用等）　［發出材料負擔的材料成本差異］
　　貸：材料成本差異　　　　　　　　　　［發出材料負擔的材料成本差異］
如為應負擔的節約差異：
借：材料成本差異　　　　　　　　　　　　［發出材料負擔的材料成本差異］
　　貸：生產成本（製造費用、管理費用等）　［發出材料負擔的材料成本差異］

（2）材料發出計價

根據會計準則規定，企業日常採用計劃成本核算的，發出的材料成本應在期末由計劃成本調整成實際成本，通過計算本期材料成本差異率，進一步算出本期發出材料應負擔的材料成本差異，具體公式如下：

本期材料成本差異率=（期初結存材料的成本差異+本期入庫材料的成本差異）/
　　　　　　　　　（期初結存材料的計劃成本+本期入庫材料的計劃成本）×100%

發出材料應負擔的成本差異=發出材料的計劃成本×本期材料成本差異率

[案例 3.1.2-14]

企業 A 材料計劃成本 10 元/千克，期初結存材料 2,000 千克，期初結存材料實際單位成本 11 元/千克。

4 月 5 日，企業購入 A 材料 1,000 千克，購買價 8 元，增值稅率 17%，當日入庫，款以銀行存款支付；

4 月 16 日，企業購入 A 材料 2,000 千克，購買價 12 元，增值稅率 17%，當日入庫，款以銀行存款支付；

4 月 25 日，企業生產甲產品領用 A 材料 1,500 千克，生產乙產品領用 A 材料 500 千克。

要求：做本月 A 材料收入、發出、調整差異的相關分錄。

案例 3.1.2-14 解析：

① 4 月 5 日購入材料業務處理

採購業務：

借：材料採購——A 材料　　　　　　　　　　　　　　　　8,000
　　應交稅費——應交增值稅（進項稅額）　　　　　　　　1,360
　　貸：銀行存款　　　　　　　　　　　　　　　　　　　9,360

入庫業務：

借：原材料——A 材料　　　　　　　　　　　　　　　　 10,000
　　貸：材料採購——A 材料　　　　　　　　　　　　　　 8,000
　　　　材料成本差異　　　　　　　　　　　　　　　　　2,000

② 4 月 16 日購入材料業務處理

採購業務：

借：材料採購——A 材料　　　　　　　　　　　　　　　 24,000
　　應交稅費——應交增值稅（進項稅額）　　　　　　　　4,080

貸：銀行存款　　　　　　　　　　　　　　　　　　　　28,080
入庫業務：
　　　借：原材料——A材料　　　　　　　　　　　　　　　　 20,000
　　　　　材料成本差異　　　　　　　　　　　　　　　　　　 4,000
　　　貸：材料採購——A材料　　　　　　　　　　　　　　　　24,000
③4月25日領用材料業務處理
　　　借：生產成本——甲產品　　　　　　　　　　　　　　　15,000
　　　　　　　　　　——乙產品　　　　　　　　　　　　　　 5,000
　　　貸：原材料——A材料　　　　　　　　　　　　　　　　 20,000
　　注意：發出材料時，首先也是按計劃成本發出，因為「原材料」科目記錄的是材料的計劃成本。
④月末分攤材料成本差異分錄
第一步：計算本期材料成本差異率
本期材料成本差異率＝{[2,000+(−2,000)+4,000]/(20,000+10,000+20,000)}
　　　　　　　　　　×100%
　　　　　　　　　＝8%
　　注意：在計算材料成本差異總額時，超支差異以正數體現，節約差異以負數體現。
第二步：計算發出材料應負擔的材料成本差異
生產甲產品材料負擔的材料成本差異＝15,000×8%＝1,200（元）
生產乙產品材料負擔的材料成本差異＝5,000×8%＝400（元）
第三步：分攤材料成本差異的分錄處理
　　　借：生產成本——甲產品　　　　　　　　　　　　　　　 1,200
　　　　　　　　　　——乙產品　　　　　　　　　　　　　　　 400
　　　貸：材料成本差異　　　　　　　　　　　　　　　　　　 1,600

【任務操作要求】
1. 學習並理解任務指導
2. 獨立完成給定業務核算
　　企業B材料計劃成本5元/千克，期初結存3,000千克，結存材料實際單位成本4元/千克，本月B材料收發情況如下：
　　（1）5月2日，企業購入B材料5,000千克，單價6元/千克，增值稅率17%，款項用銀行存款支付，材料已入庫；
　　（2）5月12日，企業購入B材料2,000千克，單價7元/千克，增值稅率17%，款項尚未支付，材料未入庫；
　　（3）承第（2）題，5月15日，B材料運到，辦理入庫手續；
　　（4）5月25日，企業購入B材料6,000千克，材料已運達，但發票帳單尚未收到；
　　（5）5月B材料領用情況如下：生產甲產品領用2,000千克，生產乙產品領用3,000千克，車間一般領用500千克。
　　要求：做本月B材料收、發的所有相關分錄。

任務 3.1.2 小結

原材料日常核算實際成本法和計劃成本法的主要區別如表 3.1-4 所示：

表 3.1-4　　　　原材料日常核算實際成本法和計劃成本法的主要區別

區別項目	實際成本法	計劃成本法
①反應購入的未入庫材料實際成本的科目	在途物資	材料採購
②「原材料」科目所反應的金額	材料的實際成本	材料的計劃成本
③「料單同到」的採購業務處理	採購、入庫可以合併	採購、入庫分開處理
④「料到單未到」暫估入帳的金額	根據以往採購情況估價	以計劃價入帳
⑤發出材料的計價方法	先進先出法、月末一次加權平均法、移動加權平均法、個別計價法	先按計劃成本發出，期末計算材料成本差異率，分攤材料成本差異，將計劃成本調為實際成本

任務 3.1.3　週轉材料的日常核算

週轉材料，是指企業能夠多次使用、逐漸轉移其價值但仍保持原有形態但不符合固定資產確認條件的材料，包括包裝物、低值易耗品，以及企業（建造承包商）的鋼模板、木模板、腳手架等。週轉材料的日常收發及結存可以採用實際成本法和計劃成本法兩種方法進行核算，在攤銷其成本時可採用一次轉銷法、五五攤銷法或者分次攤銷法進行攤銷。本任務主要介紹包裝物和低值易耗品的核算。

子任務 1　包裝物的核算

【任務目的】

通過完成本任務，使學生明確包裝物的概念，掌握其日常核算的操作細則，以備在核算實務中熟練運用。

【任務指導】

1. 包裝物的內容

包裝物，是指為了包裝本企業商品而儲備的各種包裝容器，如桶、箱、瓶、壇、袋等。

2. 科目設置

企業應設置「週轉材料——包裝物」科目來進行包裝物的日常核算，包裝物品類較多、涉及業務頻繁的企業也可將「包裝物」直接設置成一級科目處理。「週轉材料——包裝物」（或「包裝物」）科目屬於資產類，借方登記包裝物的增加，貸方登記包裝物的減少，期末餘額在借方，反應包裝物的期末結存金額。

3. 核算業務框架

本任務主要介紹實際成本法下包裝物的具體核算，對於計劃成本法下包裝物的具體核

算請參照原材料的計劃成本法，在進行任務操作時思考並把握。

實際成本法下包裝物的日常核算
- ① 外購包裝物的業務處理
- ② 包裝物發出的業務處理
  - A. 生產產品領用
  - B. 隨同商品出售
  - C. 出租、出售

4. 外購包裝物業務處理

（1）採購業務

借：在途物資——包裝物　　　　　　　［包裝物的實際採購成本］
　　應交稅費——應交增值稅（進項稅額）［購買包裝物涉及的進項稅額］
貸：銀行存款（或應付帳款、應付票據、預付帳款）［採購包裝物應付的款項］

（2）入庫業務

借：週轉材料——包裝物　　　　　　　［入庫包裝物的實際採購成本］
貸：在途物資——包裝物　　　　　　　［入庫包裝物的實際採購成本］

思考：如果企業採用計劃成本法，對採購和入庫業務進行核算會有什麼區別？

5. 發出包裝物業務處理

企業發出包裝物時，需根據不同的目的將包裝物的價值攤入對應的成本費用，具體的攤銷方法包括一次攤銷法、分次攤銷法和五五攤銷法。一般生產產品領用或隨同商品銷售領用包裝物多採用一次攤銷法，在領用時將其價值一次計入成本費用；重複多次使用包裝物（出租或出借）可採用分次攤銷法或五五攤銷法：分次攤銷法是根據領用次數，在領用時攤銷其帳面價值的單次平均攤銷額，五五攤銷法是在第一次領用時按帳面價值的50%進行攤銷，在報廢時再攤銷剩餘的50%。

（1）生產產品領用包裝物

生產產品領用包裝物，應將包裝物成本一次攤銷進入產品生產成本。

[案例3.1.3-1]

企業生產甲產品領用包裝物一批，其實際成本為30,000元，要求做相關業務處理。

案例3.1.3-1解析：

生產產品領用包裝物，包裝物減少，其成本一次攤入產品的生產成本。

借：生產成本——甲產品　　　　　　　　　　　　　　30,000
　貸：週轉材料——包裝物　　　　　　　　　　　　　30,000

注意：在實際成本法核算下，包裝物的發出計價也可採用先進先出法、月末一次加權平均法、移動加權平均法及個別計價法，具體計算方式同原材料。

思考：如果企業採用計劃成本法，該批包裝物計劃成本為28,000元，材料成本差異率為-2%，應怎樣處理？

（2）隨同商品出售包裝物

隨同商品出售的包裝物，應根據其是否單獨計價做出不同的處理：如果包裝物單獨計價，將其按銷售業務處理，根據發票金額確認銷售收入，再將其成本按銷售成本確認；如果包裝物不單獨計價，即將其成本一次攤入「銷售費用」科目中。

[案例3.1.3-2]

企業銷售商品領用價值30,000元包裝物一批，該包裝物單獨計價，開出增值稅發票，確認銷售金額50,000元，增值稅率為17%，款項收存銀行，要求做相關業務處理。

案例3.1.3-2解析：

①根據銷售金額，確認包裝物帶來的銷售收入：

借：銀行存款　　　　　　　　　　　　　　　　　　　　　58,500
　　貸：其他業務收入　　　　　　　　　　　　　　　　　　50,000
　　　　應交稅費——應交增值稅（銷項稅額）　　　　　　　8,500

②根據包裝物成本，確認銷售成本：

借：其他業務成本　　　　　　　　　　　　　　　　　　　30,000
　　貸：週轉材料——包裝物　　　　　　　　　　　　　　　30,000

思考：如果企業採用計劃成本法，該批包裝物計劃成本為28,000元，材料成本差異率為-2%，應怎樣處理？

[案例3.1.3-3]

企業銷售商品領用價值30,000元包裝物一批，該包裝物不單獨計價，要求做相關業務處理。

案例3.1.3-3解析：

因為該批包裝物沒有單獨計價，為此其成本應作為銷售過程中產生的費用進行處理，計入「銷售費用」科目。

借：銷售費用　　　　　　　　　　　　　　　　　　　　　30,000
　　貸：週轉材料——包裝物　　　　　　　　　　　　　　　30,000

思考：如果企業採用計劃成本法，該批包裝物計劃成本為28,000元，材料成本差異率為-2%，應怎樣處理？

（3）出租、出借包裝物

出租、出借包裝物，在攤銷其價值時，往往採用「分次攤銷法」和「五五攤銷法」，分次將其價值攤入「其他業務成本」（出租）或「銷售費用」（出借）科目中。

出租包裝物攤銷：

借：其他業務成本
　　貸：週轉材料——包裝物——包裝物攤銷

出借包裝物攤銷：

借：銷售費用
　　貸：週轉材料——包裝物——包裝物攤銷

【任務操作要求】

1. 學習並理解任務指導
2. 獨立完成給定業務核算

企業某包裝物計劃成本3元/件，本月材料成本差異率為3%，做以下業務處理：

（1）5月8日，企業購入包裝物8,000件，單價4元/件，增值稅率為17%，款項用銀行存款支付，包裝物已驗收入庫；

（2）5月15日，企業生產產品領用包裝物1,000件；
（3）5月20日，企業銷售產品領用包裝物2,000件，單獨計價，銷售價格6元/件；
（4）5月25日，企業銷售產品領用包裝物1,500件，不單獨計價。
要求：做本月包裝物涉及收、發的所有相關分錄。

子任務2　低值易耗品的核算

【任務目的】

通過完成本任務，使學生明確低值易耗品的概念，掌握其日常核算的操作細則，以備在核算實務中熟練運用。

【任務指導】

1. 低值易耗品的內容

低值易耗品是指單位價值較低，或使用時間較短，不能作為固定資產的勞動資料，一般可劃分為一般工具、專用工具、替換設備、管理用具、勞動保護用品和其他用具等。

2. 科目設置

企業應設置「週轉材料——低值易耗品」科目來進行低值易耗品的日常核算。低值易耗品品類較多、涉及業務頻繁的企業也可將「低值易耗品」直接設置成一級科目處理。「週轉材料——低值易耗品」（或「低值易耗品」）科目屬於資產類，借方登記低值易耗品的增加，貸方登記低值易耗品的減少，期末餘額在借方，反應低值易耗品的期末結存金額。

3. 核算業務框架

本任務主要介紹實際成本法下低值易耗品的具體核算，對於計劃成本法下低值易耗品的具體核算請參照原材料的計劃成本法，在進行任務操作時思考並把握。

實際成本法下低值易耗品的日常核算 { ①外購低值易耗品的業務處理
②低值易耗品發出的業務處理 { A. 一次攤銷
B. 分次攤銷（或五五攤銷）

4. 外購低值易耗品業務處理

（1）採購業務

借：在途物資——低值易耗品　　　　　　［低值易耗品的實際採購成本］
　　應交稅費——應交增值稅（進項稅額）　［購買低值易耗品涉及的進項稅額］
　貸：銀行存款（或應付帳款、應付票據、預付帳款）
　　　　　　　　　　　　　　　　　　　　［採購低值易耗品應付的款項］

（2）入庫業務

借：週轉材料——低值易耗品　　　　　　［入庫低值易耗品的實際採購成本］
　貸：在途物資——低值易耗品　　　　　　［入庫低值易耗品的實際採購成本］

思考：如果企業採用計劃成本法，對採購和入庫業務進行核算會有什麼區別？

5. 發出低值易耗品業務處理

企業發出低值易耗品時，具體的攤銷方法包括一次攤銷法、分次攤銷法和五五攤銷法。對於金額較小的低值易耗品，可在領用時一次計入成本費用，以簡化核算，但應在備

查簿上登記說明，滿足實物管理需要。部分低值易耗品會反覆多次使用，所以更適合採用分次攤銷法和五五攤銷法：分次攤銷法是根據領用次數，在領用時攤銷其帳面價值的單次平均攤銷額；五五攤銷法是在第一次領用時按帳面價值的50%進行攤銷，在報廢時再攤銷剩餘的50%。在採用分次攤銷法或是五五攤銷法時，應設「週轉材料——低值易耗品（在庫）」「週轉材料——低值易耗品（在用）」「週轉材料——低值易耗品（攤銷）」明細科目。

[案例3.1.3-4]

生產車間領用專用工具一批，實際成本1,200元，按照五五攤銷原理，領用時攤銷50%的價值，報廢時攤銷50%的價值。要求做相關業務處理。

案例3.1.3-4解析：

（1）領用時業務處理

①將低值易耗品價值由「在庫」明細科目轉至「在用」明細科目

借：週轉材料——低值易耗品（在用）　　　　　　　　　1,200

　　貸：週轉材料——低值易耗品（在庫）　　　　　　　　1,200

②攤銷50%的價值進入成本費用

借：製造費用　　　　　　　　　　　　　　　　　　　　600

　　貸：週轉材料——低值易耗品（攤銷）　　　　　　　　600

（2）報廢時業務處理

①將剩餘50%的價值攤銷進入成本費用

借：製造費用　　　　　　　　　　　　　　　　　　　　600

　　貸：週轉材料——低值易耗品（攤銷）　　　　　　　　600

②帳面註銷低值易耗品相關明細科目

借：週轉材料——低值易耗品（攤銷）　　　　　　　　　1,200

　　貸：週轉材料——低值易耗品（在用）　　　　　　　　1,200

思考：如果企業採用計劃成本法，該批低值易耗品計劃成本為1,000元，材料成本差異率為3%，應怎樣處理？

【任務操作要求】

1. 學習並理解任務指導

2. 獨立完成給定業務核算

企業某低值易耗品計劃成本50元/件，材料成本差異率為3%，做以下業務處理：

生產車間領用專用工具500件，實際成本53元/件，按照五五攤銷原理，領用攤銷50%的價值，報廢時攤銷50%的價值，要求做相關業務處理。

任務3.1.3 小結

1. 週轉材料的主要核算內容

包括「包裝物」與「低值易耗品」。

2. 週轉材料的購入核算

與原材料基本類似，包含採購與入庫的業務處理，根據企業選用的實際成本法或計劃

成本法做不同處理。
 3. 週轉材料的發出核算
 （1）價值攤銷對應科目
 ①包裝物
  A. 生產領用：「生產成本」
  B. 銷售領用：
  a. 單獨計價：「其他業務成本」
  b. 不單獨計價：「銷售費用」
  C. 出租：「其他業務成本」
  D. 出借：「銷售費用」
 ②低值易耗品：以「製造費用」居多
 （2）價值攤銷辦法
 ①一次攤銷法
 ②分次攤銷法（或五五攤銷法）
 說明：在採用分次攤銷法（或五五攤銷法）時，需設置「在庫」「在用」「攤銷」明細科目。

任務 3.1.4　庫存商品的日常核算

庫存商品，是指企業完成全部生產過程並驗收入庫，可以按照合同規定條件送交訂貨單位，或可作為商品對外銷售的產品以及外購或委託加工完成驗收入庫用於銷售的各種商品。在會計實務中，製造企業和商品流通企業對於庫存商品的處理會有所不同，為此，本任務按企業性質劃分子任務，分別講解。

子任務 1　製造企業庫存商品的日常核算

【任務目的】
通過完成本任務，使學生掌握製造企業庫存商品日常核算的操作細則，以備在核算實務中熟練運用。
【任務指導】
 1. 製造企業庫存商品的核算方法
 與其他原材料、週轉材料類似，製造企業的庫存商品也可採用實際成本法或計劃成本法進行核算。
 2. 科目設置
 企業需設置「庫存商品」科目核算庫存商品的收發和結存情況，該科目一般按商品的品種、名稱進行明細核算。
 （1）實際成本法
 在實際成本法下，「庫存商品」科目的借方登記完工入庫商品的實際成本，貸方登記發出商品的實際成本，期末餘額在借方，反應企業結存商品的實際成本。

（2）計劃成本法

在計劃成本法下，「庫存商品」科目的借方登記完工入庫商品的計劃成本，貸方登記發出商品的計劃成本，期末余額在借方，反應企業結存商品的計劃成本。

「庫存商品」計劃成本與實際成本之間差額通過設置「產品成本差異」科目進行核算，該科目借方登記入庫商品實際成本大於計劃成本的生產超支額，貸方登記入庫商品實際成本小於計劃成本的生產節約額，待庫存商品發出時，「產品成本差異」應按一定的方法計算分攤進入成本費用。

3. 庫存商品日常核算的業務框架

由於視同銷售業務在往來崗位核算內容中有詳細講解，故本任務不再單獨列示。

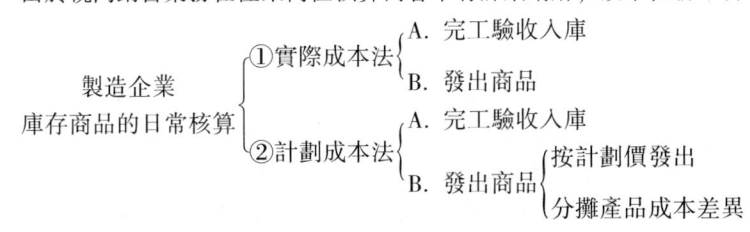

製造企業庫存商品的日常核算
- ① 實際成本法
  - A. 完工驗收入庫
  - B. 發出商品
- ② 計劃成本法
  - A. 完工驗收入庫
  - B. 發出商品
    - 按計劃價發出
    - 分攤產品成本差異

4. 實際成本法下庫存商品的日常核算

（1）完工驗收入庫

製造企業的庫存商品一般是自我生產完成，當生產完畢驗收入庫時，應按實際成本，借記「庫存商品」科目，貸記「生產成本——基本生產成本」科目。

[案例 3.1.4-1]

企業本月完工入庫甲產品 1,000 件，實際完工成本 500,000 元，完工入庫乙產品 2,000 件，實際完工成本 750,000 元，要求做相關業務處理。

案例 3.1.4-1 解析：

借：庫存商品——甲產品　　　　　　　　　　　　　　　　500,000
　　　　　　　——乙產品　　　　　　　　　　　　　　　　750,000
　　貸：生產成本——基本生產成本（甲產品）　　　　　　500,000
　　　　　　　　——基本生產成本（乙產品）　　　　　　750,000

（2）發出商品

製造企業銷售商品時，應借記「主營業務成本」科目，貸記「庫存商品」科目，如果是視同銷售行為，應根據具體情況記入該行為對應科目中（如在建工程等）。

[案例 3.1.4-2]

企業結轉本月銷售甲產品實際成本 250,000 元、乙產品實際成本 300,000 元，要求做相關業務處理。

案例 3.1.4-2 解析：

借：主營業務成本——甲產品　　　　　　　　　　　　　　250,000
　　　　　　　——乙產品　　　　　　　　　　　　　　　　300,000
　　貸：庫存商品——甲產品　　　　　　　　　　　　　　250,000
　　　　　　　——乙產品　　　　　　　　　　　　　　　　300,000

注意：在實際成本法核算下，庫存商品的發出計價也可採用先進先出法、月末一次加權平均法、移動加權平均法及個別計價法，具體計算方式同原材料。

5. 計劃成本法下庫存商品的日常核算

（1）完工驗收入庫

在計劃成本法下，企業按庫存商品計劃完工成本完工入庫，計劃完工成本與實際完工成本之間的差額通過「產品成本差異」科目進行核算。

[案例3.1.4-3]

企業本月完工入庫甲產品1,000件，實際完工成本500,000元，該批產品計劃完工成本550,000元，要求做相關業務處理。

案例3.1.4-3解析：

借：庫存商品——甲產品　　　　　　　　　　　　　　　550,000
　　貸：生產成本——基本生產成本（甲產品）　　　　　　500,000
　　　　產品成本差異　　　　　　　　　　　　　　　　　50,000

（2）發出商品

在計劃成本法下，企業發出商品按庫存商品計劃完工成本結轉至「主營業務成本」等科目，同時計算產品成本差異率、分攤產品成本差異。

[案例3.1.4-4]

企業結轉本月銷售甲產品計劃成本250,000元，產品成本差異率為3%，要求做相關業務處理。

案例3.1.4-4解析：

①按計劃成本結轉銷售成本

借：主營業務成本——甲產品　　　　　　　　　　　　　250,000
　　貸：庫存商品——甲產品　　　　　　　　　　　　　　250,000

②分攤產品成本差異

借：主營業務成本——甲產品　　　　　　　　　　　　　7,500
　　貸：產品成本差異　　　　　　　　　　　　　　　　　7,500

【任務操作要求】

1. 學習並理解任務指導

2. 獨立完成給定業務核算

（1）製造企業按實際成本法核算庫存商品，本月完工入庫A產品的實際成本為20,000元，要求做相關業務處理。

（2）製造企業按實際成本法核算庫存商品，本月銷售A產品的實際成本為10,000元，要求做相關業務處理。

（3）製造企業按計劃成本法核算庫存商品，本月完工入庫A產品的實際完工成本為20,000元，該批產品計劃完工成本為18,000元，要求做相關業務處理。

（4）製造企業按計劃成本法核算庫存商品，本月銷售A產品的計劃成本為10,000元，產品成本差異率為-1%，要求做相關業務處理。

子任務 2　商品流通企業庫存商品的日常核算

【任務目的】

通過完成本任務，使學生掌握商品流通企業庫存商品日常核算的操作細則，以備在核算實務中熟練運用。

【任務指導】

1. 商品流通企業庫存商品的核算方法

商品流通企業購入的庫存商品可以採用進價金額核算法或是售價金額核算法進行日常核算。

2. 科目設置

企業需設置「庫存商品」科目核算庫存商品的收發和結存情況，該科目一般按商品的品種、名稱進行明細核算。

（1）進價金額核算法

在進價金額核算法下，「庫存商品」科目的借方登記購入商品的進價成本，貸方登記發出商品的進價成本，期末餘額在借方，反應企業結存商品的進價成本。

（2）售價金額核算法

在售價金額核算法下，「庫存商品」科目按售價進行核算，借方登記購入商品的售價，貸方登記發出商品的售價，期末餘額在借方，反應企業結存商品的售價。

「庫存商品」進價與售價之間差額通過設置「商品進銷差價」科目進行核算，「商品進銷差價」等商品發出時應按一定的方法計算分攤進入成本費用。

3. 庫存商品日常核算的業務框架

由於視同銷售業務在往來崗位核算內容中有詳細講解，故本任務不再單獨列示。

$$\text{商品流通企業庫存商品的日常核算} \begin{cases} ①\text{進價金額法} \begin{cases} A.\text{購入商品} \\ B.\text{發出商品} \quad ☆\text{毛利率法核算發出成本} \end{cases} \\ ②\text{售價金額法} \begin{cases} A.\text{購入商品} \\ B.\text{發出商品} \quad ☆\text{商品進銷差價的分攤} \end{cases} \end{cases}$$

4. 進價金額核算法下庫存商品的日常核算

（1）購入商品

商品流通企業購入商品的購買成本，在未入庫時可通過「在途物資」科目進行核算，待入庫時，將其成本轉入「庫存商品」。

［案例 3.1.4-5］

企業購入甲商品 1,000 件，單價 20 元/件，銷售方增值稅率為 17%，款項均以銀行存款支付，3 日後入庫，要求做相關業務處理。

案例 3.1.4-5 解析：

①採購業務

借：在途物資——甲商品　　　　　　　　　　　　　　　20,000
　　　應交稅費——應交增值稅（進項稅額）　　　　　　　3,400

貸：銀行存款　　　　　　　　　　　　　　　　　　　　　　　23,400
②入庫業務
借：庫存商品——甲商品　　　　　　　　　　　　　　　　　　20,000
　　貸：在途物資——甲商品　　　　　　　　　　　　　　　　　20,000
（2）發出商品
　　商品流通企業發出商品時，其發出分錄與製造企業基本類似，都是借記「主營業務成本」科目，貸記「庫存商品」科目，但在對發出商品的具體計價上，有其獨特的方法，如毛利率法。
①毛利率法的基本原理
　　毛利率法是根據本期銷售淨額乘以上期實際（或本期計劃）毛利率匡算本期銷售毛利，並據以計算發出存貨成本和期末存貨成本的一種方法。
②毛利率法的計算公式
　　A. 毛利率=（銷售毛利/銷售淨額）×100%
　　B. 銷售淨額=商品銷售收入-銷售退回與折讓
　　C. 銷售毛利=銷售淨額×毛利率
　　D. 銷售成本=銷售淨額-銷售毛利

[案例3.1.4-6]
　　企業本月初針織存貨1,800萬元，本月購進3,000萬元，本月銷售收入3,400萬元，上季度該類商品的毛利率為25%，求本月銷售成本和月末結存成本，並做相關業務處理。
　　案例3.1.4-6解析：
　　本月銷售毛利=3,400×25%=850（萬元）
　　本月銷售成本=3,400-850=2,550（萬元）
　　本月結存成本=1,800+3,000-2,550=2,250（萬元）
借：主營業務成本　　　　　　　　　　　　　　　　　　　　25,500,000
　　貸：庫存商品　　　　　　　　　　　　　　　　　　　　　25,500,000
③毛利率法的適用範圍
　　商品流通企業同類商品的毛利率大致相同，採用這種存貨計價方法能減輕工作量，也能滿足對存貨管理的需要，為此，毛利率法適用於商品流通企業，尤其是商品批發企業。
　5. 售價金額核算法下庫存商品的日常核算
　（1）購入商品
　　在售價金額核算法下，商品流通企業用「物資採購」科目核算採購商品的進價，「庫存商品」科目按商品售價記錄，進價與售價之間的差額記錄在「商品進銷差價」科目中。

[案例3.1.4-7]
　　企業購入甲商品1,000件，單價20元/件，銷售方增值稅率為17%，款項均以銀行存款支付，3日後入庫，該商品售價40元/件，要求做相關業務處理。
　　案例3.1.4-7解析：
①採購業務
借：物資採購——甲商品　　　　　　　　　　　　　　　　　　20,000

　　　　應交稅費——應交增值稅（進項稅額）　　　　　　　3,400
　　　貸：銀行存款　　　　　　　　　　　　　　　　　　　　23,400
②入庫業務
借：庫存商品——甲商品　　　　　　　　　　　　　　　　　40,000
　　貸：物資採購——甲商品　　　　　　　　　　　　　　　20,000
　　　　商品進銷差價　　　　　　　　　　　　　　　　　　20,000
（2）發出商品
　　在售價金額核算法下，商品流通企業發出商品，應計算商品進銷差價率，從而將商品進銷差價分攤至成本費用科目，相關計算公式如下：
①商品進銷差價率=（期初庫存商品進銷差價+本期購入商品進銷差價）÷（期初庫存商品售價+本期購入商品售價）×100%
②本期銷售商品應分攤的商品進銷差價=本期商品銷售收入×商品進銷差價率
③本期銷售商品成本=本期商品銷售收入-本期銷售商品應分攤的商品進銷差價
④期末結存商品成本=期初庫存商品的進價成本+本期購進商品的進價成本-本期銷售商品的成本

[案例3.1.4-8]
　　某商場採用售價金額核算法對庫存商品進行核算，本月庫存A商品期初進價成本為30萬元，售價總額為38萬元，本月購進該商品進價成本為50萬元，售價總額為59萬元，本月銷售收入為70萬元，要求計算本月銷售成本和結存成本，並做相關業務處理。
　　案例3.1.4-8解析：
　　商品進銷差價率=（8+9）÷（38+59）×100%=17.5%
　　本期銷售商品應分攤的商品進銷差價=70×17.5%=12.25（萬元）
　　本期銷售商品成本=70-12.25=57.75（萬元）
　　期末結存商品成本=30+50-57.75=22.25（萬元）
　　借：主營業務成本——A商品　　　　　　　　　　　　　　577,500
　　　　商品進銷差價　　　　　　　　　　　　　　　　　　122,500
　　　貸：庫存商品——A商品　　　　　　　　　　　　　　　700,000

【任務操作要求】
1. 學習並理解任務指導
2. 獨立完成給定業務核算
（1）某商場採用毛利率法進行商品核算，201×年4月1日，塑料日用品存貨1,600萬元，本月購進2,800萬元，本月銷售收入3,500萬元，發生銷售退回100萬元，上季度該類商品的毛利率為25%。要求計算以下數據：
①本月銷售毛利；
②本月銷售成本；
③本月末庫存商品成本。
（2）企業A商品採用售價金額核算法，售價20元/件，期初結存商品100件，進價為19元/件。本月購銷情況如下：

① 3 日，購進 300 件，進價為 18 元/件；
② 16 日，購進 200 件，進價為 21 元/件；
③ 21 日，銷售 180 件，售價 20 元/件，款項收存銀行。
要求計算本月商品銷售成本和月末結存成本，並做相關分錄處理。

任務 3.1.4 小結

1. 製造企業和商品流通企業由於庫存商品來源不同，所以處理方式有所不同，需分別理解把握。

2. 核算的重點：
（1）製造企業計劃成本法核算下的特點；
（2）商品流通企業在計算發出商品成本時所採用的毛利率法和售價金額核算法的操作細則。

任務 3.1.5 存貨的期末處理

子任務 1 存貨的清查

【任務目的】

通過完成本任務，使學生明確存貨清查的內涵，掌握對清查結果的處理方式，以備在核算實務中熟練運用。

【任務指導】

1. 存貨清查的內涵

存貨清查是通過對存貨進行實地盤點，確定存貨的實有情況，將其與帳面結存情況進行核對，保證帳實相符的專門方法。

2. 科目設置

企業應設置「待處理財產損溢」科目來反應存貨清查的結果，該科目在出納崗位已做介紹。

3. 存貨清查結果處理的業務框架

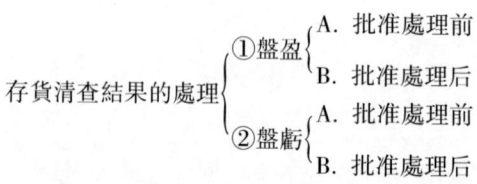

存貨清查結果的處理 {① 盤盈 { A. 批准處理前 / B. 批准處理後 } ② 盤虧 { A. 批准處理前 / B. 批准處理後 }}

4. 存貨盤盈的帳務處理

存貨出現盤盈，在批准處理前先通過「待處理財產損溢」科目進行調帳，按管理權限報經批准後，再轉至「管理費用」科目。

[案例 3.1.5-1]

企業月末盤盈 A 材料 1,000 千克，實際單位成本 3 元/千克，經查屬於材料收發計量

方面的錯誤，要求做相關業務處理。

案例 3.1.5-1 解析：
（1）批准處理前：
借：原材料——A 材料　　　　　　　　　　　　　　　　　　　3,000
　　貸：待處理財產損溢　　　　　　　　　　　　　　　　　　　　3,000
（2）批准處理后：
借：待處理財產損溢　　　　　　　　　　　　　　　　　　　　　3,000
　　貸：管理費用　　　　　　　　　　　　　　　　　　　　　　　3,000

思考：如果企業原材料按照計劃成本法進行核算，該材料計劃成本 2.5 元/千克，材料成本差異率為 2%，該業務應該如何處理？

5. 存貨盤虧的帳務處理

存貨出現盤虧，在批准處理前先通過「待處理財產損溢」科目進行調帳，按管理權限報經批准后，根據不同的原因轉至不同的科目：對於入庫的殘料價值，記入「原材料」等科目；對於應由保險公司和過失人的賠款，記入「其他應收款」科目；扣除殘料價值和應由保險公司、過失人賠款后的淨損失，屬於一般經營損失的部分，記入「管理費用」科目，屬於非常損失的部分，記入「營業外支出」科目。

注意：在對存貨盤虧結果進行處理時，涉及進項稅轉出的項目應在「應交稅費——應交增值稅（進項稅額轉出）」科目中進行處理，具體方式在往來崗位業務處理中已講解，此處省略。

[**案例 3.1.5-2**]

企業月末清查發現毀損 A 材料 1,000 千克，實際單位成本 3 元/千克，經查屬於保管員王成過失造成，按規定由其個人賠償 2,000 元，殘料價值 200 元，已辦理入庫，其他按一般經營損失處理。假定不考慮相關稅費，要求做相關業務處理。

案例 3.1.5-2 解析：
（1）批准處理前：
借：待處理財產損溢　　　　　　　　　　　　　　　　　　　　　3,000
　　貸：原材料——A 材料　　　　　　　　　　　　　　　　　　 3,000
（2）批准處理后：
①過失人賠款部分
借：其他應收款——王成　　　　　　　　　　　　　　　　　　　2,000
　　貸：待處理財產損溢　　　　　　　　　　　　　　　　　　　　2,000
②殘料入庫
借：原材料——A 材料　　　　　　　　　　　　　　　　　　　　 200
　　貸：待處理財產損溢　　　　　　　　　　　　　　　　　　　　　200
③一般經營損失處理
借：管理費用　　　　　　　　　　　　　　　　　　　　　　　　　800
　　貸：待處理財產損溢　　　　　　　　　　　　　　　　　　　　　800

[案例 3.1.5-3]

企業因臺風毀損庫存甲產品一批，實際成本 80,000 元，根據保險責任範圍和合同規定，應收保險公司賠償 50,000 元，其余損失企業自行承擔。假定不考慮相關稅費，要求做相關業務處理。

案例 3.1.5-3 解析：

（1）批准處理前：

借：待處理財產損溢	80,000	
貸：庫存商品——甲產品		80,000

（2）批准處理后：

①保險公司賠款部分

借：其他應收款——×保險公司	50,000	
貸：待處理財產損溢		50,000

②企業自行承擔部分

借：營業外支出	30,000	
貸：待處理財產損溢		30,000

【任務操作要求】

1. 學習並理解任務指導
2. 獨立完成給定業務核算

（1）企業期末盤盈 B 材料 800 千克，經查為收發計量錯誤造成，該材料計劃單價 5 元/千克，材料成本差異率為 3%，要求做相關業務處理。

（2）企業期末盤虧乙產品 100 件，經查為一般經營損失，該產品計劃成本 30 元/件，產品成本差異率為 2%，假定不考慮相關稅費，要求做相關業務處理。

（3）企業因暴雨毀損丙產品 3,000 件，該產品計劃成本 10 元/件，產品成本差異率為 3%，經協商，保險公司賠償 60% 的毀損資金，其余企業自行承擔，假定不考慮相關稅費，要求做相關業務處理。

子任務 2　存貨跌價準備的計提

【任務目的】

通過完成本任務，使學生明確存貨減值的含義，清楚計提跌價準備的意義，掌握計提跌價準備的業務處理方式，以備在核算實務中熟練運用。

【任務指導】

1. 存貨的期末計價

根據中國會計準則規定，存貨的期末計價採用成本與可變現淨值孰低法，是指在會計期末通過比較存貨的成本與可變現淨值，取兩者中較低的一個作為存貨計價基礎，即當存貨成本低於可變現淨值時，按成本計價；當可變現淨值低於成本時，按可變現淨值計價。

注意：

（1）在運用成本與可變現淨值孰低法時，存貨的成本是指期末存貨的實際成本，如果企業在存貨日常核算中採用計劃成本法或售價金額核算法，則需將期末成本進行調整，調

整為實際成本后再與可變現淨值進行比較；

（2）存貨的可變現淨值是指存貨的估計售價減去至完工時估計要發生的成本、銷售費用及相關稅費后的金額，表現為存貨的預計未來淨現金流量。

2. 存貨跌價準備的含義

在採用成本與可變現淨值孰低法時，如果期末存貨帳面成本高於其可變現淨值，應根據差額調減存貨帳面價值，並確認該損失，計入當期損益。但當調減存貨價值的影響因素消失時，調減的金額應當予以恢復，已確認的損失可轉回。

3. 涉及科目

企業應設置「存貨跌價準備」科目核算存貨跌價準備的計提、轉銷情況，該科目屬於存貨項目的備抵科目，貸方登記計提的存貨跌價準備的金額，借方登記實際發生的存貨跌價損失金額和轉回（或轉銷）的存貨跌價準備金額，期末余額一般在貸方，反應企業已計提但尚未轉銷的存貨跌價準備。

4. 存貨跌價準備的相關業務框架

存貨跌價準備 相關業務框架 { A. 存貨跌價準備的計提
B. 存貨跌價準備的轉回

5. 存貨跌價準備的相關業務處理

（1）計提存貨跌價準備

當存貨成本高於可變現淨值時，企業應按其差額，借記「資產減值損失」科目，貸記「存貨跌價準備」科目。

[案例 3.1.5-4]

企業期末帳面 A 材料成本為 2,000,000 元，預計可變現淨值為 1,860,000 元，要求根據其差額計提跌價準備。

案例 3.1.5-4 解析：

企業應計提的存貨跌價準備金額＝2,000,000-1,860,000＝140,000（元）

借：資產減值損失——計提存貨跌價準備　　　　　　　　140,000
　　貸：存貨跌價準備　　　　　　　　　　　　　　　　　　　140,000

（2）存貨跌價準備轉回

當調減存貨價值的影響因素消失時，已計提的存貨跌價準備可在已計提的金額範圍內轉回，借記「存貨跌價準備」科目，貸記「資產減值損失」科目。

[案例 3.1.5-5]

承案例 3.1.5-4，由於市場價格有所上升，A 材料的預計可變現淨值為 1,920,000，要求做相關業務處理。

企業轉回的存貨跌價準備金額＝140,000-(2,000,000-1,920,000)＝60,000（元）

借：存貨跌價準備　　　　　　　　　　　　　　　　　　　60,000
　　貸：資產減值損失——計提存貨跌價準備　　　　　　　　60,000

任務 3.1.6 小結

1. 明確成本與可變現淨值孰低法的含義。

2. 核算的重點：
（1）存貨跌價準備計提的業務處理；
（2）存貨跌價準備轉回的業務處理。

項目 3.2　固定資產的核算

【項目介紹】

本項目內容以《企業會計準則第 4 號——固定資產》及《企業會計準則第 4 號——固定資產》應用指南為指導，主要介紹企業固定資產項目的核算方法，要求學生通過學習，對固定資產的概念、特徵有所認知，把握固定資產的業務核算內容，通過任務處理，進一步演練借貸記帳法，為會計實務工作打下基礎。

【項目實施標準】

本項目通過完成 7 項具體任務來實施，具體任務內容結構如表 3.2-1 所示：

表 3.2-1　　　　　「固定資產的核算」項目任務細分表

任務	子任務
任務 3.2.1　固定資產核算基本認知	—
任務 3.2.2　固定資產的日常業務核算	1. 固定資產取得的核算
	2. 固定資產折舊的核算
	3. 固定資產后續支出的核算
	4. 固定資產處置的核算
任務 3.2.3　固定資產的期末處理	1. 固定資產清查的核算
	2. 固定資產減值準備的計提

說明：固定資產折舊雖屬於期末計提，但在后續支出、處置等業務中經常會涉及對折舊的處理，故將其放在日常業務核算環節進行講解。

任務 3.2.1　固定資產核算基本認知

【任務目的】

通過完成本任務，使學生瞭解固定資產的概念、特徵，為學習后續核算內容打下理論基礎。

【任務指導】

1. 固定資產的概念

固定資產，是指同時具有以下特徵的有形資產：

（1）為生產商品、提供勞務、出租或經營管理而持有的；
（2）使用壽命超過一個會計年度。

注意：使用壽命，是指企業使用固定資產的預計期間，或者該固定資產所能生產產品或提供勞務的數量。

2. 固定資產的確認條件

（1）與該固定資產有關的經濟利益很可能流入企業；
（2）該固定資產的成本能夠可靠地計量。

3. 固定資產的分類

企業固定資產種類很多，根據不同的分類標準，可以分成不同的類別。企業應當選擇適當的分類標準，將固定資產進行分類，以滿足經營管理的需要。

（1）按經濟用途分類

固定資產按經濟用途分類，可以分為生產經營用固定資產和非生產經營用固定資產。生產經營用固定資產，是指直接服務於企業生產經營過程的固定資產，如生產經營用的房屋、建築物、機器、設備、器具、工具等；非生產經營用固定資產，是指不直接服務於生產經營過程的固定資產，如職工宿舍等。

固定資產按經濟用途分類，可以歸類反應企業生產經營用固定資產和非生產經營用固定資產之間的組成變化情況，借以考核和分析企業固定資產管理和利用情況，從而促進固定資產的合理配置，充分發揮其效用。

（2）按使用情況分類

固定資產按使用情況分類，可分為使用中的固定資產、未使用的固定資產和不需用的固定資產。使用中的固定資產，是指正在使用的經營性和非經營性固定資產，由於季節性經營或修理等原因，暫時停止使用的固定資產仍屬於企業使用中的固定資產，企業出租給其他單位使用的固定資產以及內部替換使用的固定資產，也屬於使用中的固定資產；未使用的固定資產，是指已完工或已購建的尚未交付使用的固定資產以及因進行改建、擴建等原因停止使用的固定資產，如企業購建的尚待安裝的固定資產、經營任務變更停止使用的固定資產等；不需用的固定資產，是指本企業多餘或不適用、需要調配處理的固定資產。

固定資產按使用情況進行分類，有利於企業掌握固定資產的使用情況，便於比較分析固定資產的利用效率，挖掘固定資產的使用潛力，促進固定資產的合理使用，同時也便於企業準確合理地計提固定資產折舊。

（3）按所有權分類

固定資產按所有權進行分類，可分為自有固定資產和租入固定資產。自有固定資產是指企業擁有的可供企業自由支配使用的固定資產；租入固定資產是指企業採用租賃方式從其他單位租入的固定資產。

（4）綜合分類

在考慮經濟用途和使用情況的情況下，固定資產可進行綜合分類，具體分為：
①生產經營用固定資產；
②非生產經營用固定資產；
③租出固定資產；

④不需用固定資產；
⑤未使用固定資產；
⑥土地；
⑦融資租入固定資產。

注意：

租出固定資產是指企業在經營租賃方式下出租給外單位使用的固定資產。

固定資產中的土地是指過去已單獨估價入帳的土地。因徵地而支付的補償費，應計入與土地有關的房屋、建築物價值中，不單獨作為土地入帳；企業取得的土地使用權，應作為無形資產核算，不計入固定資產。

融資租入固定資產，是指企業以融資租賃方式租入的固定資產，在租賃期內，應視同自有固定資產進行管理。

由於企業的經營性質不同，經營規模有大有小，對於固定資產的分類可有不同的分類方法，企業可以根據自己的實際情況和經營管理、會計核算的需要進行必要的分類。

4. 固定資產的披露

按照會計準則規定，企業應當在附註中披露與固定資產有關的下列信息：

（1）固定資產的確認條件、分類、計量基礎和折舊方法；
（2）各類固定資產的使用壽命、預計淨殘值和折舊率；
（3）各類固定資產的期初和期末原價、累計折舊額及固定資產減值準備累計金額；
（4）當期確認的折舊費用；
（5）對固定資產所有權的限制及其金額和用於擔保的固定資產帳面價值；
（6）準備處置的固定資產名稱、帳面價值、公允價值、預計處置費用和預計處置時間等。

【任務操作要求】

學習並理解任務指導。

任務 3.2.2　固定資產的日常業務核算

固定資產的日常業務主要包括固定資產的取得相關業務、取得後的後續支出相關業務以及固定資產的處置相關業務，但由於在後續支出和處置相關業務的處理中會涉及對已提折舊的處理，故本任務將其加入，分 4 個子任務進行講解。

子任務 1　固定資產取得的核算

【任務目的】

通過完成本任務，使學生明確固定資產的取得方式，掌握不同取得方式下的業務操作細則，以備在核算實務中熟練運用。

【任務指導】

1. 科目設置

固定資產取得業務中使用的會計科目主要有「固定資產」「在建工程」「工程物資」「應交稅費——應交增值稅（進項稅額）」「銀行存款」等，由於部分科目在出納、往來

等崗位業務核算模塊中已進行過詳細講解，故此只介紹「固定資產」「在建工程」「工程物資」三科目的具體核算內容。

(1) 固定資產

企業設置「固定資產」科目核算企業固定資產的原始價值（原價），該科目為資產類，借方登記企業增加的固定資產原價，貸方登記企業減少的固定資產原價，期末餘額在借方，反應企業期末固定資產的帳面原價。在實務工作中，企業應設置「固定資產登記簿」和「固定資產卡片」，按固定資產類別、使用部門等進行明細核算。

(2) 在建工程

「在建工程」科目用於核算企業基建、更新改造等在建工程發生的支出，該科目為資產類，借方登記各項在建工程的實際支出，貸方登記已完工工程轉出的實際成本，期末餘額在借方，反應企業尚未達到預定可使用狀態的在建工程的成本。

(3) 工程物資

「工程物資」科目用於核算企業為在建工程而準備的各種物資的實際成本，該科目為資產類，借方登記企業購入工程物資的實際成本，貸方登記領用工程物資的實際成本，期末餘額在借方，反應企業期末結存的工程專用物資的實際成本。

2. 核算業務框架

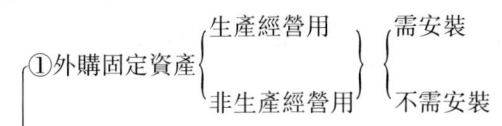

固定資產的取得
① 外購固定資產 { 生產經營用 / 非生產經營用 } { 需安裝 / 不需安裝 }
② 自建固定資產（工程物資的購買、工程物資的領用、專用借款利息的資本化、發生建設相關費用、生產用原材料的領用、自產產品的領用、工程完工）

3. 固定資產的取得業務處理

(1) 外購固定資產業務處理

① 外購固定資產基本分錄

企業外購固定資產時，按固定資產的採購成本借記「固定資產」，按增值稅發票列示的進項稅額借記「應交稅費——應交增值稅（進項稅額）」，貸方用銀行存款等科目記錄採購固定資產所應支付的款項。

借：固定資產　　　　　　　　　　　　　　　[固定資產的實際採購成本]
　　應交稅費——應交增值稅（進項稅額）　　[購買固定資產涉及的進項稅額]
　　貸：銀行存款　　　　　　　　　　　　　[採購固定資產應付的款項]

注意：固定資產的實際採購成本包括實際支付的購買價款、相關稅費、使固定資產達到預定可使用狀態前所發生的可歸屬於該項資產的運輸費、裝卸費和專業人員服務費等。

② 外購固定資產的業務細節處理

A. 進項稅額的處理

若購入的生產經營用固定資產，其進項稅符合稅法抵扣標準，可將其計入「應交稅費——應交增值稅（進項稅額）」，但若購入的是非生產經營用固定資產，按稅法規定其

進項稅不能抵扣,則需將其記入固定資產初始成本。

[案例3.2.2-1]

企業購買非生產經營用固定資產一項,買價30,000元,增值稅進項稅額5,100元,所有款項以銀行存款支付,固定資產已交付使用,要求做相關業務處理。

案例3.2.2-1解析:

由於非生產經營用固定資產涉及的進項稅額不能抵扣,為此本例中固定資產入帳價值=30,000+5,100=35,100(元)。編製如下購買分錄:

借:固定資產　　　　　　　　　　　　　　　　　35,100
　貸:銀行存款　　　　　　　　　　　　　　　　　　　35,100

B. 需安裝固定資產購入的處理

對於需安裝的固定資產,應將其購買成本先記入「在建工程」科目的借方,安裝過程中發生的安裝調試成本也應記入「在建工程」科目的借方,安裝完畢達到可使用狀態時,再將其成本轉入「固定資產」科目。

[案例3.2.2-2]

企業購買需安裝生產經營用固定資產一項,買價30,000元,增值稅進項稅額5,100元,款項以銀行存款支付,安裝過程中發生安裝支出2,000元,安裝完畢交付使用。要求做相關業務處理。

案例3.2.2-2解析:

購入時:

借:在建工程　　　　　　　　　　　　　　　　　30,000
　　應交稅費——應交增值稅(進項稅額)　　　　　5,100
　貸:銀行存款　　　　　　　　　　　　　　　　　　　35,100

支付安裝費:

借:在建工程　　　　　　　　　　　　　　　　　2,000
　貸:銀行存款　　　　　　　　　　　　　　　　　　　2,000

安裝完畢,交付使用:

該設備的成本=30,000+2,000=32,000(元)

借:固定資產　　　　　　　　　　　　　　　　　32,000
　貸:在建工程　　　　　　　　　　　　　　　　　　　32,000

C. 一筆款項購進多項無單獨標價固定資產的處理

企業以一筆款項購進多項沒有單獨標價的固定資產,應將總採購成本按各項固定資產公允價值的比例進行分配,分別確認單項固定資產的成本后予以入帳。

[案例3.2.2-3]

企業向萬華公司一次購入三臺不同型號生產設備A、B、C,增值稅發票上註明總價款1,000,000元,增值稅稅額170,000元,共發生包裝費等共計100,000元,所有款項均以銀行存款支付,假設A、B、C三臺設備的公允價值分別為500,000元、200,000元、300,000元。要求做相關業務處理。

案例3.2.2-3解析:

三臺固定資產的總成本＝1,000,000+100,000＝1,100,000（元）
A設備應分配的總成本比例＝500,000÷(500,000+200,000+300,000)＝50%
B設備應分配的總成本比例＝200,000÷(500,000+200,000+300,000)＝20%
C設備應分配的總成本比例＝300,000÷(500,000+200,000+300,000)＝30%
A設備應分配的總成本＝1,100,000×50%＝550,000（元）
B設備應分配的總成本＝1,100,000×20%＝220,000（元）
C設備應分配的總成本＝1,100,000×30%＝330,000（元）

借：固定資產——A設備　　　　　　　　　　　　　550,000
　　　　　　——B設備　　　　　　　　　　　　　220,000
　　　　　　——C設備　　　　　　　　　　　　　330,000
　　應交稅費——應交增值稅（進項稅額）　　　　170,000
　貸：銀行存款　　　　　　　　　　　　　　　1,270,000

（2）自建固定資產業務處理

自建固定資產是指企業自行建造房屋、建築物、各種設施以及進行大型機器設備的安裝工程（如大型生產線的安裝工程）等，包括固定資產新建工程、改擴建工程和大修理工程等。自建工程按其實施的方式不同可分為自營工程和出包工程兩種。

①自營工程的業務處理

自營工程，是指企業自行組織工程物資採購、自行組織施工人員施工的建築安裝工程。企業自營工程主要通過「工程物資」和「在建工程」等科目進行核算，具體包括工程物資的購買、領用，工程人員勞動報酬的分配、支付，工程貸款利息等其他費用處理及竣工驗收交付使用等相關業務。

[**案例3.2.2-4**]

企業自行建造廠房，購入為工程準備的各項物資，價款500,000元，增值稅率為17%，以銀行存款支付的款項全部用於工程建設，在施工過程中領用本企業生產用原材料一批，原價款1,000元，該材料購入時對應增值稅率為17%，同時領用本企業自產產品一批，該產品成本80,000元，市場計稅價格為100,000元，增值稅率為17%，工程人員應計工資100,000元。工程完工，交付使用。要求做相關業務處理。

案例3.2.2-4解析：

購入工程物資：

借：工程物資　　　　　　　　　　　　　　　　　585,000
　貸：銀行存款　　　　　　　　　　　　　　　　585,000

注意：按照稅法規定，購入工程物資產生的增值稅額不能抵扣，應將其計入工程物資採購成本。

領用工程物資：

借：在建工程　　　　　　　　　　　　　　　　　585,000
　貸：工程物資　　　　　　　　　　　　　　　　585,000

領用生產用原材料：

借：在建工程　　　　　　　　　　　　　　　　　　1,170

貸：原材料　　　　　　　　　　　　　　　　　　　　　　　　1,000
　　　　應交稅費——應交增值稅（進項稅額轉出）　　　　　　　　170
領用自產產品：
　　借：在建工程　　　　　　　　　　　　　　　　　　　　　　　97,000
　　貸：庫存商品　　　　　　　　　　　　　　　　　　　　　　　80,000
　　　　應交稅費——應交增值稅（銷項稅額）　　　　　　　　　17,000
說明：針對領用原材料和自產產品的增值稅處理請參見往來結算崗位所涉及業務處理中增值稅環節的具體講解。
分配工程人員工資：
　　借：在建工程　　　　　　　　　　　　　　　　　　　　　　　100,000
　　貸：應付職工薪酬——工資　　　　　　　　　　　　　　　　100,000
結轉完工成本：
該固定資產完工成本＝585,000+1,170+97,000+100,000＝783,170（元）
　　借：固定資產　　　　　　　　　　　　　　　　　　　　　　　783,170
　　貸：在建工程　　　　　　　　　　　　　　　　　　　　　　　783,170

②出包工程的業務處理

出包工程是指企業通過招標方式將工程項目發包給建造承包商，由建造承包商組織施工的建築安裝工程。企業採用出包方式進行的自建固定資產工程，其工程的具體支出在承包單位核算。在這種方式下，「在建工程」科目實際成為企業與承包單位的結算科目，企業將與承包單位結算的工程價款作為工程成本，通過「在建工程」科目核算。

[案例3.2.2-5]

　　企業將一幢廠房的修建工程出包給某建築公司承建，按工程進度和合同規定支付進度款1,500,000元，工程完工后，根據結算單據補付工程款500,000元，工程竣工驗收合格達到可使用狀態。

案例3.2.2-5解析：
按工程進度和合同規定支付進度款時：
　　借：在建工程　　　　　　　　　　　　　　　　　　　　　　　1,500,000
　　貸：銀行存款　　　　　　　　　　　　　　　　　　　　　　　1,500,000
補付工程款時：
　　借：在建工程　　　　　　　　　　　　　　　　　　　　　　　500,000
　　貸：銀行存款　　　　　　　　　　　　　　　　　　　　　　　500,000
竣工驗收合格達到可使用狀態時：
　　借：固定資產　　　　　　　　　　　　　　　　　　　　　　　2,000,000
　　貸：在建工程　　　　　　　　　　　　　　　　　　　　　　　2,000,000

【任務操作要求】

1. 學習並理解任務指導
2. 獨立完成給定業務核算

（1）企業購入不需安裝生產用設備一臺，買價200,000元，增值稅率為17%，發生運

輸費 3,000 元，運輸單位增值稅率為 11%，所有款項以銀行存款支付，設備交付使用。

（2）企業購入需安裝非生產經營設備一臺，買價為 200,000 元，增值稅率為 17%，發生運輸費 3,000 元，運輸單位增值稅率為 11%，所有款項以銀行存款支付。

（3）承第（2）題，以銀行存款支付設備安裝費 2,000 元。

（4）承第（2）、（3）題，設備安裝完畢，達到可使用狀態。

（5）企業自建廠房一幢，購入工程物資 300,000 元，對應增值稅率為 17%，全部用於工程建設，領用本企業生產水泥一批，實際生產成本 60,000 元，計稅價格 100,000 元，增值稅率為 17%，工程人員應計工資 200,000 元，以銀行存款支付其他相關費用 50,000 元，工程完工達到預定可使用狀態。要求做相關業務處理。

（6）企業委託某建築公司建設廠房一幢，開工時用銀行存款支付 300,000 元工程款，主體部分完工時用銀行存款支付 500,000 元工程款，工程完工，根據結算單據，用銀行存款補付 200,000 元工程款，工程完工達到預定可使用狀態。要求做相關業務處理。

子任務 2　固定資產折舊的核算

【任務目的】

通過完成本任務，使學生明確固定資產折舊的計提範圍，掌握計算折舊額的方法，以備在核算實務中熟練運用。

【任務指導】

1. 固定資產折舊的內涵

固定資產折舊是指固定資產在使用過程中，由於損耗而逐漸轉移到成本、費用中去的那部分價值，其概念基礎是權責發生制以及體現這一制度要求的配比原則，企業應根據固定資產的性質和使用情況，合理確定固定資產的使用壽命和預計淨殘值，再運用適宜的方法在會計期間計提折舊額。

2. 影響固定資產折舊額的因素

（1）固定資產原值

固定資產原值，是指固定資產的入帳成本。

（2）預計淨殘值

預計淨殘值，是指假定固定資產預計使用壽命已滿並處於使用壽命終了時的預期狀態，企業目前從該項資產處置中獲得的扣除預計處置費用後的金額。

（3）固定資產減值準備

這是指固定資產已計提的固定資產減值準備累計金額。

（4）固定資產使用壽命

這是指企業使用固定資產的預計期間，或該固定資產能生產產品或提供勞務的數量。

3. 計提折舊的範圍

（1）不提折舊的固定資產

除了以下情況外，企業應對所有固定資產計提折舊：

①已提足折舊仍繼續使用的固定資產；

②單獨計價入帳的土地；

（2）確定計提折舊範圍時的注意細則

①固定資產應按月計提折舊。當月增加的固定資產，當月不計提折舊，下月開始計提；當月減少的固定資產，當月仍計提折舊，下月起不再計提。

②固定資產提足折舊后，不論能否繼續使用，均不再計提折舊；提前報廢的固定資產，也不再補提折舊。

③已達到預計可使用狀態但尚未辦理竣工決算的固定資產，應當按照估計價值確定成本並計提折舊，待辦理竣工決算后，再按實際成本調整原來的暫估價值，但不需要調整原已計提的折舊額。

4. 固定資產折舊額的計算方法

企業計提固定資產折舊的方法包括年限平均法、工作量法、雙倍余額遞減法和年數總和法等，企業應當根據固定資產所含經濟利益預期實現方式選擇不同的方法，企業折舊方法不同，計提折舊額相差很大。

（1）年限平均法

年限平均法是指將固定資產的應計折舊額均衡地分攤到固定資產預定使用壽命內的一種方法。採用這種方法計算的每期折舊額相等。計算公式如下：

年折舊率 =（1 - 預計淨殘值率）÷ 預計使用壽命（年）×100%

月折舊率 = 年折舊率÷ 12

月折舊額 = 固定資產原價×月折舊率

[案例3.2.2-6]

企業有一幢廠房，原價3,000,000元，預計可使用20年，預計報廢時的淨殘值率為2%。要求計算其折舊率和折舊額。

案例3.2.2-6解析：

年折舊率 =（1-2%）÷ 20×100% = 4.9%

月折舊率 = 4.9%÷ 12 = 0.41%

月折舊額 =3,000,000×0.41% = 12,300（元）

（2）工作量法

工作量法是根據實際工作量計算每期應提折舊額的一種方法。計算公式如下：

單位工作量折舊額 = 固定資產原價×（1 - 預計淨殘值率）÷ 預計總工作量

某項固定資產月折舊額 = 該項固定資產當月工作量× 單位工作量折舊額

[案例3.2.2-7]

企業有一輛運輸汽車，原價400,000元，預計總行駛里程為400,000公里，預計報廢時的淨殘值率為3%，本月行駛2,000公里。要求計算其月折舊額。

案例3.2.2-7解析：

單位工作量折舊額 = 400,000×（1 - 3%）÷400,000 = 0.97（元/公里）

本月折舊額 =0.97×2,000 = 1,940（元）

（3）雙倍余額遞減法

雙倍余額遞減法是加速折舊法的一種，是在不考慮固定資產預計淨殘值的情況下，根據每期期初固定資產原價減去累計折舊后的余額和雙倍的年限平均法折舊率計算固定資產

折舊的一種方法。其計算公式如下：

年折舊率＝2÷預計使用壽命（年）×100%

月折舊率＝年折舊率÷12

月折舊額＝每月月初固定資產帳面淨值×月折舊率

注意：雙倍余額遞減法在固定資產使用的最后兩年要使用迴歸年限平均法，將帳面淨值扣除預計淨殘值后的余額平均攤銷。

[案例3.2.2-8]

企業某項固定資產原值為100,000元，預計使用年限為5年，預計淨殘值為2,000元，要求按雙倍余額遞減法計算每年折舊額。

案例3.2.2-8解析：

年折舊率＝2÷5×100%＝40%

第1年應計提的折舊額＝100,000×40%＝40,000（元）

第2年應計提的折舊額＝(100,000-40,000)×40%＝24,000（元）

第3年應計提的折舊額＝(100,000-40,000-24,000)×40%＝14,400（元）

第4、5年各自應計提的折舊額

＝(100,000-40,000-24,000-14,400-2,000)÷2＝9,800（元）

(4) 年數總和法

年數總和法也是加速折舊法的一種，是指將固定資產的原值減去預計淨殘值后的余額，乘以一個逐年遞減的分數計算每年的折舊額，這個分數的分子代表固定資產尚可使用年限，分母代表固定資產預計使用年限逐年數字總和。其計算公式如下：

年折舊率＝尚可使用年限÷預計使用年限總和×100%

月折舊率＝年折舊率÷12

月折舊額＝(固定資產原值-預計淨殘值)×月折舊率

[案例3.2.2-9]

企業某項固定資產原值為100,000元，預計使用年限為5年，預計淨殘值為2,000元，要求按年數總和法計算每年折舊額。

案例3.2.2-9解析：

年數總和＝1+2+3+4+5＝15

第1年應計提的折舊額＝(100,000-2,000)×(5/15)＝32,666.66（元）

第2年應計提的折舊額＝(100,000-2,000)×(4/15)＝26,133.33（元）

第3年應計提的折舊額＝(100,000-2,000)×(3/15)＝19,600（元）

第4年應計提的折舊額＝(100,000-2,000)×(2/15)＝13,066.67（元）

第5年應計提的折舊額＝(100,000-2,000)×(1/15)＝6,533.33（元）

5. 固定資產計提折舊的業務處理

企業應設置「累計折舊」科目核算計提的固定資產折舊，該科目為「固定資產」的備抵科目，貸方登記企業計提的固定資產折舊額，借方登記處置固定資產轉出的累計折舊額，期末余額在貸方，反應企業固定資產的累計折舊額。

企業計提固定資產折舊時，應根據固定資產的用途，借記「製造費用」「管理費用」

「銷售費用」等成本損益科目，貸記「累計折舊」科目。

[案例3.2.2-10]

企業計提本月固定資產折舊額，其中生產車間用固定資產計提折舊600,000元，管理部門用固定資產計提折舊400,000元，銷售部門用固定資產計提折舊200,000元。

案例3.2.2-10解析：

借：製造費用　　　　　　　　　　　　　　　　　　600,000
　　管理費用　　　　　　　　　　　　　　　　　　400,000
　　銷售費用　　　　　　　　　　　　　　　　　　200,000
　貸：累計折舊　　　　　　　　　　　　　　　　1,200,000

【任務操作要求】

1. 學習並理解任務指導
2. 獨立完成給定業務核算

（1）企業有一廠房，原價500,000元，預計可用20年，預計報廢時的淨殘值率為2%。用平均年限法計算每月應計提折舊額。

（2）企業有一機器設備，原價100,000元，預計可用10年，預計報廢時的淨殘值率為2%，採用平均年限法計提折舊。在使用2年後，計提減值準備60,000元，同時，使用年限縮短至8年。要求按平均年限法算出使用第3年的折舊額。

（3）甲公司對機器設備採用雙倍余額遞減法計提折舊，2010年12月20日，甲公司購入一臺不需要安裝的機器設備，價款為100,000元，增值稅為17,000元，另支付運輸費2,000元，包裝費1,000元，款項均以銀行存款支付，該設備即日起投入基本生產車間使用，預計使用年限5年，預計淨殘值為5,000元。要求計算2011、2012、2013、2014、2015這五年的年折舊額。

（4）甲公司對機器設備採用年數總和法計提折舊，2010年7月20日，甲公司購入一臺不需要安裝的機器設備，價款為100,000元，增值稅為17,000元，另支付運輸費2,000元，包裝費1,000元，款項均以銀行存款支付，該設備即日起投入基本生產車間使用，預計使用年限5年，預計淨殘值為5,000元。要求計算2010、2011、2012、2013、2014、2015這幾年每年的折舊額。

子任務3　固定資產后續支出的核算

【任務目的】

通過完成本任務，使學生明確固定資產后續支出的範圍，掌握固定資產修理、更新改造的業務處理方式，以備在核算實務中熟練運用。

【任務指導】

1. 固定資產后續支出的範圍

固定資產后續支出是固定資產經初始計量並入帳後又發生的與固定資產相關的支出，主要包括使用過程中產生的修理費用和更新改造支出，企業應根據其具體內容按收益性支出和資本性支出分別確認。

2. 核算業務框架

固定資產后續支出處理 { ①修理費用處理; ②更新改造支出處理 { 固定資產轉在建工程; 發生后續支出; 更新改造完畢重新入帳 } }

3. 固定資產修理費用處理

固定資產在使用過程中發生的修理費用，一般不符合資本化條件，應將其在發生時計入當期損益，根據固定資產用途記入「管理費用」「銷售費用」等科目。

[案例 3.2.2-11]

企業對管理部門使用的設備進行日常修理，發生修理費 2,000 元，用銀行存款支付。要求做相關業務處理。

案例 3.2.2-11 解析：

借：管理費用　　　　　　　　　　　　　　　　　2,000
　　貸：銀行存款　　　　　　　　　　　　　　　　　2,000

4. 固定資產更新改造支出處理

固定資產發生的更新改造支出，滿足固定資產確認條件的，應當計入固定資產成本，如有被替換部分，應同時將被替換部分價值從原帳面價值中扣除。其具體操作步驟如下：

第一步：將固定資產轉回在建工程

借：在建工程
　　累計折舊
　　貸：固定資產

第二步：去除淘汰部分價值

借：營業外支出
　　貸：在建工程

第三步：加上新增部分價值

借：在建工程
　　貸：工程物資（等）

第四步：改良完工，交付使用

借：固定資產
　　貸：在建工程

[案例 3.2.2-12]

企業對已使用 5 年的某廠房進行更新改造，該廠房原值 2,000,000 元，預計使用 20 年，採用年限平均法計提折舊。改造過程中拆除所有舊的門窗，門窗部分原始價值為 300,000 元，購買價值 500,000 元新門窗安裝上，發生安裝費 3,000 元，假設不考慮預計淨殘值和相關稅費的影響。要求做相關業務處理。

案例 3.2.2-12 解析：

（1）將固定資產轉入在建工程

借：在建工程		1,500,000
累計折舊		500,000
貸：固定資產		2,000,000

（2）去除淘汰部分價值

舊門窗價值包含在廠房原值中，在拆除時應將其已提折舊減去，拆除時門窗的價值＝300,000-(300,000÷20)×5＝225,000（元）

借：營業外支出		225,000
貸：在建工程		225,000

（3）加上新增部分價值

借：在建工程		503,000
貸：工程物資		500,000
銀行存款		3,000

（4）改良完工，交付使用

在去除淘汰部分價值，加上新增部分價值後，固定資產的入帳價值＝1,500,000-225,000+503,000＝1,778,000（元）

借：固定資產		1,778,000
貸：在建工程		1,778,000

【任務操作要求】

1. 學習並理解任務指導
2. 獨立完成給定業務核算

（1）企業本月對生產車間設備進行修理，發生修理費1,000元，對管理部門設備進行修理，發生修理費800元，對銷售部門設備進行修理，發生修理費200元，所有修理支出均以銀行存款支付。要求做相關業務處理。

（2）企業對已使用5年的某設備進行更新改造，該設備原值800,000元，預計使用10年，採用年限平均法計提折舊。改造過程中拆除原始價值為200,000元部件，購買價值300,000元新部件安裝上，發生安裝費2,000元，假設不考慮預計淨殘值和相關稅費的影響。要求做相關業務處理。

子任務4　固定資產處置的核算

【任務目的】

通過完成本任務，使學生明確固定資產處置的操作步驟，熟悉業務處理方式，以備在核算實務中熟練運用。

【任務指導】

1. 固定資產處置的含義

固定資產處置是指企業在生產經營過程中，終止固定資產使用，將其帳面價值註銷的行為。固定資產處置的具體內容包括：

（1）將不適用或不需用的固定資產對外出售轉讓；

（2）將因磨損、技術進步等原因造成的不適用固定資產報廢；

（3）因遭受自然災害等而對毀損的固定資產進行處理。

2. 固定資產處置業務處理涉及的主要科目

在固定資產處置業務中，企業應設置「固定資產清理」科目來核算處置過程中產生的收益和支出，該科目借方登記轉出固定資產帳面價值、清理過程中支付的相關稅費及其他費用，貸方登記清理活動中的收益，期末余額如在借方，反應清理造成的清理淨損失，期末余額如在貸方，反應清理帶來的淨收益。

3. 核算業務框架

固定資產處置業務 ｛ ①固定資產轉入清理 ②確認清理過程中經濟利益流入 ③確認清理過程中經濟利益流出 ④結轉清理淨損益

4. 固定資產轉入清理的業務處理

企業因出售、報廢、毀損、對外投資等原因轉出固定資產，應註銷其帳面價值，將其帳面價值轉入「固定資產清理」科目。

[案例3.2.2-13]

企業出售某固定資產，該固定資產原值800,000元，已計提折舊300,000元，未計提減值準備。要求做固定資產轉入清理的業務處理。

案例3.2.2-13解析：

借：固定資產清理　　　　　　　　　　　　　　　　500,000
　　累計折舊　　　　　　　　　　　　　　　　　　300,000
貸：固定資產　　　　　　　　　　　　　　　　　　800,000

5. 確認固定資產清理過程中產生經濟利益流入的業務處理

企業在清理過程獲得的經濟利益流入，應借記「銀行存款」等科目，貸記「固定資產清理」科目。

[案例3.2.2-14]

承案例3.2.2-13，企業該固定資產售價700,000元，已通過銀行收到價款。要求做相關業務處理。

案例3.2.2-14解析：

借：銀行存款　　　　　　　　　　　　　　　　　　700,000
　　貸：固定資產清理　　　　　　　　　　　　　　700,000

6. 確認固定資產清理過程中產生經濟利益流出的業務處理

企業在清理過程中支付的清理費用、確認的相關稅費等應借記「固定資產清理」科目，貸記「銀行存款」「應交稅費」等科目。

[案例3.2.2-15]

承案例3.2.2-13、案例3.2.2-14，企業出售該固定資產過程中用銀行存款支付清理費用2,000元，並按稅法規定確認應納營業稅35,000元。要求做相關業務處理。

案例3.2.2-15解析：

借：固定資產清理　　　　　　　　　　　　　　　　37,000

貸：銀行存款　　　　　　　　　　　　　　　　　　　　　　　2,000
　　　　應交稅費——應交營業稅　　　　　　　　　　　　　　　　35,000
　7. 結轉清理淨損益
　　在固定資產清理完成後，應確認清理造成的淨損益：如是清理淨損失，則將其由「固定資產清理」科目轉出，記入「營業外支出」科目；如是清理淨收益，則將其由「固定資產清理」科目轉出，記入「營業外收入」科目。

【案例3.2.2-16】
　　承案例3.2.2-13、案例3.2.2-14、案例3.2.2-15，清理結束，要求做結算清理淨損益的相關分錄。
　　案例3.2.2-16解析：
　　分析「固定資產清理」科目記錄情況：

固定資產清理

500,000	700,000
37,000	

　　「固定資產清理」余額在貸方，表示該次清理活動最終形成的是清理淨收益，應將其轉入「營業外收入」科目。

　　借：固定資產清理　　　　　　　　　　　　　　　　　　　　163,000
　　　貸：營業外收入　　　　　　　　　　　　　　　　　　　　　163,000

【任務操作要求】
　1. 學習並理解任務指導
　2. 獨立完成給定業務核算
　　企業因自然災害毀損廠房一幢，該廠房原價5,000,000元，已計提折舊3,000,000元，未計提減值準備；其殘料估計價值30,000元，殘料已按原材料入庫；發生清理費用20,000元，以銀行存款支付；按照保險合同規定及協商，保險公司賠償損失1,200,000元，賠償款尚未收到。假定不考慮相關稅費的影響，要求做相關業務核算。

任務3.2.2 小結

1. 固定資產取得業務中核算的重點
（1）外購固定資產：不同性質、用途的固定資產在購入時對於增值稅進項稅額的處理不同，需安裝和不需安裝固定資產的處理不同。
（2）自建固定資產：自營、出包業務處理方式不同。
2. 固定資產折舊核算的重點
年限平均法、工作量法、雙倍余額遞減法、年數總和法的操作細則。
3. 固定資產后續支出核算的重點
資本化支出和非資本化支出處理方式不同。

4. 固定資產處置業務核算的重點
固定資產淨損益的確認及轉銷。

任務 3.2.3　固定資產的期末處理

子任務 1　固定資產清查的核算

【任務目的】
通過完成本任務，使學生掌握對固定資產清查結果的處理方式，以備在核算實務中熟練運用。

【任務指導】
1. 固定資產清查的含義
固定資產清查是指從實物管理的角度對單位實際擁有的固定資產進行實物清查，並與固定資產進行帳務核對，確定盤盈、毀損、報廢及盤虧資產。固定資產清查的範圍主要包括土地、房屋及建築物、通用設備、專用設備、交通運輸設備等，要求各單位配合會計師事務所認真組織清查，原則上應定期或至少於每年年末對所有固定資產全面清查盤點。

2. 核算業務框架

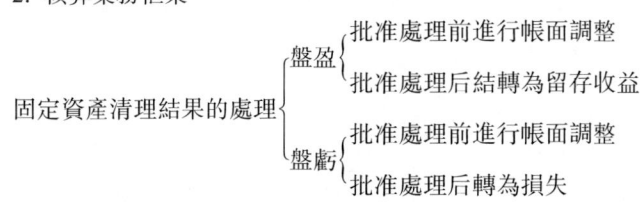

固定資產清理結果的處理
- 盤盈
  - 批准處理前進行帳面調整
  - 批准處理后結轉為留存收益
- 盤虧
  - 批准處理前進行帳面調整
  - 批准處理后轉為損失

3. 固定資產盤盈的處理
對於固定資產的盤盈，按照會計準則相關規定，應將其作為前期差錯進行處理。在報批前應先按重置成本確認入帳價值，並通過「以前年度損益調整」科目進行調整。報批后應計算所得稅費用，將稅后金額結轉為留存收益。

（1）批准處理前帳面調整

[案例 3.2.3-1]
企業在財產清查過程中發現上一年 12 月購入的一臺設備尚未入帳，重置成本為 50,000 元（假定與其計稅基礎不存在差異）。要求做入帳的相關業務處理。
案例 3.2.3-1 解析：
借：固定資產　　　　　　　　　　　　　　　　　　　　　　　　　50,000
　　貸：以前年度損益調整　　　　　　　　　　　　　　　　　　　　　　50,000

（2）計算應納所得稅費用

[案例 3.2.3-2]
承案例 3.2.3-1，企業所得稅率為 25%，要求做計算應納所得稅費用的業務處理。
案例 3.2.3-2 解析：
借：以前年度損益調整　　　　　　　　　　　　　　　　　　　　　　12,500

貸：應交稅費——應交企業所得稅　　　　　　　　　　　　　　　　　12,500
（3）結轉留存收益
[案例 3.2.3-3]
　　承案例 3.2.3-1、案例 3.2.3-2，假定企業按淨利潤的 10% 計提法定盈余公積，不考慮其他因素影響。要求做結轉留存收益的業務處理。
　　案例 3.2.3-3 解析：
　　借：以前年度損益調整　　　　　　　　　　　　　　　　　　　　　37,500
　　　　貸：盈余公積——法定盈余公積　　　　　　　　　　　　　　　　3,750
　　　　　　利潤分配——未分配利潤　　　　　　　　　　　　　　　　 33,750
4. 固定資產盤虧的處理
　　企業對盤虧的固定資產，應先按其帳面價值通過「待處理財產損溢」科目進行調整，待按管理權限報經批准後，將可收回的賠償額記入「其他應收款」科目，其余損失轉入「營業外支出」科目。
（1）批准處理前帳面調整
[案例 3.2.3-4]
　　企業在財產清查中發現短缺固定資產一項，該項固定資產原值為 20,000 元，已提折舊 12,000 元。要求做報批處理前的相關業務處理。
　　案例 3.2.3-4 解析：
　　借：待處理財產損溢　　　　　　　　　　　　　　　　　　　　　　 8,000
　　　　累計折舊　　　　　　　　　　　　　　　　　　　　　　　　　12,000
　　　　貸：固定資產　　　　　　　　　　　　　　　　　　　　　　　20,000
（2）批准後處理
[案例 3.2.3-5]
　　承案例 3.2.3-4，經查，該項固定資產是由於使用人王洪保管不善而丟失，按規定，由王某賠償 5,000 元，其余損失由企業承擔。要求做報批處理前的相關業務處理。
　　案例 3.2.3-5 解析：
　　借：其他應收款——王洪　　　　　　　　　　　　　　　　　　　　 5,000
　　　　營業外支出　　　　　　　　　　　　　　　　　　　　　　　　 3,000
　　　　貸：待處理財產損溢　　　　　　　　　　　　　　　　　　　　 8,000

【任務操作要求】
1. 學習並理解任務指導
2. 獨立完成給定業務核算
（1）企業在財產清查中，發現上一年購入的一臺設備尚未入帳，重置成本為 30,000 元，企業所得稅率為 25%，企業按 10% 計提法定盈余公積，要求做相關盤盈處理。
（2）企業進行財產清查時發現短缺筆記本一臺，原價 12,000 元，已提折舊 8,000 元，報批后轉入營業外支出。

子任務2 固定資產減值準備的計提

【任務目的】

通過完成本任務，使學生明確固定資產減值準備的計提方式，以備在核算實務中熟練運用。

【任務指導】

1. 固定資產減值準備的含義

固定資產發生損壞、技術陳舊或者其他經濟原因，導致其可收回金額低於其帳面價值，這種情況稱為固定資產減值。如果固定資產的可收回金額低於其帳面價值，應當按可收回金額低於其帳面價值的差額計提減值準備，並計入當期損益。

2. 涉及主要科目

企業計提固定資產減值準備應設置「固定資產減值準備」科目進行核算，該科目為「固定資產」科目的備抵科目，貸方反應企業計提的固定資產減值準備，借方反應企業因出售、毀損等原因進行固定資產清理時轉出的固定資產減值準備。

3. 計提固定資產減值準備的業務處理

固定資產在報表日存在可能發生減值的跡象時，其可收回金額低於帳面價值的，應將其帳面價值減記至可收回金額，借記「資產減值損失」科目，貸記「固定資產減值準備」科目。

[案例3.2.3-6]

企業在報表日，確認某固定資產存在減值跡象，經評估，其可收回金額為1,000,000元，該固定資產帳面價值為1,600,000元。要求做計提固定資產減值準備的業務處理。

案例3.2.3-6解析：

該固定資產應確認的減值損失＝1,600,000-1,000,000＝600,000（元）

借：資產減值損失　　　　　　　　　　　　　　　　　600,000
　　貸：固定資產減值準備　　　　　　　　　　　　　　600,000

注意：固定資產減值損失一經確認，在以後會計期間不得轉回。

【任務操作要求】

1. 學習並理解任務指導

2. 獨立完成給定業務核算

企業的某生產線存在可能發生減值的跡象。經計算，該機器的可收回金額合計為1,320,000元，帳面價值為1,600,000元。要求做計提減值準備的分錄。

任務3.2.3 小結

1. 固定資產清查結果處理重點：注意盤盈和盤虧處理方式不同。

2. 固定資產減值準備計提業務重點：注意固定資產減值損失一經確認，在以後會計期間不得轉回。

項目 3.3　投資性房地產的核算

【項目介紹】

本項目內容以《企業會計準則第 3 號——投資性房地產》及《企業會計準則第 3 號——投資性房地產》應用指南為指導，主要介紹企業投資性房地產項目的核算方法，要求學生通過學習，對投資性房地產的概念、特徵有所認知，把握投資性房地產的業務核算內容，通過任務處理，進一步演練借貸記帳法，為會計實務工作打下基礎。

【項目實施標準】

本項目通過完成 3 項具體任務來實施，具體任務內容結構如表 3.3-1 所示：

表 3.3-1　　　　　　「投資性房地產的核算」項目任務細分表

任務	子任務
任務 3.3.1　投資性房地產核算基本認知	—
任務 3.3.2　成本模式計量下投資性房地產業務處理	—
任務 3.3.3　公允價值模式計量下投資性房地產業務處理	—

任務 3.3.1　投資性房地產核算基本認知

【任務目的】

通過完成本任務，使學生瞭解投資性房地產的概念、特徵，為學習後續核算內容打下理論基礎。

【任務指導】

1. 投資性房地產的概念

投資性房地產，是指為賺取租金或使資本增值，或兩者兼有而持有的房地產。

2. 投資性房地產的確認條件

（1）與該投資性房地產有關的經濟利益很可能流入企業；

（2）該投資性房地產的成本能夠可靠地計量。

3. 投資性房地產的核算範圍

（1）屬於投資性房地產核算範圍的項目

①已出租的土地使用權

已出租的土地使用權是指企業通過出讓或轉讓方式取得，並以經營租賃方式出租的土地使用權。

②持有並準備在增值后轉讓的土地使用權

持有並準備在增值后轉讓的土地使用權是指企業取得的、準備在增值后轉讓的土地使用權。

注意：按照國家有關規定認定的閒置土地，不屬於持有並準備在增值后轉讓的土地使用權，不能按投資性房地產進行核算。

③已出租的建築物

已出租的建築物是指企業擁有產權的以經營租賃方式出租的建築物，包括自行建造或開發活動完成后用於出租的建築物。

（2）不屬於投資性房地產核算範圍的項目

①自用房地產

自用房地產是企業為生產商品、提供勞務或者經營管理而持有的房地產，如企業生產經營用的廠房、辦公樓、土地使用權。

②作為存貨的房地產

作為存貨的房地產，是指房地產開發企業在正常經營過程中銷售或為銷售而正在開發的土地和商品房。

注意：在實務中，存在某項房地產部分自用或作為存貨出售、部分用於賺取租金或資本增值的情形，企業應根據具體應用情況進行劃分，對不同的部分按不同的項目進行核算。

4. 投資性房地產的計量

（1）初始計量

投資性房地產應當按照成本進行初始計量：

①外購投資性房地產的成本，包括購買價款、相關稅費和可直接歸屬於該資產的其他支出；

②自行建造投資性房地產的成本，由建造該項資產達到預定可使用狀態前所發生的必要支出構成；

③以其他方式取得的投資性房地產的成本，按照相關會計準則的規定確定。

（2）后續計量

投資性房地產的后續計量有成本模式和公允價值模式兩種：

①成本模式

採用成本模式計量的建築物的后續計量，同會計準則規定的固定資產的后續計量方式；採用成本模式計量的土地使用權的后續計量，同會計準則規定的無形資產的后續計量方式。

②公允價值模式

有確鑿證據表明投資性房地產的公允價值能夠持續可靠取得的，可以對投資性房地產採用公允價值模式進行后續計量。採用公允價值模式計量的，應當同時滿足下列條件：

A. 投資性房地產所在地有活躍的房地產交易市場；

B. 企業能夠從房地產交易市場上取得同類或類似房地產的市場價格及其他相關信息，從而對投資性房地產的公允價值做出合理的估計。

採用公允價值模式計量的，不對投資性房地產計提折舊或進行攤銷，應當以資產負債

表日投資性房地產的公允價值為基礎調整其帳面價值，公允價值與原帳面價值之間的差額計入當期損益。

注意：同一企業只能採用一種模式對所有投資性房地產進行后續計量，不得同時採用兩種計量模式；企業對投資性房地產的計量模式一經確定，不得隨意變更。成本模式轉為公允價值模式的，應當作為會計政策變更，按照《企業會計準則第 28 號——會計政策、會計估計變更和差錯更正》處理，已採用公允價值模式計量的投資性房地產，不得從公允價值模式轉為成本模式。

5. 投資性房地產的轉換

企業有確鑿證據表明房地產用途發生改變，滿足下列條件之一的，應當將投資性房地產轉換為其他資產或者將其他資產轉換為投資性房地產：

（1）投資性房地產開始自用；
（2）作為存貨的房地產，改為出租；
（3）自用土地使用權停止自用，用於賺取租金或資本增值；
（4）自用建築物停止自用，改為出租。

當存在轉換情況時，企業應按所採取投資性房地產的后續計量模式標準進行相應處理。

6. 投資性房地產的披露

按照會計準則規定，企業應當在附註中披露與投資性房地產有關的下列信息：
（1）投資性房地產的種類、金額和計量模式；
（2）採用成本模式的，投資性房地產的折舊或攤銷，以及減值準備的計提情況；
（3）採用公允價值模式的，公允價值的確定依據和方法，以及公允價值變動對損益的影響；
（4）投資性房地產轉換情況、理由，以及對損益或所有者權益的影響；
（5）當期處置的投資性房地產及其對損益的影響。

【任務操作要求】
學習並理解任務指導。

任務 3.3.2　成本模式計量下投資性房地產業務處理

【任務目的】
通過完成本任務，使學生明確成本模式計量下投資性房地產核算科目設置情況，掌握相關業務處理方式，以備在核算實務中熟練運用。

【任務指導】
1. 科目設置

在成本模式計量下，投資性房地產的業務處理方式偏向於固定資產或無形資產的處理方式，需設置「投資性房地產」「投資性房地產累計折舊」「投資性房地產累計攤銷」「投資性房地產減值準備」等專用科目進行核算。

(1) 投資性房地產

在成本模式計量下，企業應設置「投資性房地產」科目核算投資性房地產的原始價值（原價），該科目為資產類，借方登記企業增加的投資性房地產原值，貸方登記企業減少的投資性房地產原值，期末餘額在借方，反應企業期末投資性房地產的帳面原價。

(2) 投資性房地產累計折舊

在成本模式計量下，企業對投資性房地產中的建築物應按規定計提折舊，折舊額計入「投資性房地產累計折舊」科目中，該科目為「投資性房地產」的備抵科目，貸方登記企業計提的投資性房地產折舊額，借方登記處置投資性房地產轉出的累計折舊額，期末餘額在貸方，反應企業投資性房地產的累計折舊額。

(3) 投資性房地產累計攤銷

在成本模式計量下，企業對投資性房地產中的土地使用權價值應按規定進行攤銷，攤銷額計入「投資性房地產累計攤銷」科目中，該科目為「投資性房地產」的備抵科目，貸方登記企業計提的投資性房地產攤銷額，借方登記處置投資性房地產轉出的累計攤銷額，期末餘額在貸方，反應企業投資性房地產的累計攤銷額。

(4) 投資性房地產減值準備

在成本模式計量下，如果投資性房地產期末的可收回金額低於其帳面價值，應當按可收回金額低於其帳面價值的差額計提減值準備，並計入當期損益。企業計提投資性房地產減值準備應設置「投資性房地產減值準備」科目進行核算，該科目為「投資性房地產」科目的備抵科目，貸方反應企業計提的投資性房地產減值準備，借方反應企業處置投資性房地產時轉出的減值準備。

2. 核算業務框架

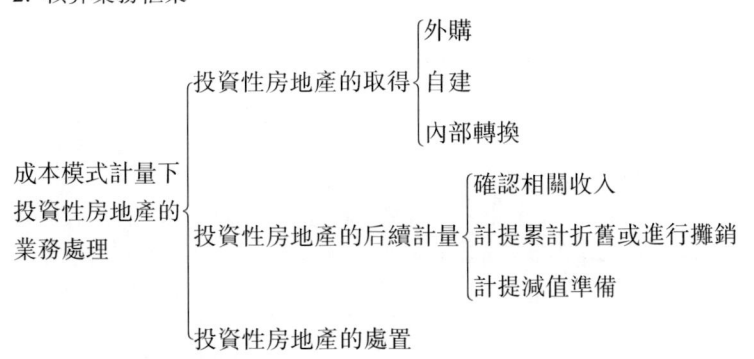

成本模式計量下投資性房地產的業務處理
- 投資性房地產的取得
  - 外購
  - 自建
  - 內部轉換
- 投資性房地產的後續計量
  - 確認相關收入
  - 計提累計折舊或進行攤銷
  - 計提減值準備
- 投資性房地產的處置

3. 投資性房地產的取得業務處理

(1) 外購的投資性房地產

在成本模式計量下，企業外購的投資性房地產，應按購買價款、相關稅費和可直接歸屬於該資產的其他支出確認初始成本，借記「投資性房地產」科目，貸記「銀行存款」等科目。基本分錄如下：

借：投資性房地產　　　　　　　　　　[投資性房地產的購買成本]
　　貸：銀行存款　　　　　　　　　　[投資性房地產的購買成本]

（2）自建的投資性房地產

在成本模式計量下，企業自建的投資性房地產，應按建造該項房地產達到預定可使用狀態前發生的土地開發費、建築成本、安裝成本、應予資本化的借款費用、支付的其他費用、分攤的間接費用等必要支出確認初始成本，借記「投資性房地產」科目，貸記「在建工程」等科目。基本分錄如下：

① 確認建設成本

借：在建工程　　　　　　　　　　　　　［投資性房地產的各項建設成本］
　　貸：工程物資（或應付職工薪酬、銀行存款等）［投資性房地產的各項建設成本］

② 建設完工確認投資性房地產初始入帳成本

借：投資性房地產　　　　　　　　　　　［投資性房地產的總建設成本］
　　貸：在建工程　　　　　　　　　　　　［投資性房地產的總建設成本］

（3）內部轉換形成的投資性房地產

① 存貨轉換為投資性房地產

在成本計量模式下，企業將作為存貨的房地產轉換為投資性房地產，應按該項存貨在轉換日的帳面價值，借記「投資性房地產」科目，貸記「開發產品」科目，已計提存貨跌價準備的，還應當同時結轉存貨跌價準備。

[案例3.3.2-1]

甲企業是從事房地產開發業務的企業，某年3月甲企業與乙企業簽訂了租賃協議，將一棟開發好的寫字樓出租給乙企業使用，租賃開始日為次月1日。該寫字樓帳面餘額為80,000,000元，已計提5,000,000元存貨跌價準備，轉換後採用成本模式計量。要求做相關業務處理。

案例3.3.2-1解析：

借：投資性房地產　　　　　　　　　　　75,000,000
　　存貨跌價準備　　　　　　　　　　　 5,000,000
　　貸：開發產品　　　　　　　　　　　　80,000,000

② 自用房地產轉換為投資性房地產

在成本計量模式下，企業將自用的建築物等轉換為投資性房地產的，應當按照其在轉換日的原價、累計折舊、減值準備等，分別轉入「投資性房地產」「投資性房地產累計折舊」「投資性房地產減值準備」等科目。

[案例3.3.2-2]

企業將一自用建築物對外出租，出租時該建築物的成本為30,000,000元，已提折舊5,000,000元，已提減值準備2,000,000元，轉換後採用成本模式計量。要求做相關業務處理。

案例3.3.2-2解析：

借：投資性房地產　　　　　　　　　　　30,000,000
　　累計折舊　　　　　　　　　　　　　 5,000,000
　　固定資產減值準備　　　　　　　　　 2,000,000
　　貸：固定資產　　　　　　　　　　　　30,000,000

投資性房地產累計折舊	5,000,000
投資性房地產減值準備	2,000,000

4. 投資性房地產的后續計量

在成本計量模式下，投資性房地產的后續計量包括確認租金等相關收入、計提累計折舊（或進行攤銷）、計提減值準備等業務。租金等收入一般借記「銀行存款」等科目，貸記「其他業務收入」等科目；按期計提累計折舊（或進行攤銷）時，借記「其他業務成本」等科目，貸記「投資性房地產累計折舊」科目或「投資性房地產累計攤銷」科目；當投資性房地產存在減值跡象，經減值測試后確定發生減值的，應當計提減值準備，借記「資產減值損失」科目，貸記「投資性房地產減值準備」科目。

[案例3.3.2-3]

企業確認一棟出租辦公樓為投資性房地產，採用成本模式進行后續計量，該辦公樓的初始成本為90,000,000元，按照年限平均法計提折舊，使用壽命為20年，假設不考慮淨殘值。按照經營租賃合同，承租方每月支付租金50,000元，當年12月，該辦公樓出現減值跡象，經減值測試，應計提減值準備8,000,000元。要求做相關業務處理。

案例3.3.2-3解析：

每月計提折舊：

該辦公樓每月折舊額＝90,000,000÷20÷12＝375,000（元）

借：其他業務成本	375,000
貸：投資性房地產累計折舊	375,000

每月確認租金收入：

借：銀行存款	50,000
貸：其他業務收入	50,000

計提減值準備：

借：資產減值損失	8,000,000
貸：投資性房地產減值準備	8,000,000

5. 投資性房地產處置業務處理

在成本模式計量下，處置投資性房地產時，應按實際收到的金額，借記「銀行存款」等科目，貸記「其他業務收入」科目。按該項投資性房地產的累計折舊或累計攤銷，借記「投資性房地產累計折舊（攤銷）」科目，按該項投資性房地產的帳面餘額，貸記本科目，按其差額，借記「其他業務成本」科目。已計提減值準備的，還應同時結轉減值準備。

[案例3.3.2-4]

企業確認一棟出租辦公樓為投資性房地產，採用成本模式進行后續計量，該辦公樓的初始成本為90,000,000元，按照年限平均法計提折舊，已提折舊50,000,000元，未提減值準備，租期屆滿，企業將該辦公樓出售給承租方，合同價款為60,000,000元，款項收存銀行。假定不考慮相關稅費影響，要求做相關業務處理。

案例3.3.2-4解析：

確認處置收入：

借：銀行存款　　　　　　　　　　　　　　　　　60,000,000
　　　　貸：其他業務收入　　　　　　　　　　　　　　60,000,000
結轉處置成本：
　　借：其他業務成本　　　　　　　　　　　　　　　40,000,000
　　　　投資性房地產累計折舊　　　　　　　　　　　50,000,000
　　　　貸：投資性房地產　　　　　　　　　　　　　90,000,000

【任務操作要求】
1. 學習並理解任務指導
2. 獨立完成給定業務核算

　　企業將一棟自用辦公樓出租給A公司使用，租期3年，從而將該辦公樓由固定資產轉為投資性房地產，後續計量採用成本模式計量，轉換時，該辦公樓帳面原值100,000,000元，已提折舊30,000,000元，已提減值準備1,000,000元，A公司每年末用銀行存款支付租金600,000元，該辦公樓每年計提折舊5,000,000元，租期滿，將該辦公樓出售給A公司，合同價款65,000,000元，款項收存銀行。假定不考慮相關稅費影響，要求做相關業務處理。

任務3.3.3　公允價值模式計量下投資性房地產業務處理

【任務目的】
　　通過完成本任務，使學生明確公允價值模式計量下投資性房地產核算科目設置情況，掌握相關業務處理方式，以備在核算實務中熟練運用。

【任務指導】
1. 科目設置
　　企業對投資性房地產採用公允價值模式進行後續計量的，不計提折舊或進行攤銷，企業應當以資產負債表日的公允價值為基礎，調整其帳面餘額，主要設置「投資性房地產」「公允價值變動損益」「其他綜合收益」等科目進行核算。

（1）投資性房地產
　　在公允價值模式計量下，「投資性房地產」科目需設置「投資性房地產——成本」「投資性房地產——公允價值變動」明細科目進行核算。「投資性房地產——成本」借方登記企業投資性房地產的取得成本，貸方登記處置投資性房地產時結轉的成本；「投資性房地產——公允價值變動」在日常核算中，借方登記資產負債表日其公允價值高於帳面餘額的差額，貸方登記資產負債表日其公允價值低於帳面餘額的差額，在處置投資性房地產時，要將其進行轉銷。

（2）公允價值變動損益
　　在公允價值模式計量下，「公允價值變動損益」科目核算企業投資性房地產公允價值變動而形成的應計入當期損益的利得和損失。「公允價值變動損益」科目的借方登記資產負債表日企業投資性房地產公允價值低於帳面餘額的差額，貸方登記資產負債表日企業投資性房地產公允價值高於帳面餘額的差額，在處置投資性房地產時，要將其進行轉銷。

(3) 其他綜合收益

在公允價值模式計量下,「其他綜合收益」科目核算企業投資性房地產公允價值變動而形成的應計入所有者權益的利得或損失等。「其他綜合收益」科目貸方登記內部轉換形成投資性房地產在轉換日公允價值與帳面值的貸方差額,借方登記在處置投資性房地產時,轉銷的其他綜合收益。

2. 核算業務框架

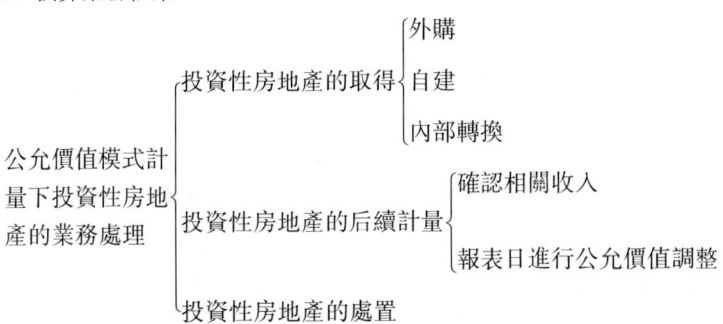

公允價值模式計量下投資性房地產的業務處理
- 投資性房地產的取得
  - 外購
  - 自建
  - 內部轉換
- 投資性房地產的後續計量
  - 確認相關收入
  - 報表日進行公允價值調整
- 投資性房地產的處置

3. 投資性房地產的取得業務處理

(1) 外購的投資性房地產

在公允價值模式計量下,企業外購的投資性房地產,應按購買價款、相關稅費和可直接歸屬於該資產的其他支出確認初始成本,借記「投資性房地產——成本」科目,貸記「銀行存款」等科目。基本分錄如下:

借:投資性房地產——成本　　　　　　[投資性房地產的購買成本]
　　貸:銀行存款　　　　　　　　　　[投資性房地產的購買成本]

(2) 自建的投資性房地產

在公允價值模式計量下,企業自建的投資性房地產,應按建造該項房地產達到預定可使用狀態前發生的土地開發費、建築成本、安裝成本、應予資本化的借款費用、支付的其他費用、分攤的間接費用等必要支出確認初始成本,借記「投資性房地產——成本」科目,貸記「在建工程」等科目。基本分錄如下:

①確認建設成本

借:在建工程　　　　　　　　　　　　[投資性房地產的各項建設成本]
　　貸:工程物資(或應付職工薪酬、銀行存款等)　[投資性房地產的各項建設成本]

②建設完工確認投資性房地產初始入帳成本

借:投資性房地產——成本　　　　　　[投資性房地產的總建設成本]
　　貸:在建工程　　　　　　　　　　[投資性房地產的總建設成本]

(3) 內部轉換形成的投資性房地產

①存貨轉換為投資性房地產

在公允價值計量模式下,企業將作為存貨的房地產轉換為投資性房地產,應按該項存貨在轉換日的公允價值,借記「投資性房地產——成本」科目,按其帳面餘額貸記「開發產品」科目,其差額如果是借方差額,應借記「公允價值變動損益」科目,如果是貸

方差額，應貸記「其他綜合收益」科目。

[案例 3.3.3-1]

甲企業是從事房地產開發業務的企業，某年 3 月甲企業與乙企業簽訂了租賃協議，將一棟開發好的寫字樓出租給乙企業使用，租賃開始日為次月 1 日。該寫字樓帳面價值為 80,000,000 元，未計提跌價準備，在轉換日，其公允價值為 80,500,000 元。要求做相關業務處理。

案例 3.3.3-1 解析：

借：投資性房地產——成本　　　　　　　　　　　　80,500,000
　貸：開發產品　　　　　　　　　　　　　　　　　　80,000,000
　　　其他綜合收益　　　　　　　　　　　　　　　　　　500,000

②自用房地產轉換為投資性房地產

在公允價值計量模式下，企業將自用的建築物等轉換為投資性房地產的，應按其在轉換日的公允價值，借記「投資性房地產——成本」，按照已計提的累計折舊等，借記「累計折舊」等科目，按其帳面余額，貸記「固定資產」等科目，按其差額，貸記「其他綜合收益」科目（貸方余額情況下）或借記「公允價值變動損益」科目（借方余額情況下）。已計提固定資產減值準備的，還應同時結轉固定資產減值準備。

[案例 3.3.3-2]

企業將一自用建築物對外出租，出租時，該建築物的成本為 30,000,000 元，已提折舊 5,000,000 元，轉換後採用公允價值模式計量，轉換當日，該建築物公允價值為 23,000,000 元。要求做相關帳務處理。

案例 3.3.3-2 解析：

借：投資性房地產——成本　　　　　　　　　　　　23,000,000
　　累計折舊　　　　　　　　　　　　　　　　　　　5,000,000
　　公允價值變動損益　　　　　　　　　　　　　　　2,000,000
　貸：固定資產　　　　　　　　　　　　　　　　　　30,000,000

4. 投資性房地產的后續計量

在公允價值計量模式下，投資性房地產的后續計量包括確認租金等相關收入及報表日公允價值調整等業務。租金等收入一般借記「銀行存款」等科目，貸記「其他業務收入」等科目；報表日公允價值調整，如果投資性房地產的公允價值高於其帳面余額的差額，借記「投資性房地產——公允價值變動」科目，貸記「公允價值變動損益」科目，如果公允價值低於帳面余額則做相反分錄。

[案例 3.3.3-3]

企業某項投資性房地產帳面值 60,000,000 元，資產負債表日，該項投資性房地產公允價值為 60,800,000 元。要求做相關帳務處理。

案例 3.3.3-3 解析：

借：投資性房地產——公允價值變動　　　　　　　　　　800,000
　貸：公允價值變動損益　　　　　　　　　　　　　　　　800,000

說明：按照會計準則規定，只有當有確鑿證據表明投資性房地產的公允價值能夠持續

可靠取得且能滿足採用公允價值模式條件的情況下，才允許企業對投資性房地產從成本模式計量變更為公允價值模式計量。成本模式轉為公允價值模式的，應當作為會計政策變更處理，將計量模式變更時公允價值與帳面價值之間的差額，調整為期初留存收益。已採用公允價值模式計量的投資性房地產，不得從公允價值模式轉為成本模式。

5. 投資性房地產的處置

在公允價值模式計量下，企業處置投資性房地產，應按實際收到的金額，借記「銀行存款」等科目，貸記「其他業務收入」科目；按該項投資性房地產的帳面餘額，借記「其他業務成本」科目，按照其成本，貸記「投資性房地產——成本」科目，按照其累計公允價值變動，借記或貸記「投資性房地產——公允價值變動」科目；同時，將「公允價值變動損益」科目金額轉為「其他業務成本」科目；如果存在原轉換計入「其他綜合收益」科目的金額，也一併轉入「其他業務成本」科目。

[案例3.3.3-4]

企業確認一棟出租辦公樓為投資性房地產，採用公允價值模式進行後續計量，租期屆滿，企業將該辦公樓出售給承租方，該辦公樓的初始成本為80,000,000元，公允價值變動為借方6,000,000元，合同價款為90,000,000元，款項收存銀行。假定不考慮相關稅費影響，要求做相關業務處理。

案例3.3.3-4解析：

取得處置收入：

借：銀行存款　　　　　　　　　　　　　　　　　90,000,000
　　貸：其他業務收入　　　　　　　　　　　　　　　90,000,000

結轉處置成本：

借：其他業務成本　　　　　　　　　　　　　　　86,000,000
　　貸：投資性房地產——成本　　　　　　　　　　80,000,000
　　　　　　　　　　——公允價值變動　　　　　　 6,000,000

結轉投資性房地產累計公允價值變動：

借：公允價值變動損益　　　　　　　　　　　　　 6,000,000
　　貸：其他業務成本　　　　　　　　　　　　　　 6,000,000

【任務操作要求】

1. 學習並理解任務指導
2. 獨立完成給定業務核算

企業將一棟自用辦公樓出租給A公司使用，租期3年，從而將該辦公樓由固定資產轉為投資性房地產，後續計量採用公允價值模式計量，轉換時，該辦公樓帳面原值100,000,000元，已提折舊30,000,000元，已提減值準備1,000,000元，轉換當日該辦公樓公允價值為60,000,000元。

A公司每年末用銀行存款支付租金600,000元，租期滿，該辦公樓公允價值變動為借方餘額800,000元，將該辦公樓出售給A公司，合同價款65,000,000元，款項收存銀行。假定不考慮相關稅費影響，要求做相關業務處理。

項目 3.3 小結

投資性房地產採用成本模式計量和公允價值模式計量的主要區別如表 3.3-2 所示：

表 3.3-2

區別項目	成本模式計量	公允價值模式計量
①「投資性房地產」二級科目的設置	可根據投資性房地產的具體表現形式設置	應設置「投資性房地產——成本」「投資性房地產——公允價值變動」二級科目
②「投資性房地產」科目的初始價值	投資性房地產獲得日的實際成本	投資性房地產獲得日的公允價值
③「投資性房地產」后續主要業務	確認相關收入、計提折舊或進行攤銷、計提減值準備	確認相關收入、在報表日對公允價值進行調整
④「投資性房地產」處置業務內容	確認相關收入、按實際成本結轉相關成本	確認相關收入、按處置時公允價值結轉成本、結轉之前確認的公允價值變動損益和其他綜合收益

項目 3.4　無形資產的核算

【項目介紹】

本項目內容以《企業會計準則第 6 號——無形資產》及《企業會計準則第 6 號——無形資產》應用指南為指導，主要介紹企業無形資產項目的核算方法，要求學生通過學習，對無形資產的概念、特徵有所認知，把握無形資產的業務核算內容，通過任務處理，進一步演練借貸記帳法，為會計實務工作打下基礎。

【項目實施標準】

本項目通過完成 3 項具體任務來實施，具體任務內容結構如表 3.4-1 所示：

表 3.4-1　　　　　　　「無形資產的核算」項目任務細分表

任務	子任務
任務 3.4.1　無形資產核算基本認知	—
任務 3.4.2　無形資產業務處理	—

任務 3.4.1　無形資產核算基本認知

【任務目的】

通過完成本任務，使學生瞭解無形資產的概念、特徵，為學習后續核算內容打下理論

基礎。

【任務指導】

1. 無形資產的概念

無形資產，是指企業擁有或者控制的沒有實物形態的可辨認非貨幣性資產。

2. 無形資產的可辨認標準

（1）能夠從企業中分離或者劃分出來，並能單獨或者與相關合同、資產或負債一起，用於出售、轉讓、授予許可、租賃或者交換；

（2）源自合同性權利或其他法定權利，無論這些權利是否可以從企業或其他權利和義務中轉移或者分離。

注意：商譽的存在無法與企業自身分離，不具有可辨認性，不屬於無形資產。

3. 無形資產的確認條件

（1）與該無形資產有關的經濟利益很可能流入企業；

（2）該無形資產的成本能夠可靠地計量。

4. 無形資產的內容

無形資產主要包括專利權、非專利技術、商標權、著作權、土地使用權和特許權等。

（1）專利權

專利權，簡稱「專利」，是發明創造人或其權利受讓人對特定的發明創造在一定期限內依法享有的獨占實施權，包括發明專利權、實用新型專利權和外觀設計專利權，專利權是知識產權的一種，在中國，專利權受到《中華人民共和國專利法》保護。專利權的性質主要體現在三個方面：排他性、時間性和地域性。排他性，也稱獨占性或專有性。專利權人對其擁有的專利權享有獨占或排他的權利，未經其許可或者出現專利權法律規定的特殊情況，任何人不得使用，否則即構成侵權。這是專利權（知識產權）最重要的法律特點之一。

（2）非專利技術

非專利技術又稱「專有技術」，是指不為外界所知的技術知識，如獨特的設計、造型、配方、計算公式、軟件包、製造工藝等工藝訣竅、技術秘密等。非專利技術與專利權一樣，能使企業在競爭中處於優勢地位，在未來為企業帶來經濟利益。與專利權不同的是，非專利技術沒有在專利機關登記註冊，依靠保密手段進行壟斷，因此，它不受法律保護，它沒有有效期，只要不洩露，即可有效地使用並可有償轉讓。非專利技術可向外界購得，並按實際支付的價款計價入帳。但大多數非專利技術是企業自創的，對於企業自創非專利技術，如果符合《企業會計準則第6號——無形資產》規定的開發支出資本化條件的，可予以資本化，記入無形資產成本。

（3）商標權

商標權是「商標專用權」的簡稱，在中國是指商標主管機關依據《中華人民共和國商標法》授予商標所有人對其註冊商標受國家法律保護的專有權。商標註冊人依法支配其註冊商標並禁止他人侵害的權利，包括商標註冊人對其註冊商標的排他使用權、收益權、處分權、續展權和禁止他人侵害的權利。商標是用以區別商品和服務不同來源的商業性標誌，由文字、圖形、字母、數字、三維標誌、顏色組合或者上述要素的組合構成。

（4）著作權

著作權又稱「版權」，指作者對其創作的文學、科學和藝術作品依法享有的某些特殊權利，著作權包括著作人身權和著作財產權，前者指作品署名、發表作品、確認作者身分、保護作品的完整性、修改已發表的作品等各項權利，后者指以出版、表演、廣播、展覽、錄制唱片、攝制影片等方式使用作品以及因授權他人使用作品而獲得經濟利益的權利。

（5）土地使用權

土地使用權，是指單位或者個人依法或依約定，對國有土地或集體土地所享有的佔有、使用、收益和有限處分的權利。根據《中華人民共和國土地管理法》的規定，中國實行土地的社會主義公有制，任何單位和個人不得侵占、買賣或者以其他形式非法轉讓土地，土地使用權可以依法轉讓，企業取得土地使用權，應將取得時發生的支出資本化，計入「無形資產」成本。

（6）特許權

特許權是特許人授予受許人的某種權利，在該權利之下，受許人可以在約定的條件下使用特許人的某種工業產權或知識產權。它可以是單一的業務元素，如商標、專利等；也可以是若干業務元素的組合。特許權的具體組成和特許經營的模式有關，不同的特許經營模式對應著不同的特許權。遵照特許權由簡單到複雜的順序，按單一元素到綜合模式級別可以把特許經營分為以下六種基本類型：商標特許經營、產品特許經營、生產特許經營、品牌特許經營、專利及商業秘密特許經營和經營模式特許經營。

5. 無形資產的披露

按照會計準則規定，企業應當在附註中披露與無形資產有關的下列信息：

（1）無形資產的期初和期末帳面餘額、累計攤銷額及減值準備累計金額。

（2）使用壽命有限的無形資產，其使用壽命的估計情況；使用壽命不確定的無形資產，其使用壽命不確定的判斷依據。

（3）無形資產的攤銷方法。

（4）用於擔保的無形資產帳面價值、當期攤銷額等情況。

（5）計入當期損益和確認為無形資產的研究開發支出金額。

【任務操作要求】

學習並理解任務指導。

任務 3.4.2　無形資產業務處理

【任務目的】

通過完成本任務，使學生明確無形資產的相關業務內容，掌握無形資產的核算方法，以備在核算實務中熟練運用。

【任務指導】

1. 科目設置

企業應設置「無形資產」「累計攤銷」「無形資產減值準備」等科目對涉及無形資產

業務進行核算。

(1) 無形資產

企業應設置「無形資產」科目核算無形資產的成本,該科目為資產類,借方登記企業取得無形資產的成本,貸方登記企業處置無形資產轉出的帳面余額,期末余額在借方,反應企業擁有的無形資產的期末成本。

(2) 研發支出

對於企業自行研發的無形資產,應設置「研發支出」科目核算研發過程中所使用資產的折舊、消耗的原材料、直接參與開發人員的工資及福利費、開發過程中發生的租金以及借款費用等。該科目借方登記研發過程中發生的支出,貸方登記期末轉入當期損益或無形資產成本的研發支出。

(3) 累計攤銷

對於使用壽命有限的無形資產,企業應設置「累計攤銷」科目在使用期內對其價值進行攤銷,「累計攤銷」科目屬於「無形資產」科目的備抵帳戶,貸方登記企業計提的無形資產攤銷額,借方登記處置無形資產時轉出的累計攤銷額,期末余額在貸方,反應企業無形資產的累計攤銷額。

(4) 無形資產減值準備

如果無形資產期末的可收回金額低於其帳面價值,應當按可收回金額低於其帳面價值的差額計提減值準備,並計入當期損益。企業計提無形資產減值準備應設置「無形資產減值準備」科目進行核算,該科目為「無形資產」科目的備抵科目,貸方反應企業計提的無形資產減值準備,借方反應企業處置無形資產時轉出的減值準備。

2. 核算業務框架

$$無形資產的業務處理\begin{cases}無形資產的取得\begin{cases}外購\\自行研發\end{cases}\\無形資產的攤銷\\無形資產的處置\\無形資產的減值\end{cases}$$

3. 無形資產的取得業務處理

(1) 外購的無形資產

企業外購的無形資產,應按購買價款、相關稅費和可直接歸屬於該資產的其他支出確認初始成本,借記「無形資產」科目,貸記「銀行存款」等科目。基本分錄如下:

借:無形資產　　　　　　　　　　　　　　[無形資產的購買成本]
　　貸:銀行存款　　　　　　　　　　　　　[無形資產的購買成本]

(2) 自行研發無形資產

對於企業自行進行研究開發的項目,應當區分研究階段與開發階段分別進行核算,不管是研究階段發生的支出還是開發階段發生的支出均通過「研發支出」科目核算。對於不滿足資本化條件的支出(一般發生在研究階段),在發生時借記「研發支出——費用化支出」科目,貸記「銀行存款」「應付職工薪酬」等科目,期末將其歸集轉入「管理費用」

科目；對於滿足資本化條件的支出（一般發生在開發階段），在發生時借記「研發支出——資本化支出」科目，貸記「銀行存款」「應付職工薪酬」等科目，待研究開發項目達到預定用途形成無形資產時，將其餘額轉入「無形資產」科目。對於無法可靠區分研究階段和開發階段的支出，應將其所發生的所有研發支出全部費用化，計入當期「管理費用」科目。

[案例3.4.2-1]

企業自行研究、開發一項技術，在研究階段發生研發支出3,000,000元（要求予以費用化），開發階段發生符合資本化條件研發支出500,000元，專利技術研發成功，要求做相關業務處理。

案例3.4.2-1解析：

①研究階段

發生支出時：

借：研發支出——費用化支出　　　　　　　　　　　　　　3,000,000
　　貸：銀行存款（或應付職工薪酬等）　　　　　　　　　　　　3,000,000

予以費用化時：

借：管理費用　　　　　　　　　　　　　　　　　　　　　3,000,000
　　貸：研發支出——費用化支出　　　　　　　　　　　　　　3,000,000

②開發階段

發生支出時：

借：研發支出——資本化支出　　　　　　　　　　　　　　500,000
　　貸：銀行存款（或應付職工薪酬等）　　　　　　　　　　　　500,000

予以資本化時：

借：無形資產　　　　　　　　　　　　　　　　　　　　　500,000
　　貸：研發支出——資本化支出　　　　　　　　　　　　　　500,000

4. 無形資產的攤銷業務處理

（1）攤銷時間的規定

無形資產的攤銷期自其可供使用時開始至終止確認時止，取得當月起在預計使用年限內系統合理攤銷，處置無形資產的當月不再攤銷。即當月增加的無形資產，當月開始攤銷；當月減少的無形資產，當月不再攤銷。

（2）攤銷方法

無形資產的攤銷方法包括直線法、產量法等。企業選擇的無形資產攤銷方法，應當能夠反應與該項無形資產有關的經濟利益的預期實現方式，並一致地運用於不同會計期間；無法可靠確定其預期實現方式的，應當採用直線法進行攤銷。

注意：持有待售的無形資產不進行攤銷，按照帳面價值與公允價值減去處理費用後的淨額孰低進行計量。

（3）帳務處理

企業自用的無形資產進行攤銷時，借記「管理費用」科目，貸記「累計攤銷」科目；出租的無形資產進行攤銷時，借記「其他業務成本」科目，貸記「累計攤銷」科目；某

項無形資產包含的經濟利益通過所生產的產品或其他資產實現的,其攤銷額應計入相關資產成本。

[案例3.4.2-2]

企業購買了一項自用特許權,購買成本為5,000,000元,合同規定受益期為10年,要求做每月攤銷無形資產成本的業務處理。

案例3.4.2-2解析:

該項無形資產每月攤銷額=5,000,000÷10÷12≈41,666.67(元)

借:管理費用　　　　　　　　　　　　　　　　　　　　　41,666.67
　　貸:累計攤銷　　　　　　　　　　　　　　　　　　　　41,666.67

5. 無形資產的處置

企業處置無形資產,應當按實際收到的金額等,借記「銀行存款」等科目,按照已計提的累計攤銷,借記「累計攤銷」科目,按照支付的相關稅費及其他費用,貸記「應交稅費」「銀行存款」等科目,按照無形資產帳面餘額,貸記「無形資產」科目;對於處置無形資產產生的淨收益,貸記「營業外收入」科目;如果處置無形資產產生的是淨損失,則借記「營業外支出」科目。

[案例3.4.2-3]

企業出售某項無形資產,該無形資產成本為800,000元,已攤銷300,000元,實際取得轉讓收入600,000元,款項收存銀行,應交營業稅為30,000元。要求做處置相關業務處理。

案例3.4.2-3解析:

借:銀行存款　　　　　　　　　　　　　　　　　　　　　600,000
　　累計攤銷　　　　　　　　　　　　　　　　　　　　　300,000
　　貸:無形資產　　　　　　　　　　　　　　　　　　　800,000
　　　　應交稅費——應交營業稅　　　　　　　　　　　　 30,000
　　　　營業外收入　　　　　　　　　　　　　　　　　　 70,000

6. 無形資產減值準備的計提

如果無形資產的可收回金額低於其帳面價值,應當按可收回金額低於其帳面價值的差額計提減值準備,並計入當期損益。無形資產減值損失一經確認,在以後會計期間不得轉回。

[案例3.4.2-4]

企業某項無形資產帳面價值為900,000元,期末出現減值跡象,經減值測試,確認可回收金額為700,000元。要求做計提減值準備的相關業務處理。

案例3.4.2-4解析:

該項無形資產應確認的減值損失=900,000-700,000=200,000(元)

借:資產減值損失　　　　　　　　　　　　　　　　　　　200,000
　　貸:無形資產減值準備　　　　　　　　　　　　　　　200,000

【任務操作要求】

1. 學習並理解任務指導
2. 獨立完成給定業務核算

（1）企業自行研究、開發一項技術，在研究階段發生研發支出 2,500,000 元（要求予以費用化），開發階段發生符合資本化條件研發支出 300,000 元，專利技術研發成功。要求做相關業務處理。

（2）企業一項無形資產，購買成本為 3,000,000 元，合同規定受益期為 10 年。要求做每月攤銷無形資產成本的業務處理。

（3）企業出售某項無形資產，該無形資產成本為 600,000 元，已攤銷 200,000 元，實際取得轉讓收入 500,000 元，款項收存銀行，營業稅率為 5%。要求做處置相關業務處理。

項目 3.4 小結

1. 無形資產的確認標準及常見無形資產類別。
2. 核算的重點：
（1）自行研發無形資產的業務處理；
（2）處置無形資產的業務處理。

模塊 4　資金管理會計崗位涉及的業務核算

【模塊介紹】

1. 資金管理簡介

企業在生產經營過程中，除了從事日常的購進、生產、銷售等活動，還需要對資金進行管理與籌集。資金是企業的血液，任何一個企業都離不開資金。如何加強企業資金的管理？合理地籌集與使用資金，會對企業生產經營活動產生重大影響，一次決策失誤，便有可能毀掉企業。資金管理活動具體表現為籌資活動、投資活動等，不論是籌資還是投資，在會計上都屬於重要的資產要素，要求專人對其進行謹慎的核算與管理。

2. 資金管理會計崗位主要職責

（1）會同有關部門建立健全資金管理的核算辦法、管理流程；

（2）參與資金需求量預算制定，優化融資渠道，合理籌資，盡量減少融資成本，提高資金使用效率；

（3）參與投資計劃的制訂、投資方案的選擇，做到正確投資，規避風險，加強風險控制，提高投資回報率；

（4）要求各環節提供必要的、內容完整的原始憑證，依據其進行相關帳務處理。

3. 資金管理會計崗位具體核算內容

以《企業會計準則》分類為指南，結合國家對高職高專財經類學生專業素質要求，本模塊主要介紹銀行借款、長期債券、吸引投資、交易性金融資產、持有至到期投資、可供出售金融資產、長期股權投資等幾方面有關資金管理的具體核算、管理方法。

項目 4.1　籌資的核算

【項目介紹】

本項目內容以《企業會計準則第 17 號——借款費用》等為指導，主要介紹銀行借款、應付債券、實收資本（股本）、資本公積、留存收益的核算方法，要求學生通過學習，對籌資內容有所認知，掌握籌資業務的具體核算，通過任務處理，規範地進行籌資的確認與管理，並進一步演練借貸記帳法，為會計實務工作打下基礎。

【項目實施標準】

本項目通過完成 6 項具體任務來實施，具體任務內容結構如表 4.1-1 所示：

表 4.1-1　　　　　　　　　「籌資的核算」項目任務細分表

任務	子任務
任務 4.1.1　籌資基本認知	—
任務 4.1.2　銀行借款的核算	1. 短期借款的核算
	2. 長期借款的核算
任務 4.1.3　應付債券的核算	—
任務 4.1.4　吸引投資的核算	1. 實收資本（股本）的核算
	2. 資本公積的核算

任務 4.1.1　籌資基本認知

【任務目的】

通過完成本任務，使學生瞭解籌資的目的、方式等具體內容，並對籌資的確定形成初步認知，為學習后續核算內容打下理論基礎。

【任務指導】

1. 籌資概述

籌資是指通過一定渠道、採取適當方式籌措資金的財務活動，是財務管理的首要環節。資金是企業從事生產經營活動的基本條件。新成立的企業需要開業資金，用於購進材料、商品、機器設備等；企業規模擴大，需要大量資金，用於擴建廠房、進行投資、擴大生產經營規模等；為維護企業的市場地位，保持現有份額，同樣離不開資金。可見，如何籌集資金、籌集多少資金才能滿足企業生產經營需求，是企業日常經營活動中不可避免都要遇到的問題。

2. 主要籌資方式

企業籌資方式主要包括吸收直接投資、發行股票、利用留存收益、向銀行借款、利用商業信用、發行公司債券、融資租賃、槓桿收購等。其中前三種方式籌措的資金為權益資金，后幾種方式籌措的資金是負債資金。

3. 籌資的主要目的

（1）滿足企業創建對資金的需要；

（2）滿足企業發展對資金的需要；

（3）保證日常經營活動順利進行；

（4）調整資金（本）結構。

4. 籌資主要原則

（1）合理確定資金需求量，科學安排籌資時間；

（2）合理組合籌資渠道和方式，降低資金成本；
（3）優化資本結構，降低籌資風險；
（4）擬訂好籌資方案，認真簽訂和執行籌資合同。

【任務操作要求】

學習並理解任務指導。

任務4.1.2　銀行借款的核算

子任務1　短期借款的核算

【任務目的】

通過完成本任務，使學生明確短期借款核算涉及的具體帳戶、核算方法、核算內容等；使學生能夠對短期借款的發生、償還以及利息形成業務進行正確的會計處理，以備在核算實務中熟練運用。

【任務指導】

1. 短期借款概述

短期借款是指企業向銀行或其他金融機構等借入的期限在一年以下（含一年）的各種借款。借入短期借款通常是為了滿足正常生產經營的需要。

2. 短期借款核算應設置的主要會計科目

企業應設置「短期借款」科目，核算短期借款的取得及償還情況。該科目貸方登記取得短期借款的本金，借方登記償還短期借款的本金；期末餘額在貸方，表示尚未償還的短期借款的本金。「短期借款」科目除進行總分類核算外，還應按借款種類、貸款人和幣種等進行明細核算。

3. 核算業務框架

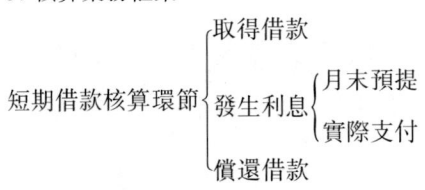

短期借款核算環節 $\begin{cases} 取得借款 \\ 發生利息 \begin{cases} 月末預提 \\ 實際支付 \end{cases} \\ 償還借款 \end{cases}$

4. 短期借款業務處理

（1）取得短期借款

企業從銀行或其他金融機構取得借款時，借記「銀行存款」科目，貸記「短期借款」科目。

借：銀行存款
　　貸：短期借款

（2）發生利息時

在實際工作中，銀行一般於每季度末收取短期借款利息，為此，企業的短期借款利息一般採用月末預提按季支付的方式進行核算。短期借款利息屬於籌資費用，通常應記入

「財務費用」科目。企業應當在資產負債表日按照計算確定的短期借款利息費用，借記「財務費用」科目，貸記「應付利息」科目；實際支付利息時，根據已預提的利息，借記「應付利息」科目，根據應計利息，借記「財務費用」科目，根據應付利息總額，貸記「銀行存款」科目。

①月末預提

借：財務費用

　　貸：應付利息

②實際支付

借：應付利息　　（已預提的利息）

　　財務費用　　（差額）

　　貸：銀行存款　　（應付利息總額）

（3）償還本金

企業短期借款到期償還本金時，借記「短期借款」科目，貸記「銀行存款」科目。

借：短期借款

　　貸：銀行存款

[案例4.1.2-1]

江河公司於20××年1月1日向銀行借入一筆生產經營用短期借款，共計30,000元，期限為9個月，年利率為4%。根據與銀行簽署的借款協議，該項借款的本金到期後一次性歸還，利息按季支付。

案例4.1.2-1解析：

本例中，借款期限為9個月，屬於短期借款，用於生產經營，根據權責發生制原則，當期應承擔的利息，不論是否支付均應計入當期的「財務費用」。相關帳務處理如下：

①1月1日借入短期借款：

借：銀行存款　　　　　　　　　　　　　　　　　　30,000

　　貸：短期借款　　　　　　　　　　　　　　　　　　30,000

②1月末，計提1月份應計利息：

本月應計提的利息金額＝30,000×4%÷12＝100（元）

借：財務費用　　　　　　　　　　　　　　　　　　100

　　貸：應付利息　　　　　　　　　　　　　　　　　　100

2月末計提2月份利息費用的處理與1月份相同。

③3月末，支付第一季度銀行借款利息：

借：財務費用　　　　　　　　　　　　　　　　　　100

　　應付利息　　　　　　　　　　　　　　　　　　200

　　貸：銀行存款　　　　　　　　　　　　　　　　　　300

第二、第三季度的利息處理同上。

④10月1日償還銀行借款本金：

借：短期借款　　　　　　　　　　　　　　　　　　30,000

　　貸：銀行存款　　　　　　　　　　　　　　　　　　30,000

如果上述借款期限是8個月，則到期日為9月1日，8月末之前的會計處理與上述相同。9月1日償還銀行借款本金，應同時支付7月和8月已提未付利息：

借：短期借款　　　　　　　　　　　　　　　　　　　　　　30,000
　　應付利息　　　　　　　　　　　　　　　　　　　　　　　　200
　　貸：銀行存款　　　　　　　　　　　　　　　　　　　　30,200

如果企業的短期借款利息是按月支付的，或者利息是在借款到期時連同本金一起歸還，但是數額不大的，可以不採用預提的方法，而在實際支付或收到銀行的計息通知時，直接計入當期損益，借記「財務費用」科目，貸記「銀行存款」或「庫存現金」科目。

【任務操作要求】

1. 學習並理解任務指導
2. 獨立完成給定業務核算

（1）20×2年4月1日，A公司根據生產經營需要向銀行借款100,000元，期限為6個月，年利率為5%。該項借款為本金到期後一次歸還，利息分期預提，按季支付。

要求：根據上述資料，對A公司該筆借款業務進行帳務處理。

（2）20×4年5月1日，B公司根據生產經營需要向銀行借款9,000,000元，期限為5個月，年利率為8%。該項借款為到期後一次歸還本金和利息。

要求：根據上述資料，對B公司該筆借款業務進行帳務處理。

子任務2　長期借款的核算

【任務目的】

通過完成本任務，使學生明確長期借款核算涉及的具體帳戶、核算方法、核算內容等；使學生能夠對長期借款的發生、償還以及利息形成業務進行正確的會計處理，以備在核算實務中熟練運用。

【任務指導】

1. 長期借款概述

長期借款是指企業向銀行或其他金融機構借入的期限在1年以上（不含1年）的各項借款。企業一般將長期借款用於固定資產的購建、改擴建工程、對外投資以及為了保持長期經營能力等方面的需要。長期借款是企業長期負債的重要組成部分，相對於短期借款，長期借款數額大、期限長，根據權責發生制原則的要求，借款費用按期預提計入所構建資產的成本或直接計入當期損益等。

由於長期借款的使用關係到企業的生產經營規模和效益，因此，必須加強管理與核算。企業除了要遵守有關的貸款規定、編製借款計劃並要有不同形式的擔保外，還應監督借款的使用、按期支付長期借款的利息以及按規定的期限歸還借款本金等。因此，長期借款會計處理的基本要求是反應和監督長期借款的借入、借款利息的結算和借款本息的歸還情況，企業應遵守信貸紀律、提高信用等級，確保長期借款發揮最佳經濟效益。

2. 長期借款核算應設置的主要會計科目

企業應通過「長期借款」科目，核算長期借款的借入、歸還等情況。本科目的貸方登記長期借款本息的增加額，借方登記本息的減少額，貸方餘額表示企業尚未償還的長期借

款。本科目可按照貸款單位和貸款種類設置明細帳，分別對「本金」「利息調整」等進行明細核算。

3. 核算業務框架

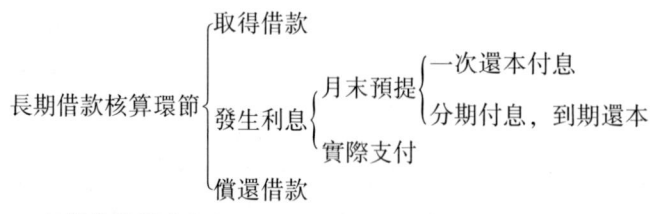

長期借款核算環節 ｛ 取得借款 / 發生利息 ｛ 月末預提 ｛ 一次還本付息 / 分期付息，到期還本 ｝ 實際支付 / 償還借款 ｝

4. 長期借款業務處理

（1）取得長期借款

企業借入長期借款，應按實際收到的金額，借記「銀行存款」科目，貸記「長期借款——本金」科目；如存在差額，還應借記「長期借款——利息調整」科目。

借：銀行存款
　　長期借款——利息調整（差額，或貸方）
　貸：長期借款——本金

（2）利息確認及歸還

在資產負債表日，長期借款利息費用應當按照實際利率法計算確定，實際利率與合同利率差異較小的，也可以採用合同利率計算確定利息費用。

長期借款按合同利率計算確定的應付未付利息，如果屬於分期付息的，記入「應付利息」科目，如果屬於到期一次還本付息的，記入「長期借款——應計利息」科目。

長期借款計算確定的利息費用，應當按以下原則計入有關成本、費用：屬於籌建期間的，計入管理費用；屬於生產經營期間的，計入財務費用。如果長期借款用於購建固定資產等符合資本化條件的資產，在資產尚未達到預定可使用狀態前，所發生的利息支出數應當資本化，計入在建工程等相關資產成本；資產達到預定可使用狀態後發生的利息支出，以及按規定不予資本化的利息支出，計入財務費用。故借記「在建工程」「製造費用」「財務費用」「研發支出」等科目，貸記「應付利息」或「長期借款——應計利息」科目。

①確認應付利息

借：財務費用、在建工程、研發支出、管理費用等
　貸：應付利息（分期付息到期還本）
　　　長期借款——應計利息（到期一次還本付息）

②歸還利息

借：應付利息（分期付息到期還本）
　　長期借款——應計利息（到期一次還本付息）
　貸：銀行存款

（3）償還本金

企業歸還長期借款本金時，應按歸還的金額，借記「長期借款——本金」科目，貸記「銀行存款」科目。

借：長期借款——本金
　　貸：銀行存款

[**案例 4.1.2-2**]

江河公司為增值稅一般納稅人，於 20×1 年 11 月 30 日從銀行借入資金 4,000,000 元，用於購機器設備，借款期限為 3 年，年利率為 8.4%，該筆借款為到期一次還本付息（不計複利），所借款項已存入銀行。A 企業於當日用該借款購買一臺不需安裝的機器設備，價款 3,900,000 元，另支付運雜費及保險等費用 100,000 元（假設不考慮增值稅），設備已於當日投入使用。

案例 4.1.2-2 解析：

本例中，借款期限 3 年，屬於長期借款，根據權責發生制原則，當期應承擔的利息，不論是否支付均應計入當期的成本費用。因為購入的是不需要安裝的機器設備，利息費用進入當期損益，即「財務費用」科目。同時，由於該筆借款是一次還本付息，因此，其產生的利息費用相應增加「長期借款」帳面價值。相關帳務處理如下：

①20×1 年 11 月 30 日，取得借款

借：銀行存款	4,000,000
貸：長期借款——本金	4,000,000

②支付設備款和運雜費、保險費

借：固定資產	4,000,000
貸：銀行存款	4,000,000

③20×1 年 12 月 31 日，計提利息

長期借款利息 = 4,000,000×8.4%÷12 = 28,000（元）

借：財務費用	28,000
貸：長期借款——應計利息	28,000

④20×2 年 1 月~20×4 年 10 月，每月末預提利息分錄同上

⑤20×4 年 11 月 30 日，歸還本息

借：財務費用	28,000
長期借款——本金	4,000,000
——應計利息	980,000
貸：銀行存款	5,008,000

由於 20×1 年 11 月 30 日~20×4 年 10 月 31 日已經計提的利息為 980,000 元，已借記「長期借款——應計利息」科目中，20×4 年 11 月應當計提的利息為 28,000 元，根據權責發生制原則應借記「財務費用」科目，長期借款本金 4,000,000 元，應借記「長期借款——本金」科目；實際支付的長期借款本金和利息為 5,008,000 元，貸記「銀行存款」科目。

【任務操作要求】

1. 學習並理解任務指導
2. 獨立完成給定業務核算

（1）重慶大眾有限責任公司為建造一條生產線，於 20×1 年 1 月 1 日向銀行借款

100,000元，利率10%（與實際利率一致），期限2年，到期一次還本付息，不計複利，每半年計息一次。該筆借款於當日全部投入到生產線建設中，該工程於該年底達到預定可使用狀態，假設建造期間計提的利息全部符合資本化條件。

要求：編製相關業務分錄。

（2）三江有限責任公司為增值稅一般納稅人，於20×1年10月31日，從銀行借入資金5,000,000元，已存入本公司銀行帳戶中，借款期限為4年，年利率9%，到期一次還本付息，不計複利。三江有限責任公司用該借款於當日購入一臺不需安裝機器設備，價款4,000,000元，增值稅稅額為680,000元，另支付相關運雜費150,000元，設備於當日投入使用。

要求：編製相關業務分錄。

任務4.1.2 小結

銀行借款業務核算的重點：
（1）長期借款與短期借款利息的計提；
（2）長期借款利息計入成本費用的原則；
（3）長期借款業務中，分期付息到期還本與到期一次還本付息對利息處理的方式不同。

任務4.1.3 應付債券的核算

【任務目的】

通過完成本任務，使學生明確應付債券核算涉及的具體帳戶、核算方法、核算內容；讓學生能夠對應付債券的發生、利息的計算、到期歸還等業務獨立進行會計處理，以備在核算實務中熟練運用。

【任務指導】

1. 應付債券概述

應付債券是指企業為籌集（長期）資金而發行的債券。通過發行債券取得的資金，構成了企業一項非流動負債，企業會在未來某一特定日期按債券所記載的利率、期限等約定歸還本息。

企業債券發行有三種方式：面值發行、溢價發行和折價發行。債券發行價格的高低一般取決於債券票面金額、債券票面利率、發行時的市場利率以及債券期限的長短等因素。企業債券按其面值價格發行，稱為面值發行；以低於債券面值價格發行，稱為折價發行；以高於債券面值價格發行，則稱為溢價發行。債券溢價或折價不是債券發行企業的收益或損失，而是發行債券企業在債券存續期內對利息費用的一種調節。

2. 應付債券核算應設置的主要會計科目

企業應設置「應付債券」科目，用於核算應付債券的發行、計提利息、還本付息等情況。該科目貸方登記應付債券的本金和利息，借方登記歸還的債券本金和利息；期末貸方餘額表示企業尚未償還的長期債券。在實際核算中，通常應設置「面值」「利息調整」

「應計利息」等明細科目進行明細核算。

另外，為加強應付債券的管理，企業應當設置「企業債券備查簿」，詳細登記每種企業債券的票面金額、債券票面利率、還本付息期限與方式、發行總額、發行日期和編號、委託代售單位、轉換股份等資料。企業債券到期結清時，應當在備查簿內逐筆註銷。

3. 核算業務框架

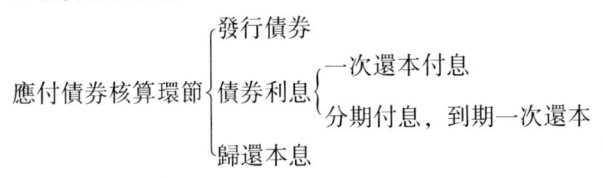

應付債券核算環節 { 發行債券；債券利息 { 一次還本付息；分期付息，到期一次還本 } ；歸還本息 }

4. 應付債券業務處理

應付債券有面值發行、溢價發行和折價發行三種形式，本書只介紹債券按面值發行的會計處理。

(1) 發行債券

企業發行債券時，應按實際收到的金額，借記「銀行存款」等科目，按債券票面金額，貸記「應付債券——面值」科目；存在差額的，還應借記或貸記「應付債券——利息調整」科目。

借：銀行存款（實際收到的金額）
　　應付債券——利息調整（差額）
貸：應付債券——面值（債券票面金額）

[案例4.1.3-1]

江河公司20×1年7月1日發行3年期、到期一次還本付息、票面利率9%，不計複利，面值總額為40,000,000元的債券。假設債券發行時的市場利率為9%，所籌資金全部用於生產線建造，所籌資金全部存入銀行（債券發行費用略）。要求進行相關帳務處理。

案例4.1.3-1解析：

本例中，票面利率與市場利率相等，屬於平價發行，即按面值發行，按實際收到的金額，借記「銀行存款」科目，按債券票面金額，貸記「應付債券——面值」科目。相關帳務處理如下：

借：銀行存款　　　　　　　　　　　　　　　　　　　　　　40,000,000
　　貸：應付債券——面值　　　　　　　　　　　　　　　　40,000,000

(2) 債券利息核算

根據權責發生制原則，發行長期債券的企業，應按期計提利息。對於按面值發行的債券，在每期採用票面利率計提利息時，應當按照與長期借款相一致的原則計入有關成本費用，借記「在建工程」「製造費用」「財務費用」「研發支出」等科目。

對分期付息、到期一次還本的債券，其按票面利率計算確定的應付未付利息，貸記「應付利息」科目核算。

對一次還本付息的債券，其按票面利率計算確定的應付未付利息，通過「應付債券——應計利息」科目核算。

注意：應付債券按實際利率（實際利率與票面利率差異較小時也可按票面利率）計算確定的利息費用，也應按照與長期借款相一致的原則計入有關成本、費用。

借：管理費用、在建工程、研發支出、財務費用等
　　貸：應付利息（分期付息，一次還本）
　　　　應付債券——應計利息（一次還本付息）

[案例4.1.3-2]

接案例4.1.3-1。江河公司發行債券所籌資金於當日用於生產線建造，20×3年12月31日該生產線完工並投入使用。試核算債券利息。

案例4.1.3-2解析：

本例中，由於所籌資金於當日全部投入生產線的建設，並且到20×3年12月31日該生產線完工，因此20×1年7月1日~20×3年12月31日期間產生的利息費用，符合資本化條件，全部計入該生產線的成本，即「在建工程」，但從20×4年1月1日起，生產線已完工，其發生的利息費用不再符合資本化條件，應全部費用化，進入當期損益，即「財務費用」。由於該債券是到期一次還本付息，因此，產生的利息費用計入「應付債券——應計利息」。相關帳務處理如下：

①20×1年度

債券利息：40,000,000×9%÷12×6＝1,800,000（元）

借：在建工程　　　　　　　　　　　　　　　　　　　1,800,000
　　貸：應付債券——應計利息　　　　　　　　　　　　　　1,800,000

②20×2年度

債券利息：40,000,000×9%＝3,600,000（元）

借：在建工程　　　　　　　　　　　　　　　　　　　3,600,000
　　貸：應付債券——應計利息　　　　　　　　　　　　　　3,600,000

③20×3年度

債券利息：40,000,000×9%＝3,600,000（元）

借：在建工程　　　　　　　　　　　　　　　　　　　3,600,000
　　貸：應付債券——應計利息　　　　　　　　　　　　　　3,600,000

④20×4年度

債券利息：40,000,000×9%÷12×6＝1,800,000（元）

借：財務費用　　　　　　　　　　　　　　　　　　　1,800,000
　　貸：應付債券——應計利息　　　　　　　　　　　　　　1,800,00

（3）債券還本付息

長期債券到期，企業支付債券本息時，借記「應付債券——面值」「應付債券——應計利息」「應付利息」等科目，貸記「銀行存款」等科目。

[案例4.1.3-3]

接案例4.1.3-2。20×4年7月1日，江河公司償還該債券本金和利息。

案例4.1.3-3解析：

借：應付債券——面值　　　　　　　　　　　　　　　40,000,000

　　　　　——應計利息　　　　　　　　　　　　　　　　10,800,000
　　貸：銀行存款　　　　　　　　　　　　　　　　　　50,800,000

【任務操作要求】

1. 學習並理解任務指導
2. 獨立完成給定業務核算

（1）20×1 年 1 月 1 日，某電機有限責任公司發行面值 5,000 萬元，期限 4 年的債券，該債券為到期一次還本付息，票面利率 5%。假定債券發行時的市場利率為 5%，所籌資金（債券發行費略）用於日常的生產經營活動。

要求：進行相關帳務處理。

（2）某上市公司為建造專用生產線，通過發行公司債券籌集所需資金，該公司為一般納稅人，適用的增值稅稅率為 17%。有關資料如下：

20×0 年 12 月 31 日，委託證券公司以 10,000 萬元的價格發行 3 年期分期付息公司債券，該債券面值為 10,000 萬元，票面利率 6%，與實際利率一致，每年付息一次，到期後按面值償還，支付的發行費與發行期間凍結資金產生的利息收入相等，不予考慮。

公司生產線建設工程採用自營方式，於 20×1 年 1 月 1 日開始動工，當日購入需安裝的機器設備，取得增值稅專用發票，價款 8,000 萬元，增值稅額為 1,360 萬元，20×1 年 12 月 31 日所建生產線達到可使用狀態，並支付安裝費用 200 萬元。

假定各年度利息的實際支付日期均為下年度的 1 月 2 日，20×4 年 1 月 1 日支付 20×3 年度利息，並償還面值。

要求：進行相關帳務處理。（單位用萬元表示）

任務 4.1.3 小結

1. 應付債券發行核算的重點：確定入帳價值。
2. 債券利息核算重點：

（1）注意分期付息、到期一次還本的債券與一次還本付息的債券對利息處理方式不同；

（2）債券利息計入成本費用的原則。

任務 4.1.4　吸引投資的核算

該任務主要講吸收直接投資、發行股票、利用留存收益等權益性籌資，即企業所有者權益。公司所有者權益又稱為股東權益，是指企業資產扣除負債後由所有者享有的剩餘權益。所有者權益具有以下主要特徵：

（1）除非發生減資、清算或分派現金股利，企業不需要償還所有者權益；

（2）企業清算時，只有在清償完所有的負債後，所有者權益才返還給所有者；

（3）所有者憑藉所有者權益能夠參與企業利潤或股利的分配等。

子任務 1　實收資本（股本）的核算

【任務目的】

通過完成本任務，使學生明確實收資本（股本）的形成、增減變動的核算，涉及的具體帳戶、核算方法、核算內容；讓學生能夠對實收資本（股本）的形成、增減等業務獨立進行會計處理，以備在核算實務中熟練運用。

【任務指導】

1. 實收資本概述

實收資本是指企業按照章程規定或合同、協議約定，接受投資者投入企業的資本，可以一次全部繳清，也可以分期繳納。實收資本的構成比例或股東的股份比例，是確定所有者在企業所有者權益中份額的基礎，也是企業進行利潤或股利分配的主要依據，同時還是企業清算時確定所有者對淨資產的要求權。

中國公司法規定，股東可以用貨幣出資，也可以用實物、知識產權、土地使用權等可以用貨幣估價並可依法轉讓的非貨幣性財產物資作價出資，但是法律、行政法規規定不得作為出資的財產除外。對作為出資的非貨幣財產應當評估確價，核實財產，不得高估或者低估其價值。法律、行政法規對評估確價有規定的，從其規定。全體股東的貨幣出資金額不得低於有限責任公司註冊資本的 30%。不論以何種方式出資，投資者如在投資過程中違反投資合約，不按規定如期繳足出資額，企業可以依法追究投資者的違約責任。

企業接受非現金資產投資時，應按投資合同或協議約定價值確定非現金資產價值（但投資合同或協議約定價值不公允的除外）和在註冊資本中應享有的份額。

為了反應和監督投資者投入資本的增減變動情況，企業必須按照國家統一的會計制度的規定進行實收資本（股本）的核算，真實地反應所有者投入企業資本的狀況，維護所有者各方面在企業的權益。除股份有限公司以外，其他各類企業應通過「實收資本」科目核算，股份有限公司應通過「股本」科目核算。

企業收到所有者投入企業的資本後，應根據有關原始憑證（如投資清單、銀行通知單等），區分不同的出資方式進行會計處理。

2. 核算業務框架

```
                        ┌ 接受投資 ┬ 現金資產
                        │          └ 非現金資產
                        │                    ┌ 接受投資者追加投資
實收資本（股本）核算環節┤ 實收資本（股本）增加┤ 資本公積轉增資本
                        │                    └ 盈餘公積轉增資本
                        │
                        └ 實收資本（股本）減少（注意：股份有限公司回購
                          股票、註銷股票帳務處理）
```

3. 接受投資的業務處理

（1）接受現金資產投資

①股份公司以外的企業

借：銀行存款
　　貸：實收資本（占註冊資本的份額）
　　　　　資本公積——資本溢價（超過註冊資本部分）

通常企業創立時，投資者認繳的出資額與註冊資本一致，一般不會產生資本溢價。但在企業重組或有新的投資者加入時，常常會出現資本溢價。

[案例4.1.4-1]

甲、乙、丙三人共同投資設立了重慶機電有限責任公司，註冊資本為500,000元，甲、乙、丙持股比例分別為70%、20%和10%。按照公司章程規定，甲、乙、丙投入資本分別為350,000元、100,000元和50,000元。公司已如期收到各投資者一次繳足的款項，並存入銀行。

案例4.1.4-1解析：

本例中，公司收到投資者投入的貨幣資金時，按實際收到的資金，借記「銀行存款」，按其在實收資本中擁有的份額，貸記「實收資本」，而本題不存在資本溢價問題，無須核算資本公積。相關帳務處理如下：

借：銀行存款　　　　　　　　　　　　　　　　500,000
　　貸：實收資本——甲　　　　　　　　　　　 350,000
　　　　　　　　——乙　　　　　　　　　　　 100,000
　　　　　　　　——丙　　　　　　　　　　　　50,000

②股份有限公司

股本指股東在公司中所占的權益，多用於指股票。股份有限公司發行股票時，既可以按面值發行股票，也可以溢價發行（中國目前不准許折價發行）。股份有限公司在核定的股本總額及核定的股份總額的範圍內發行股票時，應在實際收到現金資產時進行會計處理。

股份有限公司發行股票時，按每股股票面值與發行股份總額的積計算確定的金額，貸記「股本」科目，實際收到的金額與該股本之間的差額，貸記「資本公積——股本溢價」科目。

股份有限公司發行股票支付的手續費、佣金等發行費用，減去發行股票凍結期間產生的利息收入后的金額，從發行股票的溢價中抵扣，衝減資本公積（股本溢價）；股票發行沒有溢價或溢價金額不足以支付發行費用的部分，應將不足支付的發行費用依次衝減盈余公積和未分配利潤。

借：銀行存款（實際收到的金額）
　　貸：股本（面值）
　　　　　資本公積——股本溢價（差額）

[案例4.1.4-2]

重慶長城股份有限公司發行普通股30,000股，每股面值1元，每股發行價格5元。假定股票發行成功，股款150,000元已全部收到，不考慮發行過程中的相關稅費等因素。

案例4.1.4-2解析：

公司發行股票時，既可以按面值發行股票，也可以溢價發行。按實際收到的金額借記

「銀行存款」，按每股面值與股份總額的積，貸記「股本」，按其差額，貸記「資本公積——股本溢價」。相關帳務處理如下：

借：銀行存款　　　　　　　　　　　　　　　　　　　　150,000
　　貸：股本　　　　　　　　　　　　　　　　　　　　　　30,000
　　　　資本公積——股本溢價　　　　　　　　　　　　　120,000

（2）接受非現金資產投資

①接受投入固定資產、材料物資等

不論企業接受投資者作價投入的房屋、建築物、機器設備等固定資產，還是接受投資者作價投入的材料物資，都應按投資合同或協議約定的價值（但投資合同或協議約定價值不公允的除外）和在註冊資本中應享有的份額確定。

借：固定資產、原材料等（合同或協議約定價值）
　　應交稅費——應交增值稅（進項稅額）（可抵扣的進項稅額）
　　貸：實收資本（或股本）
　　　　資本公積——資本溢價（或股本溢價）

[案例4.1.4-3]

重慶長江有限責任公司於設立時收到重慶機電有限責任公司作為資本投入的原材料一批，該批原材料投資合同或協議約定價值（不含可抵扣的增值稅進項稅額部分）為200,000元，增值稅稅率為17%。重慶機電有限責任公司已開具了增值稅專用發票。假設合同約定的價值與公允價值相符，該進項稅額允許抵扣。

案例4.1.4-3解析：

本例中，合同約定的價值與公允價值相符，因此，可按照200,000元的金額借記「原材料」；同時增值稅進項稅可以抵扣，應借記「應交稅費——應交增值稅（進項稅額）」。按投資各方約定的價值與增值稅進項稅額之和，貸記「實收資本」。相關帳務處理如下：

借：原材料　　　　　　　　　　　　　　　　　　　　　200,000
　　應交稅費——應交增值稅（進項稅額）　　　　　　　　34,000
　　貸：實收資本——重慶機電有限責任公司　　　　　　234,000

②接受投入無形資產

企業收到以無形資產方式投入的資本，應按投資合同或協議約定價值確定無形資產價值（但投資合同或協議約定價值不公允的除外）和在註冊資本中應享有的份額確定。

借：無形資產（合同或協議約定價值）
　　貸：實收資本（或股本）
　　　　資本公積——資本溢價（或股本溢價）

[案例4.1.4-4]

接案例4.1.4-3。重慶長江有限責任公司於設立時收到重慶長城有限責任公司作為資本投入的非專利技術一項，該非專利技術投資合同的約定價值為30,000元，同時還收到重慶萬達有限責任公司作為資本投入的土地使用權一項，投資合同的約定價值為20,000元。假設重慶長江有限責任公司接受該非專利技術和土地使用權符合國家註冊資本管理的有關規定，可按合同約定作實收資本入帳，合同約定的價值與公允價值相符。

案例4.1.4-4解析：

本例中，非專利技術與土地使用權的合同約定的價值與公允價值相符，因此，按其約定價值借記「無形資產」科目，同時按合同約定金額，貸記「實收資本」。相關帳務處理如下：

借：無形資產——非專利技術　　　　　　　　　　　　　　30,000
　　　　　　——土地使用權　　　　　　　　　　　　　　20,000
　　貸：實收資本——重慶長城有限責任公司　　　　　　　30,000
　　　　　　　　——重慶萬達有限責任公司　　　　　　　20,000

4. 實收資本（或股本）增加的核算

一般情況下，企業的實收資本（股本）應相對固定不變，但在某些特定情況下，實收資本也可能發生增減變化。中國企業法人登記管理條例中規定，除國家另有規定外，企業的註冊資金應當與實收資本（股本）一致，當實收資本比原註冊資金增加或減少的幅度超過20%時，應持資金信用證明或者驗資證明，向原登記主管機關申請變更登記。如果擅自改變註冊資本或抽逃資金，要受到工商行政管理部門的處罰。

通常，企業增加資本主要有三個途徑：接受投資者追加投資、資本公積轉增資本、盈余公積轉增資本。

需要注意的是，由於資本公積和盈余公積均屬於所有者權益，用其轉增資本時，如果是獨資企業比較簡單，直接結轉即可。如果是股份公司或有限責任公司應該按照原投資者各自出資比例相應增加各投資者的出資額。

（1）接受投資者追加投資

企業按規定接受投資者追加投資時，核算原則與投資者初次投入資金的會計處理一樣。

[案例4.1.4-5]

甲、乙、丙三人共同投資設立重慶長投有限責任公司，原註冊資本為1,000,000元，甲、乙、丙分別出資600,000元、150,000元和250,000元。為擴大經營規模，經批准，重慶長投有限責任公司的註冊資本擴大為2,000,000元。

假設：甲、乙、丙按照原出資比例分別追加投資600,000元、150,000元和250,000元。重慶長投有限責任公司如期收到甲、乙、丙追加的現金投資。要求進行帳務處理。

案例4.1.4-5解析：

本例中，重慶長投有限責任公司擴大資本1,000,000元，由於甲、乙、丙原各自投資比例分別為60%、15%、25%。因此，公司根據收到的投資金額分別增加甲、乙、丙在公司中的權益。相關帳務處理如下：

借：銀行存款　　　　　　　　　　　　　　　　　　　　1,000,000
　　貸：實收資本——甲　　　　　　　　　　　　　　　　600,000
　　　　　　　　——乙　　　　　　　　　　　　　　　　150,000
　　　　　　　　——丙　　　　　　　　　　　　　　　　250,000

（2）資本公積轉增資本

借：資本公積

贷：实收资本（或股本）

[案例4.1.4-6]

接案例4.1.4-5。假设：为扩大生产经营规模需要，经批准，重庆长投有限责任公司按原出资比例将资本公积1,000,000元转增资本。

案例4.1.4-6解析：

本例中，重庆长投有限责任公司将资本公积1,000,000元转增资本，甲、乙、丙分别按原出资比例60%、15%、25%增加其在公司中的权益。相关帐务处理如下：

借：资本公积　　　　　　　　　　　　　　　　　　1,000,000
　　贷：实收资本——甲　　　　　　　　　　　　　　　600,000
　　　　　　　——乙　　　　　　　　　　　　　　　150,000
　　　　　　　——丙　　　　　　　　　　　　　　　250,000

（3）盈余公积转增资本

借：盈余公积
　　贷：实收资本（或股本）

[案例4.1.4-7]

接案例4.1.4-5。假设：为扩大生产经营规模需要，经批准，重庆长投有限责任公司按原出资比例将盈余公积1,000,000元转增资本。

案例4.1.4-7解析：

本例中，重庆长投有限责任公司将盈作公积1,000,000元转增资本，甲、乙、丙按原出资比例60%、15%、25%，增加其在公司中的权益。相关帐务处理如下：

借：盈余公积　　　　　　　　　　　　　　　　　　1,000,000
　　贷：实收资本——甲　　　　　　　　　　　　　　　600,000
　　　　　　　——乙　　　　　　　　　　　　　　　150,000
　　　　　　　——丙　　　　　　　　　　　　　　　250,000

5. 实收资本或股本减少的核算

在中国，企业在正常生产经营存续期内，一般不得自行减少注册资本。投资者只能依法转让其所有权，不能任意抽回投资。企业实收资本减少的原因大体有两种：一是企业资本过剩，又暂时找不到好的投资项目，需要减少注册资本；二是企业发生重大亏损，使企业净资产与注册资本严重不符，也需要减少注册资本。

根据公司法的规定，企业在特殊情况下确需减资的，应经过批准。如果因资本过剩而减资，则需返还股款。有限责任公司和一般企业减少资本的帐务处理比较简单，经有关部门批准后，企业即可变更注册资本，并按其减少的数额，借记「实收资本」科目，贷记「银行存款」等科目。

股份有限公司采用收购本公司股票方式减资的，应设置「库存股」科目，核算股票回购和注销的情况。回购时，按实际支付的回购价款借记「库存股」，贷记「银行存款」等科目；注销回购的股票时，按股票面值和注销股数计算的股票面值总额，借记「股本」科目，按注销库存股的帐面余额，贷记「库存股」，按其差额冲减股本溢价，借记「资本公积——股本溢价」，股本溢价不足冲减的，再冲减「盈余公积」「利润分配——未分配利

潤」等科目。購回股票支付的價款低於面值總額的，所註銷庫存股的帳面余額與所衝減股本的差額作為增加資本公積（股本溢價）處理，貸記「資本公積——股本溢價」。

（1）回購股票

借：庫存股

　　貸：銀行存款

（2）註銷庫存股

借：股本

　　資本公積——股本溢價、盈餘公積、利潤分配——未分配利潤（溢價回購）

　　貸：庫存股

　　　　資本公積——股本溢價（折價回購）

[案例4.1.4-8]

重慶長江股份有限公司20×3年12月31日的股本為200,000,000股，面值為1元，資本公積（股本溢價）20,000,000元，盈餘公積10,000,000元。經股東大會批准，重慶長江股份有限公司現金回購本公司股票10,000,000股並註銷。假定公司按每股2元回購股票。

案例4.1.4-8解析：

本例中，按回購股票的面值，借記「股本」科目，按支付的價款超過面值的部分先衝「資本公積——股本溢價」，從題目可見「資本公積——股本溢價」已滿足，因此不須衝減所有者權益的其他科目。相關帳務處理如下：

①回購本公司股票

借：庫存股　　　　　　　　　　　　　　　　　　　20,000,000

　　貸：銀行存款　　　　　　　　　　　　　　　　20,000,000

庫存股成本=10,000,000×2=20,000,000（元）

②註銷本公司股票

借：股本　　　　　　　　　　　　　　　　　　　　10,000,000

　　資本公積——股本溢價　　　　　　　　　　　　10,000,000

　　貸：庫存股　　　　　　　　　　　　　　　　　20,000,000

[案例4.1.4-9]

承案例4.1.4-8。假定重慶長江股份有限公司按每股4元回購股票，其他條件不變。

案例4.1.4-9解析：

本例中，按回購股票的面值，借記「股本」科目，按支付的價款超過面值的部分先衝「資本公積——股本溢價」，從題目可見「資本公積——股本溢價」20,000,000元不滿足，因此需衝減「盈餘公積」10,000,000元。相關帳務處理如下：

①回購本公司股票

借：庫存股　　　　　　　　　　　　　　　　　　　40,000,000

　　貸：銀行存款　　　　　　　　　　　　　　　　40,000,000

庫存股成本=10,000,000×4=40,000,000（元）

②註銷本公司股票
借：股本 10,000,000
　　資本公積——股本溢價 20,000,000
　　盈余公積 10,000,000
　　貸：庫存股 40,000,000

[案例4.1.4-10]
承案例4.1.4-8。假定重慶長江股份有限公司按每股6元回購股票，其他條件不變。
案例4.1.4-10解析：
本例中，按回購股票的面值，借記「股本」科目，按支付的價款超過面值的部分先衝「資本公積——股本溢價」，從題目可見「資本公積——股本溢價」20,000,000元不滿足，因此衝減「盈余公積」10,000,000元，但衝減以后仍不滿足，所以需衝減「利潤分配——未分配利潤」20,000,000元。相關帳務處理如下：
①回購本公司股票
借：庫存股 60,000,000
　貸：銀行存款 60,000,000
庫存股成本＝10,000,000×6＝60,000,000（元）
②註銷本公司股票
借：股本 10,000,000
　　資本公積——股本溢價 20,000,000
　　盈余公積 10,000,000
　　利潤分配——未分配利潤 20,000,000
　　貸：庫存股 60,000,000

[案例4.1.4-11]
承案例4.1.4-8。假定重慶長江股份有限公司按每股0.5元回購股票，其他條件不變。
案例4.1.4-11解析：
回購股票支付的價款低於面值總額，所註銷庫存股的帳面余額與衝減股本的差額，作為增加股本溢價處理。相關帳務處理如下：
①回購本公司股票
借：庫存股 5,000,000
　貸：銀行存款 5,000,000
庫存股成本＝10,000,000×0.5＝5,000,000（元）
②註銷本公司股票
借：股本 10,000,000
　貸：庫存股 5,000,000
　　　資本公積——股本溢價 5,000,000

【任務操作要求】

1. 學習並理解任務指導
2. 獨立完成給定業務核算

（1）20×3年1月1日，A、B、C三個投資者共同投資設立元和有限責任公司，註冊資本為10,000,000元，A、B、C持股比例為5：4：1。按照章程規定，A、B、C投入資本分別為5,000,000元、4,00,000元和1,000,000元。公司已如期收到各投資者一次繳足的款項。

20×3年12月31日，因擴大經營規模需要，經批准，元和有限責任公司按原出資比例將盈余公積1,000,000元轉增資本。

20×4年6月30日，因擴大經營規模需要，經批准，元和有限責任公司按原出資比例將資本公積500,000元轉增資本。

20×5年6月30日，為擴大經營規模，經批准，元和有限責任公司註冊資本擴大為20,000,000元，A、B、C按照原出資比例分別追加投資，元和有限責任公司同日如期收到A、B、C追加的現金投資。

要求：對上述業務進行帳務處理。

（2）A公司20×4年12月31日的股本為80,000,000股，面值為1元，資本公積（股本溢價）20,000,000元，盈余公積30,000,000元。經股東大會批准，A公司以現金回購本公司股票10,000,000股並註銷。

①假定A公司按每股2元回購股票，不考慮其他因素；
②假定A公司按每股4元回購股票，不考慮其他因素；
③假定A公司按每股7元回購股票，不考慮其他因素。
④假定A公司按每股0.9元回購股票，不考慮其他因素。

要求：對上述業務進行帳務處理。

子任務2　資本公積的核算

【任務目的】

通過完成本任務，使學生明確資本公積的形成、增減變動的核算，涉及的具體帳戶、核算方法、核算內容；讓學生能夠對資本公積的形成、增減等業務獨立進行會計處理，以備在核算實務中熟練運用。

【任務指導】

1. 資本公積概述

資本公積是企業收到投資者出資額超出其在註冊資本（或股本）中所占份額的部分，以及其他資本公積等。資本公積包括資本溢價（或股本溢價）和其他資本公積等。

資本溢價（或股本溢價），是企業收到投資者的超出其在企業註冊資本（或股本）中所占份額的投資。形成資本溢價（或股本溢價）的原因主要有溢價發行股票、投資者超額繳入資本等。

其他資本公積是指除淨損益、其他綜合收益和利潤分配以外所有者權益的其他變動。如：企業的長期股權投資採用權益法核算時，因被投資單位除淨損益、其他綜合收益和利

潤分配以外所有者權益的其他變動,投資企業按應享有份額而增加或減少的資本公積。

企業根據國家有關規定實行股權激勵的,如果在等待期內取消了授予的權益工具,企業應在進行權益工具加速行權處理時,將剩餘等待期內應確認的金額立即計入當期損益,並同時確認資本公積。企業集團(由母公司和其全部子公司構成)內發生的股份支付交易,如結算企業是接受服務企業的投資者,應當按照授予日權益工具的公允價值或應承擔負債的公允價值確認為對接受服務企業的長期股權投資,同時確認資本公積(其他資本公積)或負債。

資本公積的核算包括資本溢價(或股本溢價)的核算、其他資本公積的核算和資本公積轉增資本的核算等內容。

2. 核算業務框架

資本公積核算環節 { 溢價 { 資本溢價 / 股本溢價 }, 其他資本公積, 資本公積轉增資本 }

3. 資本(或股本)溢價的核算

(1) 資本溢價

除股份有限公司外的其他類型企業創立時,投資者認繳的出資額與註冊資本一致,一般不會產生資本溢價。但在企業重組或有新的投資者加入時,常常會出現資本溢價。因為在企業進行正常生產經營後,其資本利潤率通常要高於企業初創階段,另外,企業有內部累積,新投資者加入企業後,對這些累積也要分享,所以新加入的投資者往往要付出大於原投資者的出資額,才能取得與原投資者相同的出資比例。投資者多繳的部分就形成了資本溢價。

[案例4.1.4-12]

江河公司由兩位投資者共投資300,000元設立,每人分別出資150,000元,經營狀況較好。一年后,為擴大經營規模,經批准,江河公司註冊資本增加到450,000元,並引入第三位投資者紅星有限責任公司加入。按照投資協議,新投資者需繳納現金200,000元,同時享有該公司1/3的股份。江河公司已收到該現金投資。假定不考慮其他因素。

案例4.1.4-12解析:

本例中,江河公司收到第三位投資者投入的貨幣資金200,000元,其中按其享有該公司1/3的份額部分,即150,000元應記入「實收資本」科目,另外50,000元屬於資本溢價部分,應記入「資本公積——資本溢價」,相關帳務處理如下:

借:銀行存款	200,000
貸:實收資本——紅星有限責任公司	150,000
資本公積——資本溢價	50,000

(2) 股本溢價

通常股份有限公司是以發行股票的方式籌集股本的,股票可按面值發行,也可按溢價發行,中國目前不準折價發行。與其他類型的企業不同,股份有限公司在成立時可能會溢

價發行股票,因而在成立之初,就可能會產生股本溢價。股本溢價的數額等於股份有限公司發行股票時實際收到的款額超過股票面值總額的部分。

在按面值發行股票的情況下,企業發行股票取得的收入,應全部作為股本處理;在溢價發行股票的情況下,企業發行股票取得的收入,等於股票面值部分作為股本處理,超出股票面值的溢價收入應作為股本溢價處理。

發行股票相關的手續費、佣金等交易費用,如果是溢價發行股票,應從溢價中抵扣,衝減資本公積(股本溢價);無溢價發行股票或溢價金額不足以抵扣的,應將不足抵扣的部分依次衝減盈餘公積和未分配利潤。

[案例4.1.4-13]

重慶大江股份有限公司首次公開發行了普通股50,000,000股,每股面值1元,每股發行價格為4元。公司以銀行存款支付發行手續費、諮詢費等費用共計6,000,000元。發行費用從發行收入中扣除,股款已全部收到,不考慮其他因素。

案例4.1.4-13解析:

本例中,發行收入 = 50,000,000×4 - 6,000,000 = 194,000,000 元,股本溢價 = 194,000,000-50,000,000 = 144,000,000 元。相關帳務處理如下:

借:銀行存款　　　　　　　　　　　　　　　194,000,000
　　貸:股本　　　　　　　　　　　　　　　　　50,000,000
　　　　資本公積——股本溢價　　　　　　　　144,000,000

4. 其他資本公積的核算

其他資本公積是指除資本溢價(或股本溢價)項目以外所形成的資本公積,其中主要是直接計入所有者權益的利得和損失。本書以因被投資單位除淨損益、其他綜合收益和利潤分配以外的所有者權益的其他變動為例,介紹相關的其他資本公積的核算。

企業對某被投資單位的長期股權投資採用權益法核算的,在持股比例不變的情況下,對因被投資單位除淨損益、其他綜合收益和利潤分配以外的所有者權益的其他變動,如果是利得,則應按持股比例計算其應享有被投資企業所有者權益的增加數額;如果是損失,則作相反的分錄。在處置長期股權投資時,應轉銷與該筆投資相關的其他資本公積。

[案例4.1.4-14]

江河公司於20×3年1月1日向重慶大江有限責任公司投資5,000,000元,擁有該公司30%的股權,對該公司的經營決策有重大影響,因而對重慶大江有限責任公司長期股權投資採用權益法核算。20×3年12月31日,重慶大江有限責任公司除淨損益、其他綜合收益和利潤分配以外的所有者權益增加了4,000,000元。假定除此之外,重慶大江有限責任公司的所有者權益沒有變化,重慶大江有限責任公司資產的帳面價值與公允價值一致,江河公司的持股比例也沒有變化,不考慮其他因素。

案例4.1.4-14解析:

本例中,江河公司對重慶大江有限責任公司的長期股權投資採用權益法進行核算,持股比例未發生變化,重慶大江有限責任公司增加了除淨損益、其他綜合收益和利潤分配以外的所有者權益,江河公司應按持股比例分享重慶大江有限責任公司所有者權益的數額4,000,000×30% = 1,200,000元,作為其他資本公積。相關帳務處理如下:

借：長期股權投資——重慶大江有限責任公司　　　　1,200,000
　　貸：資本公積——其他資本公積　　　　　　　　　　1,200,000

5. 資本公積轉增資本的核算

經股東大會或類似機構決議，用資本公積轉增資本時，應衝減資本公積，同時按照轉增資本前的實收資本（或股本）的結構或比例，將轉增的金額記入「實收資本」（或「股本」）科目下各所有者的明細分類帳。

有關帳務處理，參見本項目案例4.1.4-6的有關內容。

對於留存收益這一權益性籌資方式的具體核算內容，見模塊6利潤項目的核算。

【任務操作要求】

1. 學習並理解任務指導
2. 獨立完成給定業務核算

（1）A上市公司20×3—20×4年發生與其股票有關的業務如下：

20×3年1月4日，經股東大會決議，並報有關部門核准，增發普通股40,000萬股，每股面值1元，每股發行價格5元，股款已全部收到並存入銀行。假定不考慮相關稅費。

20×3年6月20日，經股東大會決議，並報有關部門核准，以資本公積4,000萬元轉增股本。

20×4年6月20日，經股東大會決議，並報有關部門核准，以銀行存款回購本公司股票100萬股，每股回購價格為3元。

20×4年6月26日，經股東大會決議，將回購的本公司股票100萬股註銷。

（2）20×1年2月，長江有限責任公司由兩位投資者共投資500,000元設立，每人分別出資250,000元，經營狀況較好。20×3年12月，為擴大經營規模，經批准，長江有限責任公司註冊資本增加到600,000元，並引入第三位投資者紅星有限責任公司加入。按照投資協議，新投資者需繳納現金400,000元，同時享有該公司1/3的股份。長江有限責任公司已收到該現金投資。20×5年3月，經公司股東大會決議，以其他資本公積400,000元轉增資本，並已辦妥轉增手續。

要求：根據上述業務編製有關會計分錄。

任務4.1.4小結

1. 實收資本（股本）取得核算的重點：確定入帳價值。
2. 實收資本（股本）減少核算的重點：股本的減少流程及帳務處理。
3. 資本公積核算的重點：注意由資本（股本）溢價所形成的帳務處理。

項目4.2　投資的核算

【項目介紹】

本項目內容以《企業會計準則第2號——長期股權投資》及《企業會計準則第22號

——金融工具的確認和計量》為指導，主要介紹交易性金融資產、持有至到期投資、可供出售金融資產、長期股權投資的核算方法，要求學生通過學習，對投資的具體核算內容有所認知，通過任務處理，進一步演練借貸記帳法，為會計實務工作打下基礎。

【項目實施標準】

本項目通過完成7項具體任務來實施，具體任務內容結構如表4.2-1所示：

表4.2-1　　　　　　　　「投資的核算」項目任務細分表

任務	子任務
任務4.2.1　對外投資基本認知	—
任務4.2.2　交易性金融資產的核算	—
任務4.2.3　持有至到期投資的核算	—
任務4.2.4　可供出售金融資產的核算	—
任務4.2.5　長期股權投資的核算	1. 認識長期股權投資
	2. 長期股權投資成本法的核算
	3. 長期股權投資權益法的核算

任務4.2.1　對外投資基本認知

【任務目的】

通過完成本任務，使學生瞭解對外投資的具體內容，並對對外投資的確定形成初步認知，為學習后續核算內容打下理論基礎。

【任務指導】

1. 對外投資的概念與意義

（1）對外投資的概念

對外投資，是指企業為了通過分配來增加財富或為了謀求其他利益而將資產讓渡給其他單位而獲得另一種資產，即企業在滿足其內部需要的基礎上仍有余力在內部經營的範圍之外以現金、實物、無形資產方式向其他單位投資，以期在未來獲得投資收益的經濟行為。

（2）對外投資的意義

①從投資中獲得更多的財富。企業生存與發展，需要擁有豐富的物質基礎，有效的投資活動可為企業創造財富，增強企業實力，廣開財源，推動企業不斷發展壯大。

②拓展經營領域，分散經營風險。企業如果將資金投向多個行業，可實現多元化經營，同時也可增加企業的穩定性，有效降低經營風險。

③控制或影響被投資企業的生產經營。企業通過投資，達到一定的比例，可以對被投資企業的生產經營活動產生重大影響，或控制被投資企業的生產經營活動。

2. 對外投資的分類
（1）按投資方式，對外投資可分為直接投資和間接投資。

直接投資：指投資者將貨幣資金直接投入投資項目，形成實物資產或者購買現有企業的投資，通過直接投資，投資者便可以擁有全部或一定數量的企業資產及經營的所有權，直接進行或參與經營管理。直接投資包括對廠房、機械設備、交通工具、通信、土地或土地使用權等各種有形資產的投資和對專利、商標、諮詢服務等無形資產的投資。

間接投資：指投資者以其資本購買公司債券、金融債券或公司股票等各種有價證券，以預期獲取一定收益的投資，由於其投資形式主要是購買各種各樣的有價證券，因此也被稱為證券投資。

（2）按管理當局投資內容及投資意向，對外投資可分為交易性金融資產投資、持有至到期投資、長期股權投資、可供出售金融資產投資等。

除此以外，還有其他的分類方式。比如：按企業對外投資形成的企業擁有的權益不同，分為股權投資和債權投資；按企業對外投資投出資金的收回期限，分為短期投資和長期投資等。

3. 金融資產簡述
（1）金融資產含義

金融資產指企業持有的現金、權益工具投資、從其他單位收取現金或其他金融資產的合同權利以及在潛在有利條件下與其他單位交換金融資產或金融負債的合同權利等。其主要包括：庫存現金、銀行存款、應收款項、貸款、債權投資、股權投資等。企業應當將取得的金融資產根據管理層意向在初始確認時劃分為以下幾個類別：交易性金融資產、持有至到期投資、應收款項、可供出售金融資產。

（2）金融資產的基本特徵

擁有收取現金或其他金融資產的合同權利。比如：甲企業發行一項5年期債券，乙企業購入該項債券，雙方簽訂購銷合同，那麼這個合同就是一項金融工具，甲企業就產生了一項金融負債，乙企業就產生了一項金融資產。

（3）金融資產分類

金融資產的分類與金融資產的計量密切相關。不同類別的金融資產，其初始計量和後續計量採用的基礎也不完全一致。因此，初始分類一經確定，原則上就不應隨意變更。

① 以公允價值計量且其變動計入當期損益的金融資產

這分為兩種：

一是交易性金融資產。為近期出售、賺取價差為目的所購的有活躍市場報價的股票、債券投資、基金投資等。

二是直接指定為以公允價值計量且其變動計入當期損益的金融資產。解決「會計不匹配」。比如，金融資產劃分為可供出售，而相關負債卻以攤餘成本計量，指定後通常能提供更相關的信息。又如，為了避免涉及複雜的套期有效性測試等。

② 持有至到期投資

到期日固定、回收金額固定或可確定、企業有明確意圖和能力持有至到期、有活躍市場。

例如：符合以上條件的債券投資、政府債券、公共部門和準政府債券、金融機構債券、公司債券等。

③貸款和應收款項

活躍市場中沒有報價、回收金額固定或可確定。如：金融企業發放的貸款、其他債權、非金融企業持有的現金、銀行存款、應收帳款等。

④可供出售金融資產

這包括管理層出於風險管理考慮等因素，直接指定為可供出售金融資產；前三類金融資產以外的金融資產。相對於第一和第二種金融資產，此類金融資產持有意圖不明確。

（4）金融資產重分類

交易性金融資產不能重分類為其他金融資產，其他金融資產也不能重分類為交易性金融資產。在一定條件下，持有至到期投資和可供出售金融資產可以重分類。

【任務操作要求】

學習並理解任務指導。

任務 4.2.2　交易性金融資產的核算

【任務目的】

通過完成本任務，使學生明確交易性金融資產業務核算中涉及的具體帳戶，掌握交易性金融資產初始成本的計量、持有期間的股利與利息的計量、期末價值的計量等操作細則，以備在核算實務中熟練運用。

【任務指導】

1. 交易性金融資產的含義及特徵

（1）交易性金融資產的含義

通常情況下，金融資產滿足下列條件，應當劃分為交易性金融資產，即企業取得該金融資產的目的，主要是為了近期內出售。如：企業以賺取差價為目的從二級市場購買的股票、債券等。

（2）交易性金融資產的特徵

以公允價值計量且其變動計入當期損益。

2. 交易性金融資產核算應設置的主要會計科目

為了核算交易性金融資產取得、收了現金股利或利息、處置等相關業務，企業應當設置以下會計科目和帳戶：「交易性金融資產」「公允價值變動損益」「投資收益」「應收股利」「應收利息」等。

「交易性金融資產」帳戶，屬於資產類帳戶，主要用於核算以公允價值進行計量的交易性金融資產，如股票投資、基金投資等。由於資產負債表日公允價值有可能高於或低於帳面價值，因此企業應按資產的性質分別設置「成本」「公允價值變動」等明細科目進行明細核算。

「公允價值變動損益」帳戶，屬於損益類帳戶，指企業因各種資產，如投資性房地產、債務重組、非貨幣交換、交易性金融資產等公允價值變動形成的應計入當期損益的利得或

損失，即公允價值與帳面價值之間的差額。公允價值變動損益反應了資產在持有期間因公允價值變動而產生的損益。期末，該帳戶通常沒有餘額，全部都轉入「本年利潤」帳戶。

「投資收益」帳戶，屬於損益類帳戶，借方登記減少額，貸方登記增加額，指企業對外投資所取得的收益或發生的損失。該收益或損失是已經實現的，不能是還未出售的股票、債券的損益即「浮虧」或「浮盈」。期末，該帳戶通常沒有餘額，全部都轉入「本年利潤」帳戶。

3. 核算業務框架

$$\text{交易性金融資產核算環節}\begin{cases}\text{初始計量}\\\text{持有期間的利息或股利}\\\text{資產負債表日}\begin{cases}\text{公允價值>帳面價值}\\\text{公允價值<帳面價值}\end{cases}\\\text{處置}\end{cases}$$

4. 交易性金融資產的會計處理

（1）交易性金融資產的初始計量

按會計準則的要求，企業取得交易性金融資產時，應當按照取得時的公允價值作為其初始投資成本，記入「交易性金融資產——成本」。

由於交易性金融資產是以公允價值進行計量，因此，取得時發生的相關交易費用應當直接計入當期損益（投資收益），其中交易費包括支付給代理機構、券商等的手續費和佣金以及其他必要支出。

企業取得交易性金融資產時所支付的價款中，包含已宣告但尚未發放的現金股利或已到付息期尚未領取的債券利息，應確認為應收項目，記入「應收股利」科目或「應收利息」科目。

借：交易性金融資產——成本（公允價值）

　　投資收益（發生的交易費用）

　　應收利息（已到付息期尚未領取的債券利息）

　　應收股利（已宣告但尚未發放的現金股利）

貸：其他貨幣資金——存出投資款等（實際支付的金額）

[案例 4.2.2-1]

20×3 年 5 月 15 日，江河公司委託某證券公司從深圳交易所購入上市公司股票 1,000 萬股，並劃分為交易性金融資產，共支付款項 5,600 萬元，其中包括已宣告但尚未發放的現金股利每股 0.6 元。另外，支付相關交易費用 15 萬元。試確認該資產購入時的入帳價值並進行相關帳務處理。

案例 4.2.2-1 解析：

本例中，該股票劃分為交易性金融資產，因此企業的交易性金融資產增加，已宣告但尚未發放的現金股利 1,000×0.6＝600 萬元應計入「應收股利」，相關交易費用應計入「投資收益」，故該交易性金融資產的入帳價值為 5,600－600＝5,000 萬元。相關帳務處理

如下：

借：交易性金融資產——成本　　　　　　　　　　50,000,000
　　應收股利　　　　　　　　　　　　　　　　　 6,000,000
　　投資收益　　　　　　　　　　　　　　　　　　　150,000
　　貸：其他貨幣資金——存出投資款　　　　　　 56,150,000

（2）交易性金融資產持有收益的確認

企業在持有交易性金融資產期間所獲得的現金股利或債券利息，應當確認為「應收股利」或「應收利息」，並記入當期「投資收益」科目。

借：應收股利（或應收利息）
　　貸：投資收益

[案例 4.2.2-2]

接案例 4.2.2-1。20×3 年 5 月 26 日，江河公司收到已宣告但尚未發放的現金股利 600 萬元。同年 6 月 12 日，上市公司宣布發放現金股利，每股 0.1 元，並於 6 月 26 日收到該現金股利。要求進行相關帳務處理。

案例 4.2.2-2 解析：

本例中，20×3 年 5 月 26 日收到的 600 萬元，系在購買時已記入「應收股利」，因此，該股利收到時衝銷先前的「應收股利」。同年 6 月 12 日，對方單位宣布發放的現金股利是持有期間獲取的，應確認為持有期間的收益，記入「投資收益」。相關帳務處理如下：

①20×3 年 5 月 26 日，收到現金股利時：

借：銀行存款　　　　　　　　　　　　　　　　　 6,000,000
　　貸：應收股利　　　　　　　　　　　　　　　　 6,000,000

②20×3 年 6 月 12 日：

借：應收股利　　　　　　　　　　　　　　　　　 1,000,000
　　貸：投資收益　　　　　　　　　　　　　　　　 1,000,000

③20×3 年 6 月 26 日

借：銀行存款　　　　　　　　　　　　　　　　　 1,000,000
　　貸：應收股利　　　　　　　　　　　　　　　　 1,000,000

（3）交易性金融資產的期末計量

交易性金融資產的價值應按資產負債表日的公允價值反應，公允價值與帳面價值之間的差額應計入當期損益，即記入「公允價值變動損益」科目，同時調整該交易性金融資產的帳面價值。如果資產負債表日公允價值高於其帳面餘額，按其差額借記「交易性金融資產——公允價值變動」科目，貸記「公允價值變動損益」；如果資產負債表日公允價值低於其帳面餘額，按其差額借記「公允價值變動損益」科目，貸記「交易性金融資產——公允價值變動」科目。

借：交易性金融資產——公允價值變動
　　貸：公允價值變動損益（或相反分錄）

[案例 4.2.2-3]

接案例 4.2.2-1、案例 4.2.2-2。同年 6 月 30 日，該股票每股市價 4.8 元；同年 12

月 31 日，該股票每股 5.1 元。要求進行相關帳務處理。

案例 4.2.2-3 解析：

本例中，20×3 年 6 月 30 日和 12 月 31 日，由於市場價格變動，以致該交易性金融資產公允價值發生變化，應確認為持有期間的收益，記入「公允價值變動損益」，同時調整「交易性金融資產」的帳面價值。相關帳務處理如下：

①20×3 年 6 月 30 日：

借：公允價值變動損益　　　　　　　　　　　　　2,000,000
　　貸：交易性金融資產——公允價值變動　　　　　　　2,000,000

②20×3 年 12 月 31 日：

借：交易性金融資產——公允價值變動　　　　　　　3,000,000
　　貸：公允價值變動損益　　　　　　　　　　　　　3,000,000

（4）交易性金融資產的處置

處置交易性金融資產時，應當將該金融資產出售時的公允價值與其帳面余額之間的差額確認為當期投資收益；同時將原計入該金融資產的公允價值變動轉出，從「公允價值變動損益」科目，轉入「投資收益」科目。

可見，交易性金融資產從購進到出售，整個期間為企業帶來的累計損益可分為三部分：

①購進時的相關交易費；
②持有期間獲取的現金股利或利息收入；
③出售時確認的投資收益。

企業處置交易性金融資產時，應按實際收到的金額，借記「銀行存款」等科目，按該金融資產的帳面余額，貸記「交易性金融資產」科目，按其差額，貸記或借記「投資收益」科目。同時，將原計入該金融資產的公允價值變動轉出，借記或貸記「公允價值變動損益」科目，貸記或借記「投資收益」科目。

借：其他貨幣資金等
　　貸：交易性金融資產——成本
　　　　　　　　　　　　——公允價值變動（或貸）
　　　　投資收益（差額，或借）

同時：

借：公允價值變動損益
　　貸：投資收益（或相反分錄）

[案例 4.2.2-4]

接案例 4.2.2-1、案例 4.2.2-2、案例 4.2.2-3。假定 20×4 年 3 月 12 日，江河公司出售所持有的該金融資產，所得價款 5,400 萬元，款項已存入銀行。要求進行相關帳務處理。

案例 4.2.2-4 解析：

本例中，江河公司出售了該金融資產，因此該資產已不屬於企業，應將該交易性金融資產的帳面價值全部轉出。在出售時帳面價值與實際收到的價款之差，應確認為投資損

益，計入「投資收益」帳戶。同時，還應將原來由公允價值變動而形成的損益，記入投資收益，即由「公允價值變動損益」轉入「投資收益」。相關帳務處理如下：

借：銀行存款　　　　　　　　　　　　　　　　　　54,000,000
　　貸：交易性金融資產——成本　　　　　　　　　　50,000,000
　　　　　　　　　　——公允價值變動　　　　　　　 1,000,000
　　　　投資收益　　　　　　　　　　　　　　　　　 3,000,000
同時：
借：公允價值變動損益　　　　　　　　　　　　　　　1,000,000
　　貸：投資收益　　　　　　　　　　　　　　　　　 1,000,000

【任務操作要求】
1. 學習並理解任務指導
2. 獨立完成給定業務核算
（1）20×4年3~5月，甲上市公司發生的交易性金融資產業務如下：

3月1日，向D證券公司劃出投資款1,000萬元，款項已通過開戶行轉入D證券公司銀行帳戶。

3月2日，委託D證券公司購入A上市公司股票100萬股，每股8.8元，另發生相關的交易費用6萬元，並將該股票劃分為交易性金融資產。

3月31日，該股票在證券交易所的收盤價格為每股8.30元。

4月30日，該股票在證券交易所的收盤價格為每股9.10元。

5月10日，將所持有的該股票全部出售，所得價款890萬元，已存入銀行。假定不考慮相關稅費。

要求：逐筆編製甲上市公司上述業務的會計分錄。
（會計科目要求寫出明細科目，答案中的金額單位用萬元表示）

（2）A公司有關交易性金融資產業務如下，編製相關會計分錄。

20×1年3月6日A企業以賺取差價為目的從二級市場購入某公司發行的股票100萬股，作為交易性金融資產，取得時公允價值為每股6.2元，其中含已宣告但尚未發放的現金股利0.2元，另支付交易費用6萬元，全部價款以銀行存款支付。

20×1年3月16日收到最初支付價款中所含現金股利。

20×1年12月31日，該股票公允價值為每股5.7元。

20×2年4月21日，某公司宣告發放現金股利0.5元/股。

20×2年4月26日，收到現金股利。

20×2年12月31日，該股票公允價值為每股6.3元。

20×3年3月16日，將該股票全部處置，每股6.35元，支付交易費用5萬元。

要求：
①根據上述資料編製相關會計分錄（答案中的金額用萬元表示）。
②計算該交易性金融資產的累計損益。

（3）甲公司發生如下經濟業務：

20×4年5月10日，甲公司以620萬元（含已宣告但尚未領取的現金股利20萬元）

購入乙公司股票 200 萬股作為交易性金融資產，另支付手續費 6 萬元。

20×4 年 5 月 30 日，甲公司收到現金股利 20 萬元。

20×4 年 6 月 30 日該股票每股市價為 3.2 元。

20×4 年 8 月 10 日，乙公司宣告分派現金股利，每股 0.20 元。

20×4 年 8 月 20 日，甲公司收到分派的現金股利。

20×4 年 12 月 31 日該股票每股市價為 3.6 元。

20×5 年 1 月 3 日以 630 萬元出售該交易性金融資產。

假定甲公司每年 6 月 30 日和 12 月 31 日對外提供財務報告。

要求：編製上述經濟業務的會計分錄。

任務 4.2.2 小結

交易性金融資產核算的重點：

1. 取得時核算的重點：確定入帳價值及交易費用的處理。
2. 持有期間核算的重點：
（1）股利或利息的確認；
（2）資產負債表日公允價值變動的帳務處理。
3. 出售時核算的重點：
（1）處置的投資收益；
（2）結轉的投資收益（原計入公允價值變動損益部分）。

任務 4.2.3　持有至到期投資的核算

【任務目的】

通過完成本任務，使學生明確持有至到期投資業務核算中涉及的具體帳戶，掌握持有至到期投資初始成本的計量、持有期間的計量和期末價值的計量等操作細則，以備在核算實務中熟練運用。

【任務指導】

1. 持有至到期投資的含義及特徵

（1）持有至到期投資的含義

持有至到期投資是指企業購入的到期日固定、回收金額固定或可確定且企業有明確意圖和能力持有至到期的各種債券，如國債和企業債券等。

（2）持有至到期投資的主要特徵

①到期日固定、回收金額固定或可確定：是指相關合同明確了投資者在確定的期間內獲得或應收取現金流量（如投資本息等）的金額和時間。因此，權益工具投資不能劃分為持有至到期投資。

②有明確意圖持有至到期：是指投資者在取得投資時意圖就是明確的。

③有能力持有至到期：是指企業有足夠的財力資源，並不受外部因素影響將投資持有至到期。

2. 持有至到期投資核算應設置的主要會計科目

為了反應和監督持有至到期投資的取得、收取利息、處置等相關業務，企業應當設置以下會計科目和帳戶：「持有至到期投資」「投資收益」「應收利息」等。

「持有至到期投資」帳戶，屬於資產類帳戶，用於核算企業持有至到期投資金融資產的攤余成本。「持有至到期投資」帳戶的借方登記持有至到期投資的取得成本、一次還本付息債券投資在資產負債表日按照票面利率計算確定的應收未收利息等；貸方登記企業出售持有至到期投資時結轉的成本等。由於投資的類別和品種各有不同，因此，企業通常應當設置以下明細科目進行核算：「成本」「利息調整」「應計利息」等。其中「成本」反應債券的面值，「應計利息」用於核算到期一次還本付息債券。

3. 持有至到期投資的分類

作為持有至到期投資購入的債券，按債券還本付息情況，一般分為三類：到期一次還本付息；到期一次還本分期付息；分期還本分期付息。

說明：不同類型的債券分別採用不同的確認與計量方法。

4. 持有至到期投資的計量方法

（1）持有至到期投資應當將取得時的公允價值和相關交易費用之和作為初始確認金額。如果支付的價款中包含已宣告發放債券利息，應單獨確認為應收項目。

（2）持有至到期投資在持有期間應當按照實際利率法確認利息收入，計入投資收益。

（3）實際利率應當在取得持有至到期投資時確定，在隨后期間保持不變。實際利率與票面利率差別很小的，也可按票面利率計算利息收入，計入投資收益。

（4）處置持有至到期投資時，應將所取得價款與該投資帳面價值之間的差額確認為投資收益。

5. 核算業務框架

持有至到期投資核算環節 ｛ 初始計量
持有期間收益計量 ｛ 分期付息、一次還本的債券
一次還本付息的債券
持有期間發生減值
持有至到期投資到期或出售

6. 持有至到期投資的會計核算

（1）持有至到期投資的初始計量

按會計準則的要求，企業取得持有至到期投資時，應當按照公允價值計量，取得持有至到期投資所發生的交易費用計入持有至到期投資的初始確認金額。

企業取得的持有至到期投資，應當按該投資的面值，記入「持有至到期投資——成本」科目；所支付的價款中，包含已到付息期尚未領取的債券利息，應確認為應收項目，記入「應收利息」；按實際支付的金額，貸記「銀行存款」等科目；按其差額，借記或貸記「持有至到期投資——利息調整」科目。

借：持有至到期投資——成本（面值）
　　應收利息（已到付息期尚未領取的債券利息）

贷：銀行存款等
  　　持有至到期投資——利息調整（或借）

[**案例4.2.3-1**]

20×2年1月1日，江河公司購入幾江電子公司同日發行的5年期分期付息，到期一次性還本的公司債券，債券票面價值總額為5,000萬元，票面利率為5%，該債券每年年末支付一次利息。公司用銀行存款實際支付價款4,400萬元，另支付1萬元的交易費用。假設實際利率為8%，公司有意也有能力將該債券持有至到期，試確認該資產購入時的入帳價值並進行相關帳務處理。

案例4.2.3-1解析：

本例中，公司已將購入的債券劃分為持有至到期投資，由於該債券每年年末支付一次利息，即在購入時該債券的價款中沒有已到期未付利息的情況，因此，應按債券的面值記入「持有至到期投資——成本」，按實際支付的價款記入「銀行存款」，倒擠出的差額599萬元，借記「持有至到期投資——利息調整」。相關帳務處理如下：

借：持有至到期投資——成本　　　　　　　　　　50,000,000
　　貸：銀行存款　　　　　　　　　　　　　　　　44,010,000
　　　　持有至到期投資——利息調整　　　　　　　 5,990,000

（2）持有至到期投資持有期間收益的確認

企業在持有至到期投資的會計期間，應按攤余成本對持有至到期投資進行計量。在資產負債表日，按照持有至到期投資攤余成本和實際利率計算確定的債券利息收入，應當作為投資收益進行會計處理。

①實際利率法

持有至到期投資應採用實際利率法計量。所謂實際利率法，是指按實際利率計算攤余成本及各期利息費用的方法。

利息收入＝期初帳面攤余成本×實際利率

應收利息＝票面價值×票面利率

實際利率是指將金融資產在預期存續期間或適用的更短期間內的未來現金流量，折現為該金融資產當前帳面價值所使用的利率。實際利率在相關金融資產預期存續期間或適用的更短期間保持不變，也可用插值法等方法進行估算。

需特別說明的是，如果客觀證據表明以該金融資產的實際利率計算的各期利息收入與名義利率計算的相差很小，也可以採用名義利率替代實際利率使用。

②攤余成本

攤余成本指持有至到期投資初始確認金額經過下列調整后的結果：

扣除已償還的本金，加上或減去採用實際利率法將該初始確認金額與到期日金額間的差額進行攤銷形成的累計攤銷額，再扣除減值損失后的金額。

企業持有至到期投資收益的主要來源是利息收入。企業購入的不同還本付息方式的債券，投資收益的核算方法也有所不同。企業在發行日後或兩個付息日之間購入債券時，實際支付的價款中含有自發行日或付息日至購入日之間的利息。這部分利息應區分不同情況進行處理。

③分期付息、一次還本的債券投資

資產負債表日，由於分期付息債券的利息一般在一年以內能夠收回，按票面利率和面值計算確定的應收未收利息，不計入投資成本，可以視為短期債權，借記「應收利息」科目。

按持有至到期投資的攤余成本和實際利率計算確定的利息收入，貸記「投資收益」科目，按其差額，借記或貸記「持有至到期投資——利息調整」科目。持有至到期投資期末攤余成本=期初攤余成本+本期應計提的利息-本期收到的利息-計提的減值準備。

④一次還本付息的債券投資

資產負債表日，由於到期一次付息債券的利息通常不能在1年以內收回，按票面利率和面值計算確定的應收未收利息，計入投資成本，即：借記「持有至到期投資——應計利息」科目。按持有至到期投資的攤余成本和實際利率計算確定的利息收入，貸記「投資收益」科目，按其差額，借記或貸記「持有至到期投資——利息調整」科目。持有至到期投資期末攤余成本=期初攤余成本+本期應計提的利息-計提的減值準備。

[案例4.2.3-2]

接案例4.2.3-1。資產負債表日，要求對該項持有至到期投資計算利息。

由於江河公司購入的該投資是分期付息、到期一次性還本的公司債券，每期利息計算結果如表4.2-2所示：

表4.2-2　　　　　　　　每期利息計算結果匯總表　　　　　　　單位：萬元

日期	應收利息 a a=面值×5%	現金流量	利息收入 b b=c×8%	年末攤余成本 c c=期初 c+b-a
20×2.1.1				4,401
20×2.12.31	250	250	352.08	4,503.08
20×3.12.31	250	250	360.25	4,613.33
20×4.12.31	250	250	369.07	4,732.4
20×5.12.31	250	250	378.59	4,860.99
20×6.12.31	250	250+5,000		—

註：保留2位小數，四捨五入，數字考慮了計算過程中出現的尾差。

案例4.2.3-2解析：

① 20×2年12月31日

應計提的債券利息=4,401×8%=352.08萬元，而債券實際利息=5,000×5%=250萬元，差額352.08-250=102.08萬元計入「持有至到期投資——利息調整」，增加了該投資的期末攤余成本，故期末攤余成本=4,401+102.08=4,503.08萬元。相關帳務處理如下：

借：應收利息　　　　　　　　　　　　　　　　　　　2,500,000
　　持有至到期投資——利息調整　　　　　　　　　　1,020,800
　　貸：投資收益　　　　　　　　　　　　　　　　　　3,520,800

實際收到該利息時：

借：銀行存款　　　　　　　　　　　　　　　　　2,500,000
　　貸：應收利息　　　　　　　　　　　　　　　　　2,500,000
② 20×3 年 12 月 31 日
應計提的債券利息＝4,503.08×8%＝360.25 萬元，而債券實際利息＝5,000×5%＝250 萬元，差額 360.25－250＝110.25 萬元計入「持有至到期投資——利息調整」，增加了該投資的期末攤余成本，故期末攤余成本＝4,503.08＋110.25＝4,613.33 萬元。相關帳務處理如下：
借：應收利息　　　　　　　　　　　　　　　　　2,500,000
　　持有至到期投資——利息調整　　　　　　　　1,102,500
　　貸：投資收益　　　　　　　　　　　　　　　　3,602,500
實際收到該利息時：
借：銀行存款　　　　　　　　　　　　　　　　　2,500,000
　　貸：應收利息　　　　　　　　　　　　　　　　2,500,000
③ 20×4 年 12 月 31 日
應計提的債券利息＝4,613.33×8%＝369.07 萬元，而債券實際利息＝5,000×5%＝250 萬元，差額 369.07－250＝119.07 萬元計入「持有至到期投資——利息調整」，增加了該投資的期末攤余成本，故期末攤余成本＝4,613.33＋119.07＝4,732.4 萬元。相關帳務處理如下：
借：應收利息　　　　　　　　　　　　　　　　　2,500,000
　　持有至到期投資——利息調整　　　　　　　　1,190,700
　　貸：投資收益　　　　　　　　　　　　　　　　3,690,700
實際收到該利息時：
借：銀行存款　　　　　　　　　　　　　　　　　2,500,000
　　貸：應收利息　　　　　　　　　　　　　　　　2,500,000
④ 20×5 年 12 月 31 日
應計提的債券利息＝4,732.4×8%＝378.59 萬元，而債券實際利息＝5,000×5%＝250 萬元，差額 378.59－250＝128.59 萬元計入「持有至到期投資——利息調整」，增加了該投資的期末攤余成本，故期末攤余成本＝4,732.4＋128.59＝4,860.99 萬元。相關帳務處理如下：
借：應收利息　　　　　　　　　　　　　　　　　2,500,000
　　持有至到期投資——利息調整　　　　　　　　1,285,900
　　貸：投資收益　　　　　　　　　　　　　　　　3,785,900
實際收到該利息時：
借：銀行存款　　　　　　　　　　　　　　　　　2,500,000
　　貸：應收利息　　　　　　　　　　　　　　　　2,500,000
⑤ 20×6 年 12 月 31 日
最後一筆應進行尾數調整，「持有至到期投資——利息調整」帳戶餘額＝599－102.08－110.25－119.07－128.59＝139.01 萬元，而債券實際利息＝5,000×5%＝250 萬元，故本期末

應計提的債券利息＝139.01+250＝389.01 萬元。相關帳務處理如下：
　　借：應收利息　　　　　　　　　　　　　　　　　2,500,000
　　　　持有至到期投資——利息調整　　　　　　　　1,390,100
　　　貸：投資收益　　　　　　　　　　　　　　　　3,890,100
實際收到該利息時：
　　借：銀行存款　　　　　　　　　　　　　　　　　2,500,000
　　　貸：應收利息　　　　　　　　　　　　　　　　2,500,000
（3）持有至到期投資到期
持有至到期投資，到期後本金如期收回。借記「銀行存款」等科目，貸記「持有至到期投資——成本」。

[案例 4.2.3-3]
接案例 4.2.3-2。20×6 年 12 月 31 日，江河公司如期收回所購入的該項債券投資。
案例 4.2.3-3 解析：
　　借：銀行存款　　　　　　　　　　　　　　　　 50,000,000
　　　貸：持有至到期投資——成本　　　　　　　　 50,000,000
（4）持有至到期投資的減值
資產負債表日，持有至到期投資的帳面價值高於預計未來現金流量的現值時，企業應當將該持有至到期投資的帳面價值減記至預計未來現金流量的現值，將減記的金額作為資產減值損失進行會計處理，計入當期損益，同時計提相應的資產減值準備。即：借記「資產減值損失——計提的持有至到期投資減值準備」科目，貸記「持有至到期投資減值準備」科目。

如果已計提的減值準備的持有至到期投資價值以後又得以恢復，應當在原已計提的減值準備金額內予以轉回，轉回的金額計入當期損益。即：借記「持有至到期投資減值準備」科目，貸記「資產減值損失——計提的持有至到期投資減值準備」科目。

[案例 4.2.3-4]
接案例 4.2.3-1。假設 20×3 年 12 月 31 日有證據表明幾江電子公司發生了重大的財務危機，經測試江河公司對該債券的投資確定的減值損失為 120 萬元；20×4 年 12 月 31 日又有客觀證據表明對幾江電子公司的債券投資價值已恢復，且客觀上與確認的該損失後發生的事項有關。假定江河公司確定的應恢復的金額為 100 萬元，試進行相關帳務處理。
案例 4.2.3-4 解析：
本例中，20×3 年 12 月 31 日，該債券投資發生減值，應將減記的 120 萬金額作為資產減值損失進行會計處理，計入當期損益，同時計提相關的減值準備；20×4 年由於與該減值相關的事項使該投資增值，應在原計提的減值準備金額的範圍內，按已恢復的金額作反向處理。相關帳務處理如下：
①20×3 年 12 月 31 日：
　　借：資產減值損失——計提的持有至到期投資減值準備　　1,200,000
　　　貸：持有至到期投資減值準備　　　　　　　　　　　　1,200,000
②20×4 年 12 月 31 日：

借：持有至到期投資減值準備　　　　　　　　　　　　1,000,000
　　貸：資產減值損失——計提的持有至到期投資減值準備　1,000,000

（5）持有至到期投資的出售

企業出售持有至到期投資時，應將取得的價款與帳面價值之間的差額作為投資損益進行會計處理。如果對持有至到期投資計提了減值準備，還應同時結轉減值準備。

企業出售持有至到期投資時，應當按照實際收到的金額，借記「銀行存款」等科目，同時，減少與該持有至到期投資相關科目的帳面餘額，並按照其差額，貸記或借記「投資收益」科目。

[案例4.2.3-5]

接案例4.2.3-2。20×3年1月1日，江河公司將持有的幾江電子公司該債券全部出售，取得價款4,600萬元，已全部存入銀行。

案例4.2.3-5解析：

20×3年1月1日，該投資的帳面餘額為4,503.08萬元，其中：成本明細科目為借方餘額5,000萬元，利息調整明細科目為貸方餘額496.92萬元，並且該債券在此期間還未發生減值準備。相關帳務處理如下：

　　借：銀行存款　　　　　　　　　　　　　　　46,000,000
　　　　持有至到期投資——利息調整　　　　　　 4,969,200
　　　貸：持有至到期投資——成本　　　　　　　50,000,000
　　　　　投資收益　　　　　　　　　　　　　　　　969,200

【任務操作要求】

1. 學習並理解任務指導
2. 獨立完成給定業務核算

唐明化工股份公司，20×3年發生如下有關持有至到期投資的業務：

20×3年1月1日，公司以銀行存款86,064元購入長江公司同時發行的5年期、面值為80,000元、票面利率為12%、到期還本每年付息的債券，利息於第二年的1月6日支付，20×8年1月6日支付本金和最後一次利息。公司購入該債券作為持有至到期投資管理和核算，假如不考慮相關交易費用，並假設實際利率為10%。

要求：

①編製利息調整計算表，做出相關業務的會計處理。

②假設20×5年1月7日，公司將所持有的債券全部出售，取得收入83,000元。做出出售的會計處理。

任務4.2.3 小結

持有至到期投資核算的重點：

1. 取得時核算的重點：注意確定入帳價值。
2. 持有期間核算的重點：
（1）分期付息到期還本和到期一次還本付息的債券利息處理方式不同；
（2）注意攤余成本的計算。

3. 出售時核算的重點：處置的投資收益。

任務 4.2.4　可供出售金融資產的核算

【任務目的】
通過完成本任務，使學生明確可供出售金融資產業務核算中涉及的具體帳戶，掌握可供出售金融資產初始成本的計量、持有期間的計量和期末價值的計量等操作細則，以備在核算實務中熟練運用。

【任務指導】
1. 可供出售金融資產的含義及分類

可供出售金融資產是指初始確認時即被指定為可供出售的非衍生金融資產，以及除下列各類資產以外的金融資產：

（1）貸款和應收款項；
（2）持有至到期投資；
（3）以公允價值計量且其變動計入當期損益的金融資產。

通常情況下，包括企業從二級市場上購入的股票投資、債券投資、基金投資等，並且這些投資沒有被劃分為交易性金融資產或持有至到期投資。

2. 可供出售金融資產核算應設置的主要會計科目

為了反應和監督可供出售金融資產的取得、收取現金股利或利息、處置等相關業務，企業應當設置以下會計科目和帳戶：「可供出售金融資產」「投資收益」「其他綜合收益」等科目。

「可供出售金融資產」帳戶，屬於資產類帳戶，核算企業持有的可供出售金融資產的公允價值。「可供出售金融資產」帳戶的借方登記可供出售金融資產的取得成本、資產負債表日其公允價值高於帳面余額的差額、可供出售金融資產轉回的減值損失等；貸方登記資產負債表日其公允價值低於帳面余額的差額、可供出售金融資產發生的減值損失、出售可供出售金融資產時結轉的成本和公允價值變動。企業應當按照可供出售金融資產的類別和品種，分別設置「成本」「利息調整」「應計利息」「公允價值變動」等明細科目進行核算。

「其他綜合收益」帳戶核算企業可供出售金融資產公允價值變動而形成的應計入所有者權益的利得或損失等。「其他綜合收益」帳戶的借方登記資產負債表日企業持有的可供出售金融資產的公允價值低於帳面余額的差額等；貸方登記資產負債表日企業持有的可供出售金融資產的公允價值高於帳面余額的差額等。

可供出售金融資產發生減值的，也可以單獨設置「可供出售金融資產減值準備」科目。

3. 核算業務框架

可供出售金融資產核算環節 ｛ 初始計量
持有期間的利息或股利
資產負債表日 ｛ 公允價值>帳面價值
公允價值<帳面價值
持有期間發生減值
處置

4. 可供出售金融資產的會計核算

（1）可供出售金融資產的初始計量

企業取得的可供出售金融資產應當按公允價值計量，取得可供出售金融資產時所發生的相關交易費用應計入該資產的初始入帳金額。

企業為取得可供出售金融資產所支付的價款中，包含已到付息期尚未領取的債券利息或已宣告但尚未發放的現金股利，應確認為應收項目，記入「應收利息」或「應收股利」，不構成可供出售金融資產的初始入帳金額。

企業取得的可供出售金融資產（權益性投資），應當按照該金融資產取得時的公允價值與交易費用之和，借記「可供出售金融資產——成本」科目，按照支付的價款中包含的已宣告但未發放的現金股利，借記「應收股利」科目，按照實際支付的金額，貸記「銀行存款」等科目。

企業取得的可供出售金融資產（債券投資），應當按照該債券的面值，借記「可供出售金融資產——成本」科目，按照支付的價款中包含的已到付息期尚未領取的利息，借記「應收利息」科目，按照實際支付的金額，貸記「銀行存款」等科目，按照其差額，借記或貸記「可供出售金融資產——利息調整」科目。

[案例4.2.4-1]

20×3年1月1日，江河公司購入天成公司發行的股票300萬股，占天成公司有表決權股份的5%，江河公司將其劃分為可供出售金融資產，共計支付價款1,615萬元，其中，包含交易費4萬元、已宣告但未發放的現金股利11萬元。

案例4.2.4-1解析：

本例中，公司已將購入的股票劃分為可供出售金融資產，該投資屬於權益性投資，應當按照該金融資產取得時的公允價值與交易費用之和，即1,604萬元，計入「可供出售金融資產——成本」科目，按照支付的價款中包含的已宣告但未發放的現金股利11萬元，計入「應收股利」科目，按照實際支付的金額，貸記「銀行存款」。相關帳務處理如下：

借：可供出售金融資產——成本　　　　　　　　　　16,040,000
　　應收股利　　　　　　　　　　　　　　　　　　　　110,000
　　貸：銀行存款　　　　　　　　　　　　　　　　16,150,000

[案例4.2.4-2]

20×3年1月1日，江河公司購入東方公司發行的公司債券，該筆債券於2012年1月1日發行，面值100萬元，票面利率5%，上年的債券利息於下年初支付。江河公司將其

劃分為可供出售金融資產，用銀行存款支付價款 115 萬元，其中包含已到付息期尚未支付的債券利息 5 萬元，另外公司還支付了 3 萬元的交易費用。

案例 4.2.4-2 解析：

本例中，公司已將購入的股票劃分為可供出售金融資產，該投資屬於債券投資，應當按照該債券的面值，即 100 萬元，計入「可供出售金融資產——成本」科目，按照支付的價款中包含的已到付息期未發放的債券利息 5 萬元，計入「應收利息」科目，按照實際支付的金額，貸記「銀行存款」。按其差額：115+3-100-5＝13 萬元，計入「可供出售金融資產——利息調整」科目。相關帳務處理如下：

借：可供出售金融資產——成本　　　　　　　　　　　　　　1,000,000
　　　　　　　　　　——利息調整　　　　　　　　　　　　　 130,000
　　　應收利息　　　　　　　　　　　　　　　　　　　　　　　50,000
　　貸：銀行存款　　　　　　　　　　　　　　　　　　　　　1,180,000

假設 20×3 年 2 月 3 日，收到上年度的利息 5 萬元。

借：銀行存款　　　　　　　　　　　　　　　　　　　　　　　　50,000
　　貸：應收利息　　　　　　　　　　　　　　　　　　　　　　50,000

（2）可供出售金融資產持有期間股利或利息確認

企業在可供出售金融資產持有期間所獲得的現金股利或債券利息，應當確認為「投資收益」。

可供出售金融資產為分期付息、一次還本債券投資的，在資產負債表日，企業應當按照可供出售債券的面值和票面利率計算確定的應收未收利息，借記「應收利息」科目，按照可供出售債券的攤餘成本和實際利率計算確定的利息收入，貸記「投資收益」科目，按照其差額借記或貸記「可供出售金融資產——利息調整」科目。

可供出售金融資產為一次還本付息債券投資的，在資產負債表日，企業應當按照可供出售債券的面值和票面利率計算確定的應收未收利息，借記「可供出售金融資產——應計利息」科目，按照可供出售債券的攤餘成本和實際利率計算確定的利息收入，貸記「投資收益」科目，按照其差額，借記或貸記「可供出售金融資產——利息調整」科目。

[案例 4.2.4-3]

接案例 4.2.4-1。20×4 年 1 月 15 日，天成公司宣布發放現金股利，每股 0.1 元。

案例 4.2.4-3 解析：

借：應收股利　　　　　　　　　　　　　　　　　　　　　　　300,000
　　貸：投資收益　　　　　　　　　　　　　　　　　　　　　　300,000

假設公司於 2 月 10 日收到天成公司發放的現金股利並存入銀行，則：

借：銀行存款　　　　　　　　　　　　　　　　　　　　　　　300,000
　　貸：應收股利　　　　　　　　　　　　　　　　　　　　　　300,000

（3）可供出售金融資產期末公允價值變動

可供出售金融資產的價值應按資產負債表日的公允價值反應，公允價值與帳面價值之間的差額應計入所有者權益，即計入「其他綜合收益」科目，不構成當期利潤，同時調整該可供出售金融資產的帳面價值。如果資產負債表日公允價值高於其帳面餘額，按其差額

借記「可供出售金融資產——公允價值變動」科目，貸記「其他綜合收益」；如果資產負債表日公允價值低於其帳面餘額，按其差額借記「其他綜合收益」科目，貸記「可供出售金融資產——公允價值變動」科目。

[案例4.2.4-4]

接案例4.2.4-1。20×3年3月31日，所購的天成公司的股票市價為15,840,000元，6月30日，所購的天成公司股票市值16,120,000元。

案例4.2.4-4解析：

本例中，20×3年3月31日，由於市場價格變動，以致該可供出售金融資產公允價值發生變化，市價為15,840,000元，帳面價值為16,040,000元，公允價值小於帳面價值的金額200,000元，應記入「其他綜合收益」科目的借方，同時調整「可供出售金融資產」的帳面價值；6月30日，由於市場價格變動，以致該可供出售金融資產公允價值發生變化，市價為16,120,000元，帳面價值為15,840,000元，公允價值大於帳面價值的金額280,000元，應記入「其他綜合收益」科目的貸方，同時調整「可供出售金融資產」的帳面價值。相關帳務處理如下：

①20×3年3月31日

借：其他綜合收益——可供出售金融資產公允價值變動　　200,000
　　貸：可供出售金融資產——公允價值變動　　　　　　　　　200,000

②20×3年6月30日

借：可供出售金融資產——公允價值變動　　　　　　　　280,000
　　貸：其他綜合收益——可供出售金融資產公允價值變動　　280,000

（4）可供出售金融資產的減值

資產負債表日，確定可供出售金融資產發生減值的，應當將應減記的金額作為資產減值損失進行會計處理，同時直接衝減可供出售金融資產或計提相應的資產減值準備。對於已確認減值損失的可供出售金融資產，在隨后會計期間內公允價值已上升且客觀上與確認原減值損失事項有關的，應當在原已確認的減值損失範圍內轉回，同時調整資產減值損失或所有者權益。

資產負債表日，確定可供出售金融資產發生減值的，應當按照應減記的金額，借記「資產減值損失」科目，按照應從所有者權益中轉出原計入其他綜合收益的累計損失金額，貸記「其他綜合收益」科目，按照其差額，貸記「可供出售金融資產——減值準備」科目。

借：資產減值損失
　　貸：其他綜合收益（原計入其他綜合收益的累計損失金額）
　　　　可供出售金融資產——減值準備（差額）

對於已確認減值損失的可供出售債務工具（債券投資），在隨后會計期間內公允價值已上升且客觀上與確認原減值損失事項有關的，應當在原已確認的減值損失範圍內按已恢復的金額予以轉回，計入當期損益（資產減值損失）。

借：可供出售金融資產——減值準備
　　貸：資產減值損失

對於已確認減值損失的可供出售權益工具投資（股票投資），在隨後會計期間公允價值已上升且客觀上與確認原減值損失事項有關的，不得通過損益轉回，轉回時記入「其他綜合收益」科目。

借：可供出售金融資產——減值準備
　　貸：其他綜合收益

(5) 可供出售金融資產的處置

企業出售可供出售金融資產，應當將取得的價款與帳面余額之間的差額作為投資損益進行會計處理，同時，將原計入該金融資產的公允價值變動轉出，由其他綜合收益轉為投資收益。如果對可供出售金融資產計提了減值準備，還應當同時結轉減值準備。

企業出售可供出售的金融資產，應當按照實際收到的金額，借記「銀行存款」等科目，按該可供出售金融資產的帳面余額，貸記「可供出售金融資產——成本、公允價值變動、利息調整、應計利息」科目，按照其差額，貸記或借記「投資收益」科目。同時，按照應從所有者權益中轉出的公允價值累計變動額，借記或貸記「其他綜合收益」科目，貸記或借記「投資收益」科目。

[案例4.2.4-5]

接案例4.2.4-1、案例4.2.4-4。20×3年7月3日，公司將所持有的天成公司的股票全部出售，共計收到價款16,240,000元，款項已存入銀行，假設不考慮其他因素。

案例4.2.4-5解析：

本例中，到20×3年7月3日，該可供出售金融資產未發生減值，其帳面價值為16,120,000元，其中，「可供出售金融資產——成本」16,040,000元、「可供出售金融資產——公允價值變動」80,000元，實際收到的價款16,240,000元，其差額16,240,000-16,040,000-80,000=120,000元，應記入「投資收益」，同時從所有者權益中轉出原公允價值累計變動額。相關帳務處理如下：

借：銀行存款　　　　　　　　　　　　　　　　　16,240,000
　　貸：可供出售金融資產——成本　　　　　　　　　　16,040,000
　　　　　　　　　　　　——公允價值變動　　　　　　　　80,000
　　　　投資收益　　　　　　　　　　　　　　　　　　120,000

同時：

借：其他綜合收益——可供出售金融資產公允價值變動　　80,000
　　貸：投資收益　　　　　　　　　　　　　　　　　　80,000

【任務操作要求】

1. 學習並理解任務指導
2. 獨立完成給定業務核算

唐明化工股份公司，20×4年發生如下有關可供出售金融資產的業務：

20×4年3月20日，公司從上海證券交易所購入長城公司股票100,000股，每股市價5元，其中0.2元為已宣告尚未發放的現金股利，另發生交易費用20,000元，款項均以銀行存款支付，企業將其作為可供出售金融資產進行管理和核算。

(1) 20×4年4月11日，收到長城公司發放的現金股利20,000元，已存入銀行；

（2）20×4 年 6 月 30 日，該股票每股市價為 4.8 元；
（3）20×4 年 12 月 31 日，該股票每股市價為 5.3 元；
（4）20×5 年 3 月 21 日，長城公司宣告發放 20×4 年的現金股利，每股 0.3 元；
（5）20×5 年 4 月 11 日，收到長城公司發放的上年度現金股利；
（6）20×5 年 5 月 25 日，公司將其所持長城公司股票全部出售，售價為每股 5.5 元，款項已存入銀行。

要求：完成唐明化工股份公司從購入到出售該可供出售金融資產業務的會計帳務處理。

任務 4.2.4 小結

1. 可供出售金融資產（股票投資）核算的重點
（1）取得時核算的重點：注意確定入帳價值。
（2）持有期間核算的重點：①注意現金股利的處理；②資產負債表日公允價值的變動。
（3）出售時核算的重點：①處置的投資收益；②結轉的投資收益（原計入其他綜合收益部分）。

2. 可供出售金融資產（債券投資）核算的重點
（1）取得時核算的重點：注意確定入帳價值。
（2）后續計量核算的重點：分期付息、到期還本與到期一次還本付息處理方式不同。

任務 4.2.5 長期股權投資的核算

子任務 1　認識長期股權投資

【任務目的】

通過完成本任務，使學生明確長期股權投資核算涉及的具體帳戶、核算方法、核算內容；讓學生能夠獨立進行相關帳務處理，以備在核算實務中熟練運用。

【任務指導】

1. 長期股權投資概念

長期股權投資，是指投資企業對被投資單位實施控制、重大影響的權益性投資，以及對其合營企業的權益性投資。除此之外，其他權益性投資不作為長期股權投資進行核算，而應當按照《企業會計準則第 22 號——金融工具確認和計量》的規定進行會計核算。

控制，是指投資方擁有對被投資方的權力，通過參與被投資方的相關活動而享有其回報，並且有能力運用對被投資方的權力影響其回報金額。企業能夠對被投資單位實施控制，則被投資單位為本企業的子公司，投資企業稱為母公司。例如：甲公司直接對乙公司投資占 60%，則甲公司取得乙公司 60% 的表決權資本，甲公司可控制乙公司，是其母公司，而乙公司則為其子公司。

共同控制，是指按照相關約定對某項安排所共有的控制，並且該安排的相關活動必須

經過分享控制權的參與方一致同意后才能決策。企業與其他方對被投資單位實施共同控制的，被投資單位為本企業的合營企業。

重大影響，是指投資企業對被投資單位的財務和經營政策有參與決策的權力，但並不能夠控制或與其他方一起共同控制這些政策的制定。企業能夠對被投資單位施加重大影響，被投資單位為本企業的聯營企業。投資企業通常可通過以下一種或幾種情形來判斷是否對被投資單位具有重大影響：

（1）在被投資單位的董事會或類似權力機構中派代表；
（2）參與被投資單位財務和經營政策制定過程；
（3）與被投資單位之間發生重要交易；
（4）向被投資單位派出管理人員；
（5）向被投資單位提供關鍵技術資料等。

但需注意，存在上述一種或多種情況並不意味著投資方一定對被投資單位具有重大影響。在具體操作中，應綜合分析，做出合理的、恰當的、正確的判斷。

2. 長期股權投資核算方法

長期股權投資核算方法有兩種：成本法、權益法。

（1）成本法核算的長期股權投資的範圍

投資企業能夠對被投資單位實施控制的長期股權投資，即企業對於子公司的長期股權投資，應當採用成本法核算，投資企業為投資性主體且子公司不納入其合併財務報表的除外。

（2）權益法核算的長期股權投資的範圍

企業對被投資單位具有共同控制或重大影響時，長期股權投資應當採用權益法核算：

企業對被投資單位具有共同控制的長期股權投資，即對合營企業的長期股權投資。

企業對被投資單位具有重大影響的長期股權投資，即對聯營企業的長期股權投資。

3. 長期股權投資核算應設置的主要會計科目

為了反應和監督企業長期股權投資的取得、持有和處置等情況，企業應當設置「長期股權投資」「投資收益」「其他綜合收益」等科目。

「長期股權投資」科目核算企業持有的長期股權投資，借方登記長期股權投資取得時的初始投資成本以及採用權益法核算時按被投資單位實現的淨損益、其他綜合收益和其他權益變動等計算的應分享的份額，貸方登記處置長期股權投資的帳面餘額或採用權益法核算時被投資單位宣告分派現金股利或利潤時企業按持股比例計算應享有的份額，以及按被投資單位發生的淨虧損、其他綜合收益和其他權益變動等計算的應分擔的份額，期末借方餘額，反應企業持有的長期股權投資的價值。

本科目應當按照被投資單位進行明細核算。長期股權投資核算採用權益法的，應當分別設置「投資成本」「損益調整」「其他綜合收益」「其他權益變動」等明細科目，進行明細核算。

4. 長期股權投資初始計量的原則

企業在取得長期股權投資時，應按初始投資成本入帳。在不同的取得方式下，初始投資成本的確定方法有所不同。企業應當區分企業合併和非企業合併兩種情況確定長期股權

投資的初始投資成本。

企業取得長期股權投資時，實際支付的價款或對價中包含已宣告但尚未領取的現金股利或利潤，作應收項目，不構成長期股權投資的初始成本。

除企業合併形成的長期股權投資以外，以支付現金取得的長期股權投資，應當按照實際支付的購買價款作為初始投資成本。

企業所發生的與取得長期股權投資直接相關的費用、稅金及其他必要支出應計入長期股權投資的初始投資成本。

5. 長期股權投資的形成類型
（1）企業合併形成的長期股權投資；
（2）以支付現金方式取得的長期股權投資；
（3）接受投資者投入的長期股權投資；
（4）以發行權益性證券方式取得的長期股權投資；
（5）通過非貨幣性資產交換方式、債務重組方式取得長期股權投資等。

【任務操作要求】
學習並理解任務指導。

子任務2　長期股權投資成本法的核算

【任務目的】
通過完成本任務，使學生明確長期股權投資成本法核算的具體內容及程序，掌握長期股權投資在成本法下取得、持有、處置等相關操作細則，以備在核算實務中熟練運用。

【任務指導】
1. 長期股權投資初始投資成本的確定

除企業合併形成的長期股權投資以外，以支付現金方式取得的長期股權投資，應當將實際支付的購買價款作為初始投資成本。投資企業所發生的與取得長期股權投資直接相關的費用、稅金及其他必要支出應計入長期股權投資的初始投資成本。

此外，投資企業取得長期股權投資，實際支付的價款或對價中包含的已宣告但尚未發放的現金股利或利潤，作為應收項目處理，不構成長期股權投資的成本。

[案例4.2.5-1]

20×5年3月1日，江河公司以銀行存款購入長城公司股票3,000股，每股價格10.5元（含已宣告但未發放的現金股利每股0.5元），支付相關稅費6,000元，準備長期持有，從而擁有長城公司51%的股份。試確認該項長期股權投資的初始投資成本。

案例4.2.5-1解析：

20×5年3月1日，江河公司為購入長城公司股票實際支付價款為：3,000×10.5+6,000=37,500元。其中：3,000×0.5=1,500元不能計入初始投資成本，而應作為應收項目處理，另外支付的相關稅費6,000元應計入初始投資成本。因此，該項投資的初始投資成本為：

3,000×10.5+6,000-3,000×0.5=36,000（元）

2. 核算業務框架

成本法核算環節 ｛ 初始投資成本的確認
持有期間 ｛ 被投資單位宣布發放現金股利或利潤
　　　　　收到現金股利或利潤
　　　　　發生減值
處置

3. 取得長期股權投資的帳務處理

取得長期股權投資時，應按照初始投資成本計價。在成本法核算下，除追加或收回長期股權投資外，長期股權投資的帳面價值一般保持不變。

除企業合併形成的長期股權投資以外，以支付現金等方式取得的長期股權投資，應當按照上述規定確定的長期股權投資初始投資成本，借記「長期股權投資」科目，貸記「銀行存款」等科目。如果實際支付的價款中包含有已宣告但尚未分派的現金股利或利潤，借記「應收股利」科目。

借：長期股權投資（初始投資成本）
　　應收股利（已宣告但尚未分派的現金股利或利潤）
　貸：銀行存款等（實際支付的價款總額）

[案例 4.2.5-2]

江河公司 20×3 年 2 月 15 日，以銀行存款購入華夏公司發行的股票 100,000 股作為長期股權投資，該股票占華夏公司股份的 51%，每股購入價為 10.2 元，其中含有已宣告未發放的現金股利每股 0.2 元，另支付相關稅費 8,000 元。試確認該股票購入時的入帳價值並進行相關帳務處理。

案例 4.2.5-2 解析：

本例中，江河公司已將購入的股票作為長期股權投資並按成本法進行核算，首先應確定該項長期股權投資的初始投資成本。由於實際支付的價款中包含有已宣告但尚未分派的現金股利 100,000×0.2=20,000 元，所以應計入應收項目「應收股利」，不應計入初始投資成本。投資企業所發生的與取得長期股權投資相關的稅費應計入長期股權投資的初始投資成本。故初始投資成本為：100,000×(10.2−0.2)+8,000=1,008,000 元。相關帳務處理如下：

借：長期股權投資　　　　　　　　　　　　　　　　1,008,000
　　應收股利　　　　　　　　　　　　　　　　　　　　20,000
　貸：銀行存款　　　　　　　　　　　　　　　　　　1,028,000

假定上述業務中，江河公司 20×3 年 2 月 25 日，收到華夏公司分派的現金股利，並存入銀行。

借：銀行存款　　　　　　　　　　　　　　　　　　　　20,000
　貸：應收股利　　　　　　　　　　　　　　　　　　　20,000

4. 持有期間被投資單位宣告發放現金股利或利潤

成本法下，長期股權投資持有期間被投資單位宣告分派現金股利或利潤時，投資企業按應享有的份額確認為當期投資收益，借記「應收股利」科目，貸記「投資收益」科目。

借：應收股利（被投資企業宣告發放的現金股利或利潤×持股比例）
　　貸：投資收益

[案例 4.2.5-3]

接案例 4.2.5-2。華夏公司 20×3 年 11 月 23 日，宣布發放現金股利 50,000 元，同年 12 月 3 日收到該現金股利，並存入銀行。

案例 4.2.5-3 解析：

本例中，江河公司按應享有的份額確認為當期投資收益，即 50,000×51%＝25,500 元。相關帳務處理如下：

① 20×3 年 11 月 23 日

借：應收股利　　　　　　　　　　　　　　　　　　　　　25,500
　　貸：投資收益　　　　　　　　　　　　　　　　　　　　25,500

② 20×3 年 12 月 3 日

借：銀行存款　　　　　　　　　　　　　　　　　　　　　25,500
　　貸：應收股利　　　　　　　　　　　　　　　　　　　　25,500

5. 長期股權投資的處置

處置長期股權投資時，按照實際取得的價款與長期股權投資帳面價值的差額確認為投資損益，並應同時結轉已計提的長期股權投資減值準備。

投資企業處置長期股權投資時，應當按照實際收到的金額，借記「銀行存款」等科目，按照原已計提的減值準備，借記「長期股權投資減值準備」科目，按照該項長期股權投資的帳面餘額，貸記「長期股權投資」科目，按照尚未領取的現金股利或利潤，貸記「應收股利」科目，按照其差額，貸記或借記「投資收益」科目。

借：銀行存款（實際取得價款淨額）
　　長期股權投資減值準備
　　貸：長期股權投資（帳面餘額）
　　　　應收股利（尚未領取的現金股利或利潤）
　　　　投資收益（差額或借方）

[案例 4.2.5-4]

接案例 4.2.5-3。華夏公司 20×4 年 7 月 3 日，宣布發放現金股利 60,000 元，同年 7 月 25 日公司以每股 15 元的價格將所持的所有股份全部售出，支付相關稅費 10,000 元，收到價款全部存入銀行。假設從購買到出售一直沒有計提減值準備。

案例 4.2.5-4 解析：

本例中，江河公司在持有期間長期股權投資成本未發生變化，且未計提減值準備，因此出售時只需將原帳面價值轉出，貸「長期股權投資」科目；實際收到的價款 100,000×15−10,000＝1,490,000 元，借記「銀行存款」科目；同時將已宣告未發放的現金股利作為應收項目，貸記「應收股利」；按其差額確認為投資收益。相關帳務處理如下：

① 20×4 年 7 月 3 日

借：應收股利　　　　　　　　　　　　　　　　　　　　　30,600
　　貸：投資收益　　　　　　　　　　　　　　　　　　　　30,600

② 20×4 年 7 月 25 日
借：銀行存款 1,490,000
　　貸：長期股權投資 1,008,000
　　　　應收股利 30,600
　　　　投資收益 451,400

【任務操作要求】
1. 學習並理解任務指導
2. 獨立完成給定業務核算

（1）甲公司 20×2 年 1 月 2 日，以每股買入價 10 元的價格從證券市場購入乙公司的股票 200 萬股，另支付相關費用 20 萬元，並準備長期持有，擁有乙公司 51%的股份。

20×2 年 2 月 25 日，乙公司宣告 20×1 年股利分配方案，每股派發 0.2 元現金股利；

20×2 年 3 月 10 日收到現金股利；

20×2 年度，乙公司實現淨利潤 800 萬元；

20×3 年 2 月 25 日，乙公司宣告 20×2 年股利分配方案，每股派發 0.3 元現金股利；

20×3 年 3 月 10 日收到現金股利；

20×3 年度，乙公司發生虧損 200 萬元；

20×4 年 2 月 11 日，甲公司將持有的乙公司股票全部出售，收到價款淨額 1,900 萬元，款項已收存銀行。

要求：根據上述資料，完成甲公司相關帳務處理。

（2）長江公司 20×1 年 9 月 15 日，以銀行存款購入甲公司的股票 100,000 股作為長期股權投資，占甲公司發行在外的有表決權的股票的 60%。每股購入價為 9 元，其中包含已宣告還未分配的現金股利每股 0.3 元，另外支付相關稅費 6,000 元。

20×1 年 9 月 20 日，長江公司收到甲公司分來的購入時已宣告但未發放的現金股利；

20×2 年 3 月 10 日，甲公司宣告發放現金股利 610,000 元；

20×2 年 11 月 22 日，長江公司將甲公司的股票以每股 14 元的價格全部售出，支付相關稅費 5,000 元，價款已存入銀行，並且從購入到出售一直沒有計提減值準備。

要求：根據上述資料，完成長江公司相關帳務處理。

子任務 3　長期股權投資權益法的核算

【任務目的】
通過完成本任務，使學生明確長期股權投資權益法核算的具體內容及程序，掌握長期股權投資在權益法下取得、持有、處置等相關操作細則，以備在核算實務中熟練運用。

【任務指導】
1. 長期股權投資的權益法基本知識規範

權益法是指最初以投資成本計量，以後則要根據投資企業實現的淨利潤或虧損以及所有者權益的其他變動，對長期股權投資的帳面價值進行相應調整的一種會計處理方法。

為了核算其最初成本與變動情況，需要在長期股權投資帳戶下開設「投資成本」「損益調整」「其他綜合收益」「其他權益變動」四個明細帳戶進行明細核算。

2. 核算業務框架

權益法核算環節
- 初始成本的確認
  - 初始投資成本>佔有份額
  - 初始股資成本<佔有份額
- 持有期間
  - 被投資單位實現盈利或虧損
  - 被投資單位宣布發放現金股利或利潤
  - 收到現金股利或利潤
  - 被投資單位其他綜合收益變動
  - 被投資單位其他權益變動
  - 持有期間發生減值
- 處置

3. 長期股權投資的取得的帳務處理

投資企業取得長期股權投資採用權益法核算時，要比較「初始投資成本」與「應享有被投資單位可辨認淨資產公允價值份額」的大小，取金額大者作為長期股權投資的成本。其中：

初始投資成本=取得長期股權投資直接相關費用+稅金+其他必要支出

應享有被投資單位可辨認淨資產公允價值份額=投資時被投資單位的所有者權益公允價值×持股比例

（1）長期股權投資的初始投資成本大於投資時應享有被投資單位可辨認淨資產公允價值份額的，不調整已經確認的初始投資成本，按初始投資成本的金額，借記「長期股權投資——投資成本」科目，貸記「銀行存款」等科目。

借：長期股權投資——投資成本　　　　　　　　　　　　（初始投資成本）
　　應收股利（已宣告發放但尚未發放的現金股利或利潤）
　貸：銀行存款（實際支付的價款）

（2）長期股權投資的初始投資成本小於投資時應享有被投資單位可辨認淨資產公允價值份額的，按應享有的被投資單位可辨認淨資產公允價值份額的金額，借記「長期股權投資——投資成本」科目，貸記「銀行存款」等科目，按照其差額，貸記「營業外收入」科目。

借：長期股權投資——投資成本（應享有被投資單位可辨認淨資產公允價值份額）
　　應收股利（已宣告發放但尚未發放的現金股利或利潤）
　貸：銀行存款（實際支付的價款）
　　　營業外收入（差額）

[案例4.2.5-5]

20×1年1月1日，江河公司從二級市場購入星星公司股票10萬股，每股價格5.1元（其中含已宣告未發放的現金股利0.1元），占30%的股權，支付相關稅費7,500元，並對星星公司產生重大影響，款項全部用銀行存款支付。20×1年1月1日，星星公司所有者權益合計為200萬元（與可辨認淨資產公允價值相等）。20×1年1月23日，江河公司收到星星公司發放的20×0年度的現金股利，存入銀行。

案例4.2.5-5 解析：

本例中，江河公司購入星星公司股票，占30%的股權，並對其產生重大影響，所以，該項投資採用權益法進行核算。

長期股權投資的初始投資成本＝100,000×(5.1-0.1)+7,500＝507,500（元）

應享有被投資單位可辨認淨資產公允價值份額＝2,000,000×30%＝600,000（元）

初始投資成本小於投資時應享有被投資單位可辨認淨資產公允價值份額的，按應享有的被投資單位可辨認淨資產公允價值份額的金額，借記「長期股權投資——投資成本」科目，貸記「銀行存款」等科目，按照其差額，貸記「營業外收入」科目。相關帳務處理如下：

①20×1年1月1日

借：長期股權投資——投資成本　　　　　　　　　　　600,000
　　應收股利　　　　　　　　　　　　　　　　　　　10,000
　　貸：銀行存款　　　　　　　　　　　　　　　　　　517,500
　　　　營業外收入　　　　　　　　　　　　　　　　　92,500

②20×1年1月23日

借：銀行存款　　　　　　　　　　　　　　　　　　　10,000
　　貸：應收股利　　　　　　　　　　　　　　　　　　10,000

4. 持有長期股權投資期間帳務處理

在權益法下，投資企業在持有長期股權投資期間，要根據被投資單位所有者權益的變動，相應調整其占被投資單位的權益。

(1) 被投資單位實現淨利潤時，應根據被投資單位實現的淨利潤計算應享有的份額，借記「長期股權投資——損益調整」科目，貸記「投資收益」科目。

借：長期股權投資——損益調整
　　貸：投資收益

(2) 被投資單位發生淨虧損時，作與實現淨利潤相反的會計分錄，借記「投資收益」科目，貸記「長期股權投資——損益調整」科目。

注意：以「長期股權投資」的帳面價值減記至零為限。長期股權投資的帳面價值是「投資成本」「損益調整」「其他權益變動」「其他綜合收益」四個明細的合計。長期股權投資帳面價值減記至零，意味著「對××單位投資」的這四個明細科目合計為零。除按照以上步驟已確認的損失外，按照投資合同或協議約定將承擔的損失確認為預計負債。除上述情況仍未確認的應分擔被投資單位的損失，在備查簿中登記。發生虧損的被投資單位以後實現淨利潤的，應按與上述相反的順序進行處理。

借：投資收益
　　貸：長期股權投資——損益調整

(3) 被投資單位以後宣告分派現金股利或利潤時，投資企業計算應分得的部分，借記「應收股利」科目，貸記「長期股權投資——損益調整」科目。實際收到發放的現金股利或利潤時，借記「銀行存款」等科目，貸記「應收股利」。如果被投資單位宣告發放的是股票股利，就不進行帳務處理，只在備查簿中進行登記。

借：應收股利
　　貸：長期股權投資——損益調整

（4）投資企業在持有長期股權投資期間，應當按照應享有或應分擔被投資單位實現其他綜合收益的份額，借記「長期股權投資——其他綜合收益」科目，貸記「其他綜合收益」科目。這裡所講的「其他綜合收益」，是指企業根據其會計準則規定未在當期損益中確認的各項利得和損失。

借：長期股權投資——其他綜合收益
　　貸：其他綜合收益（或作相反分錄）

投資企業在對權益法下的長期股權投資確認投資收益和其他綜合收益時，還需要注意以下兩個方面：

一是被投資單位採用的會計政策及會計期間與投資企業不一致的，應當按照投資企業的會計政策及會計期間對被投資單位的財務報表進行調整，並據以確認投資收益和其他綜合收益等。

二是投資企業計算確認應享有或應分擔被投資單位的淨損益時，與聯營企業、合營企業之間發生的未實現內部交易損益按照應享有的比例計算歸屬於投資企業的部分，應當予以抵銷，在此基礎上確認投資收益。投資企業與被投資單位發生的未實現內部交易損失，按照《企業會計準則第8號——資產減值》等的有關規定屬於資產減值損失的，應當全額確認。

（5）投資企業對於被投資單位除淨損益、其他綜合收益和利潤分配以外的所有者權益的其他變動，應當按照持股比例計算應享有的份額。

借：長期股權投資——其他權益變動
　　貸：資本公積——其他資本公積（或作相反分錄）

[案例4.2.5-6]

接案例4.2.5-5。20×1年度公司實現淨利潤40萬元，20×2年1月5日，星星公司宣告發放現金股利10萬元，並於2月3日收到該現金股利存入銀行，同年5月31日，星星公司可供出售金融資產的公允價值增加了4萬元，20×2年度，星星公司新產品研發失敗，當年公司虧損20萬元。

案例4.2.5-6解析：

在權益法下，江河公司在持有長期股權投資期間，要根據被投資單位所有者權益的變動，相應調整其在被投資單位的權益。因此，20×1年星星公司實現淨利潤時，應根據實現的淨利潤計算應享有的份額：400,000×30%＝120,000元，借記「長期股權投資——損益調整」科目，貸記「投資收益」科目；20×2年1月當星星公司宣布發放現金股利時，江河公司根據應分得的部分：100,000×30%＝30,000元，借記「應收股利」科目，貸記「長期股權投資——損益調整」科目；20×2年5月，星星公司可供出售金融資產的公允價值增加，江河公司應按相應的份額：40,000×30%＝12,000元，借記「長期股權投資——其他綜合收益」科目，貸記「其他綜合收益」科目；20×2年度星星公司損失，應根據發生的淨損失計算應承擔的份額：200,000×30%＝60,000元，借記「投資收益」科目，同時貸記「長期股權投資——損益調整等」科目。相關帳務處理如下：

① 20×1 年 12 月 31 日
借：長期股權投資——損益調整　　　　　　　　　　　　120,000
　　貸：投資收益　　　　　　　　　　　　　　　　　　　　　　120,000
② 20×2 年 1 月 5 日
借：應收股利　　　　　　　　　　　　　　　　　　　　　30,000
　　貸：長期股權投資——損益調整　　　　　　　　　　　　　　30,000
③ 20×2 年 2 月 3 日
借：銀行存款　　　　　　　　　　　　　　　　　　　　　30,000
　　貸：應收股利　　　　　　　　　　　　　　　　　　　　　　30,000
④ 20×2 年 5 月 31 日
借：長期股權投資——其他綜合收益　　　　　　　　　　　12,000
　　貸：其他綜合收益　　　　　　　　　　　　　　　　　　　　12,000
⑤ 20×2 年 12 月 31 日
借：投資收益　　　　　　　　　　　　　　　　　　　　　60,000
　　貸：長期股權投資——損益調整　　　　　　　　　　　　　　60,000

5. 處置長期股權投資的帳務處理

投資企業處置長期股權投資時，應轉出長期股權投資的帳面價值，包括成本、損益調整、其他權益變動、其他綜合收益。應按照實際收到的金額，借記「銀行存款」等科目，按照原已計提的減值準備，借記「長期股權投資減值準備」科目，按照該長期股權投資的帳面餘額，貸記「長期股權投資」科目，按照尚未領取的現金股利或利潤，貸記「應收股利」科目，按照其差額，貸記或借記「投資收益」科目。

同時，將原計入「其他綜合收益」的相關金額，按結轉的長期股權投資的投資成本比例結轉原記入「其他綜合收益」科目的金額，借記或貸記「其他綜合收益」科目，貸記或借記「投資收益」科目。

同時，還應按照結轉的長期股權投資的投資成本比例結轉原記入「資本公積——其他資本公積」科目的金額，借記或貸記「資本公積——其他資本公積」科目，貸記或借記「投資收益」科目。

[案例 4.2.5-7]

接案例 4.2.5-6。20×3 年 2 月 10 日，江河公司將其持有的星星公司全部股份出售，每股售價 6 元，另外支付相關稅費 15,000 元，款項已存入銀行。

案例 4.2.5-7 解析：

本例中，江河公司將股票全部售出時，其「長期股權投資——投資成本」餘額為 600,000 元；「長期股權投資——損益調整」餘額為 30,000 元；「長期股權投資——其他綜合收益」餘額為 12,000 元，應全部轉出，長期股權投資的帳面價值與實際收到的款項之間的差額應計入「投資收益」。同時，將原計入「其他綜合收益」的金額轉入「投資收益」。相關帳務處理如下：

借：銀行存款　　　　　　　　　　　　　　　　　　　　585,000
　　投資收益　　　　　　　　　　　　　　　　　　　　　57,000

  貸：長期股權投資——投資成本 　　　　　　　　　　　　　　600,000
       ——損益調整 　　　　　　　　　　　　　　　　30,000
       ——其他綜合收益 　　　　　　　　　　　　　　12,000
同時：
  借：其他綜合收益 　　　　　　　　　　　　　　　　　　　　12,000
   貸：投資收益 　　　　　　　　　　　　　　　　　　　　　 12,000
  6. 長期股權投資減值
（1）長期股權投資減值金額的確定
  企業應當關注長期股權投資的帳面價值在資產負債表日是否存在可能發生減值的情況，即長期股權投資的帳面價值大於享有被投資單位所有者權益帳面價值的份額等類似情況。出現類似情況時，投資企業應當按照《企業會計準則第 8 號——資產減值》對長期股權投資進行減值測試，其可收回金額低於帳面價值的，應將該長期股權投資的帳面價值減記至可收回金額，減記的金額確認為減值損失，計入當期損益，同時計提相應的資產減值準備。
  （2）長期股權投資減值的帳務處理
  企業計提長期股權投資減值準備，應當設置「長期股權投資減值準備」科目進行核算。按減記的金額，借記「資產減值損失——計提的長期股權投資減值準備」科目，貸記「長期股權投資減值準備」科目。
  注意：長期股權投資減值損失一經確認，在以后會計期間不得轉回。只有在處置該資產時，才能予以結轉。

【任務操作要求】
1. 學習並理解任務指導
2. 獨立完成給定業務核算
（1）甲上市公司發生下列長期股權投資業務，編製相關會計分錄：
  20×2 年 1 月 3 日，購入乙公司股票 580 萬股，占乙公司有表決權股份的 25%，對乙公司的財務和經營決策具有重大影響，甲公司將其作為長期股權投資，採用權益法核算。每股價格 8 元，每股價格中包含已宣告但尚未發放的現金股利 0.25 元，另外支付相關稅費 7 萬元。款項均以銀行存款支付。當日，乙公司所有者權益的帳面價值（與其公允價值不存在差異）為 18,000 萬元。
  20×2 年 3 月 16 日，收到乙公司宣告分派的現金股利；
  20×2 年度，乙公司實現淨利潤 3,000 萬元；
  20×3 年 2 月 16 日，乙公司宣告分派 20×2 年度股利，每股分派現金股利 0.20 元；
  20×3 年 3 月 12 日，甲上市公司收到乙公司分派的 20×2 年度的現金股利；
  20×3 年末，甲上市公司經測試長期股權投資可收回金額是 5,130 萬元；
  20×4 年 1 月 4 日，甲上市公司出售所持有的全部乙公司的股票，共取得價款 5,200 萬元。
  （2）20×2 年 2 月 25 日，A 公司用銀行存款 6,300 萬元取得 B 公司 30% 的股權，支付的價款中包含已宣告但未發放的現金股利 40 萬元，另支付相關稅費 20 萬元，並準備長期持有。購入當日，B 公司的可辨認淨資產公允價值為 22,000 萬元。

20×2 年 3 月 10 日，收到 B 公司分派的上述股利；

20×2 年度，B 公司實現淨利潤 800 萬元，資本公積變動 300 萬元；

20×3 年 2 月 16 日，B 公司宣告分派 20×2 年度現金股利 450 萬元；

20×3 年 3 月 12 日，收到 B 公司分派的 20×2 年度現金股利；

20×3 年度，B 公司實現淨利潤 100 萬元，A 公司判斷長期股權投資存在減值跡象，經測試得出可回收金額 5,900 萬元；

20×4 年 2 月 1 日，A 公司將持有的 B 公司的股票全部出售，收到價款淨額 6,115 萬元，款項已存入銀行。

要求：編製 A 公司上述經濟業務事項的會計分錄。（答案中的金額單位用萬元表示）

（3）A 公司 20×2 年 1 月 1 日~20×4 年 1 月 5 日，發生了下列與長期股權投資相關的經濟業務：

A 公司 20×2 年 1 月 1 日，從證券市場上購入上市公司 B 發行在外的 30% 的股份並準備長期持有，從而對 B 公司能夠施加重大影響，實際支付款項 1,840 萬元（含已宣告但未發放的現金股利 100 萬元），另支付相關稅費 10 萬元。20×2 年 3 月 1 日，B 公司可辨認淨資產公允價值為 6,000 萬元。

20×2 年 1 月 20 日，收到現金股利。

20×2 年 12 月 31 日，B 公司可供出售金融資產的公允價值發生變動，使 B 公司其他綜合收益增加了 100 萬元。

20×2 年 B 公司實現淨利潤 400 萬元。

20×3 年 3 月 10 日，B 宣告發放現金股利 50 萬元。

20×3 年 3 月 25 日，收到發放的現金股利。

20×3 年 B 公司實現淨利潤 500 萬元。

20×4 年 1 月 5 日，A 公司將所持有的 B 公司的股份全部對外出售，收到價款 2,100 萬元並存入銀行。

要求：編製 A 公司上述經濟業務事項的會計分錄。（答案中的金額單位用萬元表示）

任務 4.2.5 小結

長期股權投資成本法和權益法的主要區別如表 4.2-3 所示：

表 4.2-3

區別項目（屬被投資單位）	成本法	權益法
①實現淨利潤	×	增加長期股權投資帳面價值
②發生淨虧損	×	減少長期股權投資帳面價值
③影響所有者權益「其他綜合收益」的交易事項	×	增加或減少長期股權投資帳面價值
④被投資單位除淨損益、其他綜合收益等以外所有者權益的其他變動	×	增加或減少長期股權投資帳面價值
⑤向投資者分派現金股利或利潤	按應享有的份額確認投資收益	減少長期股權投資帳面價值

模塊 5　職工薪酬會計崗位涉及的業務核算

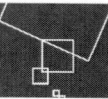

【模塊介紹】

1. 職工薪酬簡介

職工薪酬，是指企業為獲得職工提供的服務而給予各種形式的報酬和其他相關支出，以及為職工配偶、子女、受贍養人、已故員工遺屬及其他受益人等提供的福利。《企業會計準則第9號——職工薪酬》（2014）規定職工薪酬主要包括短期薪酬、離職后福利、辭退福利和其他長期職工福利。

2. 職工薪酬會計崗位主要職責

（1）嚴格按照本單位工資薪酬核算辦法，定期組織、支付職工薪酬；

（2）定期根據考勤表或計件薪酬統計表，依據出勤天數、崗位標準、各種補貼和獎金分配方案等有關內容，正確編製薪酬結算表並辦理代扣各種款項；

（3）依據國家規定正確提取職工福利費、職工教育經費、工會經費等有關費用，並進行帳務處理；

（4）按照薪酬支付對象和成本核算的要求，編製薪酬費用分配表，向有關部門提供薪酬分配的明細資料並進行帳務處理。

3. 職工薪酬會計崗位具體核算內容

以《企業會計準則》分類為指南，結合國家對高職高專財經類學生專業素質要求，本模塊主要介紹對職工及職工薪酬的認知、職工短期薪酬和職工離職后福利的具體核算、管理方法。

項目 5.1　職工薪酬核算基本認知

【項目介紹】

本項目內容以《企業會計準則第9號——職工薪酬》及其應用指南為指導，主要講述職工薪酬準則對職工內涵與外延界定、職工薪酬分類及其具體內容、會計核算科目設置等內容。通過本項目的學習，使學生理解掌握本準則對職工的界定、職工薪酬核算的內容及核算科目的設置，為后續職工薪酬具體核算業務學習做好知識儲備。

【項目實施標準】

本項目通過完成 3 項具體任務來實施，具體任務內容結構如表 5.1-1 所示：

表 5.1-1　　　　　「職工薪酬核算基本認知」項目任務細分表

任務	子任務
任務 5.1.1　職工的界定	—
任務 5.1.2　職工薪酬的界定	—
任務 5.1.3　職工薪酬核算科目設置	—

任務 5.1.1　職工的界定

【任務目的】

通過完成本任務，使學生理解職工薪酬準則中對職工內涵與外延的界定，為后續學習職工薪酬核算打下理論基礎。

【任務指導】

1. 職工的概念

職工，是指與企業訂立勞動合同的所有人員，含全職、兼職和臨時職工，也包括雖未與企業訂立勞動合同但由企業正式任命的人員。

2. 職工的具體範圍

根據《企業會計準則第 9 號——職工薪酬》對職工的界定，職工至少包括以下範圍：

（1）與企業訂立勞動合同的所有人員，含全職、兼職和臨時職工

按照《中華人民共和國勞動法》和《中華人民共和國勞動合同法》的規定，企業作為用人單位應當與勞動者訂立勞動合同。準則中的職工首先應當包括這部分人員，即與企業訂立了固定期限、無固定期限或者以完成一定工作為期限的勞動合同的所有人員（包括全職、兼職及臨時職工）。

（2）雖未與企業訂立勞動合同但由企業正式任命的人員

企業按照有關規定設立董事、監事或者董事會、監事會的，其所聘請的獨立董事、外部監事等，雖然沒有與企業訂立勞動合同，但屬於由企業相關權力機構（股東會、董事會等）正式任命的人員，也屬於準則所稱的職工。

（3）在企業的計劃和控制下，雖未與企業訂立勞動合同或未由其正式任命，但向企業所提供服務與該企業職工所提供服務類似的人員

按照《中華人民共和國勞動合同法》等法律規定，雖未與企業訂立勞動合同或未由其正式任命，但存在向企業提供與該企業職工所提供服務類似的人員，也屬於準則所稱職工的範疇，其中包括企業通過與勞務仲介公司簽訂用工合同而向企業提供服務的人員（即勞務派遣人員）。

[案例 5.1.1-1]（單選題）新修訂的《職工薪酬》準則將以往沒有明確說明的以下

哪類人群列入了職工範疇？（　　）。

A. 生產工人　　　　　　　　B. 企業勞務派遣人員
C. 外部審計師　　　　　　　D. 管理人員

案例 5.1.1-1 解析：

新修訂的準則明確了職工範圍。除了與企業訂立勞動合同的所有人員外，職工範圍還包括雖未與企業訂立勞動合同但由企業正式任命的人員。針對頗具爭議的勞務派遣問題，新準則明確了那些向企業所提供服務與職工所提供服務類似的人員也都屬於職工的範疇，而不管其是否與企業訂立勞動合同或由其正式任命。因此本案例選擇 B 選項。

【任務操作要求】

1. 學習並理解任務指導
2. 獨立完成給定任務

（1）（單選題）以下各項中，不屬於職工薪酬準則中的「職工」的是（　　）。

A. 臨時工
B. 獨立董事
C. 兼職財務人員
D. 為企業提供審計服務的註冊會計師

（2）（多選題）下列各項中，屬於職工薪酬準則中所稱職工的有（　　）。

A. 與企業訂立勞動合同的兼職職工
B. 與企業訂立勞動合同的臨時工
C. 企業監事會成員
D. 企業與勞務仲介公司簽訂用工合同而向企業提供服務的人員

任務 5.1.2　職工薪酬的界定

【任務目的】

通過完成本任務，使學生準確理解《企業會計準則第 9 號——職工薪酬》對職工薪酬的界定，掌握職工薪酬的分類及其具體構成內容，為后續職工薪酬核算知識學習打下理論基礎。

【任務指導】

1. 職工薪酬的定義

按照《企業會計準則第 9 號——職工薪酬》，職工薪酬是指企業為獲得職工提供的服務或解除勞動關係而給予的各種形式的報酬或補償。此外，企業提供給職工配偶、子女、受贍養人、已故員工遺屬及其他受益人等的福利，也屬於職工薪酬。

2. 職工薪酬的分類

《企業會計準則第 9 號——職工薪酬》將職工薪酬分成以下四大類：短期薪酬、離職後福利、辭退福利和其他長期職工福利。

（1）短期薪酬

短期薪酬，是指企業預期在職工提供相關服務的年度報告期間結束後十二個月內將全

部予以支付的職工薪酬，但因解除與職工的勞動關係給予的補償除外（因解除與職工的勞動關係而給予的補償屬於辭退福利的範疇）。

（2）離職后福利

離職后福利，是指企業為獲得職工提供的服務而在職工退休或與企業解除勞動關係后提供的各種形式的報酬和福利，但屬於短期薪酬和辭退福利的除外。

（3）辭退福利

辭退福利，是指企業在職工勞動合同到期之前解除與職工的勞動關係，或者為鼓勵職工自願接受裁減而給予職工的補償。

（4）其他長期職工福利

其他長期職工福利，是指除短期薪酬、離職后福利、辭退福利之外所有的職工薪酬。

[案例5.1.2-1]（單選題）職工薪酬準則中規範的職工薪酬不包括以下哪項？（　）。

A. 短期薪酬　　　　　　　　B. 辭退福利
C. 其他長期職工福利　　　　D. 應繳稅費

案例5.1.2-1解析：

職工薪酬，是指企業為獲得職工提供的服務或終止勞動合同關係而給予的各種形式的報酬。其具體包括：短期薪酬、離職后福利、辭退福利、其他長期職工福利。因此，本案例選擇D選項。

3. 職工薪酬的具體構成

（1）短期薪酬

短期薪酬主要包括以下內容：

①職工工資、獎金、津貼和補貼

這是指企業支付給職工的計時工資、計件工資，支付給職工的超額勞動報酬，為了補償職工特殊或額外的勞動消耗和因其他特殊原因支付給職工的津貼，以及為了保證職工工資水平不受物價影響支付給職工的物價補貼等。其中，企業按照短期獎金計劃向職工發放的獎金屬於短期薪酬，按照長期獎金計劃向職工發放的獎金屬於其他長期職工福利。

②職工福利費

這是指企業向職工提供的生活困難補助、喪葬補助費、撫恤費、職工異地安家費、防暑降溫費等（貨幣性）職工福利支出。

③醫療保險費、工傷保險費和生育保險費等社會保險費

這是指企業按照國家或省（自治區、直轄市）人民政府規定的計提基準和比例計算，向社會保障經辦機構繳存的醫療保險費、工傷保險費和生育保險費。

④住房公積金

這是指企業按照國家規定的計提基準和比例計算，向住房公積金管理機構繳存的長期住房儲金。

⑤工會經費和職工教育經費

這是指企業為了改善職工文化生活、為職工學習先進技術和提高文化水平和業務素質，用於開展工會活動和職工教育及職業技能培訓等的相關支出。

⑥短期帶薪缺勤

根據中國勞動法的規定，國家實行帶薪休假制度，勞動者在法定節假日和婚喪假期間以及依法參加社會活動等期間，用人單位應當依法支付工資。

短期帶薪缺勤，是指職工雖然缺勤但企業仍向其支付報酬的安排，包括年休假、病假、婚假、產假、喪假、探親假等。

⑦短期利潤分享計劃

這是指因職工提供服務而與職工達成的基於利潤或其他經營成果提供薪酬的協議。

⑧其他短期薪酬

這是指除上述薪酬以外的其他為獲得職工提供的服務而給予的短期薪酬。

（2）離職后福利

離職后福利計劃，是指企業與職工就離職后福利達成的協議，或者企業為向職工提供離職后福利制定的規章或辦法等。

離職后福利計劃按照企業承擔的風險和義務情況，可以分為設定提存計劃和設定受益計劃。

①設定提存計劃

設定提存計劃，是指企業向獨立的基金繳存固定費用后，如果該基金不能擁有足夠資產以支付與當期和以前期間職工服務相關的所有福利，企業不再承擔進一步支付義務的離職后福利計劃。

設定提存計劃在中國已廣泛採用，常見的養老保險金、失業保險金等均屬於設定提存計劃範疇。

根據中國養老保險制度相關文件的規定，職工養老保險待遇即收益水平與企業在職工提供服務各期的繳費水平不直接掛鉤，企業承擔的義務僅限於按照規定標準提存的金額，屬於國際財務報告準則中所稱的設定提存計劃。

②設定受益計劃

設定受益計劃，是指除設定提存計劃以外的離職后福利計劃，是企業承諾在職工退休時一次或分期支付一定金額的養老金，只要職工退休時企業有能力履行支付義務，就必須履行。但是企業是否按時提取養老金及提取多少，都由企業自行決定。

[案例5.1.2-2]（單選題）下列各項中，屬於離職后福利的是（　　）。

A. 職工津貼和補貼　　　　　　B. 養老保險
C. 職工福利費　　　　　　　　D. 住房公積金

案例5.1.2-2解析：

根據職工薪酬準則規定，常見的養老保險、失業保險為離職后福利中的設定提存計劃，因此，本案例正確答案為B。

（3）辭退福利

《企業會計準則第9號——職工薪酬》有關辭退福利的內容主要包括：

①在職工勞動合同尚未到期前，不論職工本人是否願意，企業決定解除與職工的勞動關係而給予的補償。這類辭退福利費是確定的。

②在職工勞動合同尚未到期前，為鼓勵職工自願接受裁減而給予的補償，職工有權利

選擇繼續在職或接受補償離職。這類辭退福利費是預計的。

辭退福利通常採取解除勞動關係時一次性支付補償的方式，也採取在職工不再為企業帶來經濟利益后，將職工工資支付到辭退后未來某一期間的方式。

企業應當根據辭退福利的定義和包括的內容，區分辭退福利與正常退休的養老金。辭退福利是在職工與企業簽訂的勞動合同到期前，企業根據法律與職工本人或職工代表（如工會）簽訂的協議，或者基於商業慣例，承諾當其提前終止對職工的雇傭關係時支付的補償，引發補償的事項是辭退，因此，企業應當在辭退職工時進行辭退福利的確認和計量。職工在正常退休時獲得的養老金，是其與企業簽訂的勞動合同到期時，或者職工達到了國家規定的退休年齡時獲得的退休后生活補償金額，引發補償的事項是職工在職時提供的服務，而不是退休本身，因此，企業應當在職工提供服務的會計期間進行養老金的確認和計量。

另外，職工雖然沒有與企業解除勞動合同，但未來不再為企業提供服務，不能為企業帶來經濟利益，企業承諾提供實質上具有辭退福利性質的經濟補償的，如發生「內退」等情況，在其正式退休日期之前應當比照辭退福利處理，在其正式退休日期之後，應當按照離職后福利處理。

[案例5.1.2-3]（單選題）下列各項中，有關應付職工薪酬說法正確的是（　　）。
A. 為職工支付的住房公積金屬於職工薪酬
B. 自產產品與外購產品發放給職工不屬於職工薪酬
C. 因解除與職工的勞動關係給予的補償不屬於職工薪酬
D. 給員工買的商業保險不屬於職工薪酬

案例5.1.2-3解析：
根據2014年修訂后的《企業會計準則第9號——職工薪酬》的規定，由企業為職工承擔、繳納的住房公積金，也需要通過應付職工薪酬核算，因此，本案例應選擇A選項。

（4）其他長期職工福利

其他長期職工福利是指除短期薪酬、離職后福利和辭退福利以外的其他所有職工福利，包括以下各項（假設預計在職工提供相關服務的年度報告期末以后12個月內不會全部結算）：長期帶薪缺勤、其他長期服務福利、長期殘疾福利、長期利潤分享計劃和長期獎金計劃，以及遞延酬勞等。

企業向職工提供的其他長期職工福利，符合設定提存計劃條件的，應當按照設定提存計劃的有關規定進行會計處理。符合設定受益計劃條件的，企業應當按照設定受益計劃的有關規定確認和計量其他長期職工福利淨負債或淨資產。

[案例5.1.2-4]（多選題）下列各項中，應計入應付職工薪酬的有（　　）。
A. 為職工支付的培訓費
B. 為職工支付的補充養老保險
C. 因解除職工勞動合同支付的補償款
D. 為職工進行健康檢查而支付的體檢費

案例5.1.2-4解析：
根據職工薪酬準則規定，本案例中A、B、C、D選項均屬於應付職工薪酬核算內容。

【任務操作要求】

1. 學習並理解任務指導
2. 獨立完成給定任務

(1)（單選題）下列項目中，不屬於職工薪酬的是（   ）。
　A. 獨立董事的薪酬　　　　　　　B. 職工子女贍養福利
　C. 職工因公出差的差旅費　　　　D. 因解除職工勞動合同支付的補償款

(2)（單選題）以下不屬於短期薪酬的是（   ）。
　A. 職工工資　　　　　　　　　　B. 職工福利費
　C. 利潤分享計劃　　　　　　　　D. 離職后福利

任務 5.1.2 小結

《企業會計準則第 9 號——職工薪酬》準則中職工薪酬的主要構成：①短期薪酬；②離職后福利；③辭退福利；④其他長期職工福利。

任務 5.1.3　職工薪酬核算科目設置

【任務目的】

通過完成本任務，使學生理解《企業會計準則第 9 號——職工薪酬》對各類職工薪酬核算業務會計科目的設置，能正確區分各類職工薪酬業務，掌握職工薪酬相關會計科目適用業務及其類型。

【任務指導】

1. 短期薪酬核算科目設置

根據短期薪酬核算內容，職工薪酬準則將短期薪酬業務劃分為一般短期薪酬、短期帶薪缺勤、短期利潤分享計劃（或獎金計劃）三類。

一般短期薪酬業務主要包括：職工工資、獎金、津貼和補貼以及職工福利費，為職工提供的非貨幣性福利，為職工繳納的醫療保險費、工傷保險費、生育保險費等社會保險費和住房公積金，以及按規定提取的職工工會經費和職工教育經費等。對該類業務在「應付職工薪酬」科目下，根據上述一般短期薪酬具體內容設置「工資」「職工福利費」「非貨幣性福利」「醫療保險費」「工傷保險費」「生育保險費」「住房公積金」「工會經費」「職工教育經費」等明細科目。

對短期帶薪缺勤業務，應當根據其性質及其職工享有的權利，分為累計帶薪缺勤和非累計帶薪缺勤。為分別核算兩類短期帶薪缺勤，可以在「應付職工薪酬」科目下設「帶薪缺勤」二級科目，根據帶薪缺勤權利是否可以累計結轉下年，在「帶薪缺勤」二級科目下按「累計帶薪缺勤」「非累計帶薪缺勤」分設三級明細科目。對帶薪缺勤業務不多的企業，可以不設置「帶薪缺勤」二級科目，而直接將「累計帶薪缺勤」「非累計帶薪缺勤」設置為二級明細科目。

存在短期利潤分享計劃（或獎金計劃）業務的企業，可在「應付職工薪酬」科目下設置「短期利潤分享計劃」或「獎金計劃」二級明細科目。

2. 離職后福利核算科目

職工薪酬準則規定離職后福利包括兩類：一類是退休福利（如養老金和一次性的退休支付），即設定提存計劃；一類是其他離職后福利（如離職后人壽保險和離職后醫療保障），即設定受益計劃。因此，核算該類業務時，在「應付職工薪酬」科目下，設置「離職后福利」二級科目，再根據兩類離職后福利分別設置「設定提存計劃」「設定受益計劃」兩個三級明細科目。對離職后福利業務不多的企業，可以不設置「離職后福利」二級科目，而直接設置「設定提存計劃」「設定受益計劃」二級明細科目。

3. 辭退福利核算科目

對辭退業務，由於導致辭退義務產生的事項是終止雇傭而不是為獲得職工的服務，因此，企業應當將辭退福利作為單獨一類職工薪酬進行核算。企業在確定提供給職工經濟補償是否為辭退福利時，需區分辭退福利和正常退休養老金。正常退休養老金不屬於辭退福利性質，因此，本類業務需在「應付職工薪酬」下設置「辭退福利」二級明細科目。

4. 其他長期職工福利核算科目

除短期薪酬、離職后福利和辭退福利以外的其他所有職工福利，屬於其他長期職工福利核算內容，通過在「應付職工薪酬」科目下設置「其他長期職工福利」二級科目進行核算。其他長期職工福利核算內容主要包括：長期帶薪缺勤、其他長期服務福利、長期殘疾福利、長期利潤分享計劃和長期獎金計劃等。因此，可在上述「其他長期職工福利」二級科目下分別設置「長期帶薪缺勤」「其他長期服務福利」「長期殘疾福利」「長期利潤分享計劃」「長期獎金計劃」等三級明細科目。對涉及其他長期職工福利業務不多的企業，可直接將上述各三級明細科目上升為二級明細科目進行設置。

【任務操作要求】

學習並理解任務指導。

項目 5.2　短期薪酬的核算

【項目介紹】

本項目根據《企業會計準則第 9 號——職工薪酬》及其應用指南，主要介紹職工短期薪酬業務的核算。具體又將短期薪酬核算分為貨幣性短期薪酬和非貨幣性短期薪酬兩類。對貨幣性短期薪酬核算主要講解工資、職工福利費、按國家規定計提相關項目以及短期帶薪缺勤四項業務；對非貨幣性短期薪酬業務主要介紹企業以自產產品作為非貨幣性福利發放給職工、企業將其擁有的房屋等資產供職工無償使用、企業租賃住房等資產供職工無償使用三類業務的核算。

【項目實施標準】

本項目通過完成 5 項具體任務來實施，具體任務內容結構如表 5.2-1 所示。

表 5.2-1　「短期薪酬的核算」項目任務細分表

任務	子任務
任務 5.2.1　貨幣性短期薪酬的核算	1. 工資的核算
	2. 職工福利費的核算
	3. 國家規定計提標準的薪酬的核算
	4. 短期帶薪缺勤的核算
任務 5.2.2　非貨幣性短期薪酬的核算	—

任務 5.2.1　貨幣性短期薪酬的核算

根據職工薪酬準則的規定，在職工為企業提供服務的會計期間，企業應當核算的職工貨幣性短期薪酬主要包括：工資、職工福利費、國家規定計提標準的薪酬、短期帶薪缺勤。以下按上述四個子任務分別予以介紹。

子任務 1　工資的核算

【任務目的】

通過本任務的學習，使學生把握職工工資、獎金、津貼和補貼核算內容，通過案例講解及任務操作，使學生能正確掌握該類業務的會計處理。

【任務指導】

1. 科目設置

為核算企業發生的職工工資、獎金、津貼和補貼等貨幣性短期薪酬，應設置「應付職工薪酬——工資」科目。該科目貸方登記企業當期計提應該支付給職工的各類工資等，借方登記企業實際支付給職工的工資，期末餘額在貸方，反應尚未支付給職工的工資等。

2. 核算業務框架

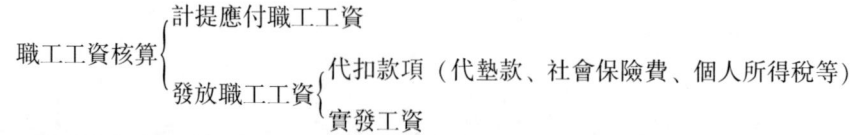

職工工資核算 { 計提應付職工工資 ; 發放職工工資 { 代扣款項（代墊款、社會保險費、個人所得稅等）; 實發工資 }

3. 工資的業務處理

企業應當在職工為其提供服務的會計期間，根據職工提供服務的受益對象，確認應付的職工工資、獎金、津貼和補貼，借記「在建工程」「研發支出」「勞務成本」「生產成本」「製造費用」「管理費用」「銷售費用」等科目，貸記「應付職工薪酬——工資」科目。

[案例 5.2.1-1]

江河公司 2014 年 8 月「工資費用分配匯總表」中列示：產品生產人員工資為 600,000 元，車間管理人員工資為 120,000 元，企業行政管理人員工資為 100,000 元，專設銷售機構人員工資為 20,000 元。

要求：編製江河公司上述業務會計分錄。
案例 5.2.1-1 解析：

借：生產成本		600,000
製造費用		120,000
管理費用		100,000
銷售費用		20,000
貸：應付職工薪酬——工資		840,000

企業發放工資、獎金、津貼、補貼時，按實際發放金額，借記「應付職工薪酬——工資」科目，貸記「銀行存款」「庫存現金」等科目；對企業從應付職工薪酬中扣還和代扣的各種款項（代墊的家屬藥費、代扣社會保險費、住房公積金及個人所得稅等），借記「應付職工薪酬——工資」科目，貸記「銀行存款」「庫存現金」「其他應收款」「其他應付款」「應交稅費——應交個人所得稅」等科目。

實務中，企業一般在每月發放工資前，根據「工資費用分配匯總表」中的「實發金額」欄的合計數，通過開戶銀行支付給職工或從開戶銀行提取現金，然后再向職工發放。

[案例 5.2.1-2]
承接案例 5.2.1-1。江河公司根據「工資費用分配匯總表」結算 2014 年 8 月應付職工工資總額 840,000 元，其中，公司代扣職工房租 32,000 元，代墊職工家屬醫藥費 8,000 元，代扣職工承擔各社會保險費 17,000 元，代扣職工個人所得稅 12,000 元，實發工資 771,000 元。

要求：編製江河公司上述業務會計分錄。
案例 5.2.1-2 解析：
（1）向銀行提取現金

借：庫存現金		771,000
貸：銀行存款		771,000

（2）用現金發放工資

借：應付職工薪酬——工資		771,000
貸：庫存現金		771,000

注意：如果通過銀行發放工資，該企業應編製如下會計分錄：

借：應付職工薪酬——工資		771,000
貸：銀行存款		771,000

（3）扣還、代扣款項

借：應付職工薪酬——工資		69,000
貸：其他應收款——職工房租		32,000
——代墊醫藥費		8,000
其他應付款——社會保險費		17,000
應交稅費——應交個人所得稅		12,000

子任務 2　職工福利費的核算

【任務目的】

通過完成本任務，使學生瞭解職工福利費核算內容，通過案例講解及任務操作，讓學生能正確掌握本類業務的會計處理。

【任務指導】

1. 科目設置

「應付職工薪酬——職工福利費」科目，貸方登記企業計提當期應支付給職工的貨幣性福利費，借方登記企業實際支付給職工的貨幣性福利費，期末餘額在貸方，反應職工尚未支付給職工的貨幣性福利費餘額。

2. 職工貨幣性福利費的業務處理

企業發生的貨幣性職工福利費，應當在實際發生時按照受益對象，根據實際發生額計入當期損益或相關資產成本，借記「在建工程」「研發支出」「生產成本」「製造費用」「管理費用」「銷售費用」等科目，貸記「應付職工薪酬——職工福利費」科目。實際發放（支付）貨幣性福利費時，借記「應付職工薪酬——職工福利費」科目，貸記「銀行存款」等科目。

[案例 5.2.1-3]

江河公司下設一所職工食堂，每月根據在崗職工數量及崗位分佈情況、相關歷史經驗數據等計算需要補貼食堂的金額，從而確定企業每期因補貼職工食堂需要承擔的福利費金額。2014 年 9 月，企業在崗職工共計 200 人，其中，行政管理部門 20 人，生產車間生產人員 170 人、管理人員 10 人，企業的歷史經驗數據表明，每個職工每月需補貼食堂 200 元。

案例 5.2.1-3 解析：

借：生產成本　　　　　　　　　　　　　　　　（170×200）34,000
　　製造費用　　　　　　　　　　　　　　　　（10×200）2,000
　　管理費用　　　　　　　　　　　　　　　　（20×200）4,000
　　貸：應付職工薪酬——職工福利費　　　　　　　　　　40,000

[案例 5.2.1-4]

承接案例 5.2.1-3。2014 年 10 月，江河公司通過其開戶銀行支付 40,000 元補貼給食堂。

案例 5.2.1-4 解析：

借：應付職工薪酬——職工福利費　　　　　　　　　40,000
　　貸：銀行存款　　　　　　　　　　　　　　　　40,000

子任務 3　國家規定計提標準的薪酬的核算

【任務目的】

通過完成本任務，使學生熟悉按國家規定計提職工薪酬的項目及計提標準，熟悉其明細科目設置及核算內容，通過案例講解及任務操作，讓學生能正確掌握本類業務的會計處理。

【任務指導】

1. 科目設置

為核算企業按國家規定標準計提的基本醫療保險費、工傷保險費、生育保險費等社會保險費及住房公積金、職工工會經費和職工教育經費，應在「應付職工薪酬」科目下，按上述計提項目分別設置「社會保險費」「住房公積金」「工會經費」「職工教育經費」等二級明細科目。此外，為詳細核算具體社會保險費項目，在「社會保險費」二級明細科目下，可設置「基本醫療保險費」「工傷保險費」「生育保險費」三級明細科目。本科目貸方登記企業按國家標準計提的社會保險費、住房公積金、職工工會經費及職工教育經費，貸方登記企業向社會保險等機構繳存上述計提項目，期末貸方餘額反應企業尚未繳存的金額。

2. 核算業務框架

國家規定計提標準的薪酬的核算 { 按規定標準計提社會保險費、工會經費、職工教育費用等核算

繳存計提的社會保險費、工會經費、職工教育費用等核算 }

3. 國家規定計提標準的薪酬業務的會計處理

按照社會保險法律制度規定，企業應按期按規定計提「三險」（不包含屬於職工薪酬準則中「離職后福利」的基本養老保險和失業保險），計提基數為職工工資總額。其中，基本醫療保險由單位和個人按規定比例共同承擔、繳納，工傷保險、生育保險則由單位承擔，個人不繳費。

對於住房公積金，根據相關規定，應以職工工資總額為繳費基數，由單位和個人在不超過職工本人上一年度月平均工資一定比例等額計繳。對工會經費和職工教育經費，根據國家相關規定，按不超過工資總額的2.5%和2%計提。

在職工為其提供服務的會計期間，企業根據國家規定標準計提社會保險費、住房公積金、工會經費和職工教育經費，按照受益對象計入當期損益或相關資產成本，借記「生產成本」「製造費用」「管理費用」等科目，貸記「應付職工薪酬」相關明細科目。企業實際向相關機構繳存上述項目時，借記「應付職工薪酬」相關明細科目，貸記「銀行存款」等。

[案例5.2.1-5]

承接案例5.2.1-1。2014年8月，江河公司根據國家規定的計提標準，按工資總額的8%、1%分別計提應向社會保險經辦機構繳存的職工基本醫療保險費、工傷保險費。

案例5.2.1-5解析：

借：生產成本　　　　　　　　　　［600,000×（8%+1%）］54,000
　　製造費用　　　　　　　　　　［120,000×（8%+1%）］10,800
　　管理費用　　　　　　　　　　［100,000×（8%+1%）］9,000
　　銷售費用　　　　　　　　　　［20,000×（8%+1%）］1,800
　貸：應付職工薪酬——社會保險費——基本醫療保險費（840,000×8%）67,200
　　　　　　　　　　　　　　——工傷保險費（840,000×1%）　　8,400

本案例中，應計提基本醫療保險費總額＝（600,000＋120,000＋100,000＋20,000）×8%＝840,000×8%＝67,200元；應計提工傷保險費總額＝（600,000＋120,000＋100,000＋20,000）×1%＝840,000×1%＝8,400元。

[案例5.2.1-6]

承接案例5.2.1-1。2014年8月，江河公司根據相關規定，分別按照職工工資總額的2%和1.5%的標準計提應付工會經費和職工教育經費。

案例5.2.1-6解析：

借：生產成本　　　　　　　　　　　［600,000×（2%+1.5%）］21,000
　　製造費用　　　　　　　　　　　［120,000×（2%+1.5%）］4,200
　　管理費用　　　　　　　　　　　［100,000×（2%+1.5%）］3,500
　　銷售費用　　　　　　　　　　　［20,000×（2%+1.5%）］700
　　貸：應付職工薪酬——工會經費　　　　　　　（840,000×2%）16,800
　　　　　　　　　　——職工教育經費　　　　　（840,000×1.5%）12,600

本案例中，應計提工會經費總額＝（600,000＋120,000＋100,000＋20,000）×2%＝840,000×2%＝16,800元；應計提職工教育經費總額＝（600,000＋120,000＋100,000＋20,000）×1.5%＝840,000×1.5%＝12,600元。

子任務4　短期帶薪缺勤的核算

【任務目的】

通過完成本任務，使學生理解短期帶薪缺勤分類及其含義，熟悉其科目設置及核算，通過案例講解及任務操作，正確掌握兩類短期帶薪缺勤業務的會計處理。

【任務指導】

累計帶薪缺勤，是指帶薪權利可以結轉下期的帶薪缺勤，本期尚未用完的帶薪缺勤權利可以在未來期間使用。

非累計帶薪缺勤，是指帶薪權利不能結轉下期的帶薪缺勤，本期尚未用完的帶薪缺勤權利將予以取消（作廢），並且職工離開企業時也無權獲得現金補償支付。中國企業職工休婚假、產假、喪假、探親假、病假期間的工資通常屬於非累計帶薪缺勤。

1. 科目設置

「應付職工薪酬——帶薪缺勤——累計帶薪缺勤」科目，貸方登記企業因職工為其提供服務享有累計帶薪缺勤權而應付職工的薪酬，借方登記職工行使累計帶薪缺勤權時企業已支付的職工薪酬，該科目期末貸方餘額，反應企業承擔應付職工尚未行使累計帶薪缺勤權的薪酬金額。

「應付職工薪酬——帶薪缺勤——非累計帶薪缺勤」科目，貸方登記企業因職工為其提供服務享有非累計帶薪缺勤權而應付職工的薪酬，借方登記職工行使非累計帶薪缺勤權時企業已支付的職工薪酬，或者因逾期未行使帶薪缺勤權而失效的權利金額，該科目期末貸方餘額，反應企業承擔應付職工尚未行使非累計帶薪缺勤權的薪酬金額。該類帶薪缺勤權到期時，職工尚未行使的權利作廢，企業應沖銷失效部分的非累計帶薪缺勤義務。

2. 核算業務框架

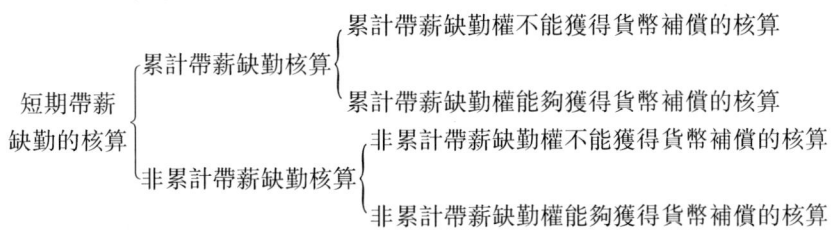

短期帶薪缺勤的核算
├─ 累計帶薪缺勤核算
│   ├─ 累計帶薪缺勤權不能獲得貨幣補償的核算
│   └─ 累計帶薪缺勤權能夠獲得貨幣補償的核算
└─ 非累計帶薪缺勤核算
    ├─ 非累計帶薪缺勤權不能獲得貨幣補償的核算
    └─ 非累計帶薪缺勤權能夠獲得貨幣補償的核算

3. 短期帶薪缺勤業務的會計處理

由於職工帶薪缺勤分為累計帶薪缺勤和非累計帶薪缺勤兩類，因此，企業應當對累計帶薪缺勤和非累計帶薪缺勤分別進行會計處理。

（1）累計帶薪缺勤業務的會計處理

在累計帶薪缺勤業務中，企業應當在職工提供了服務從而增加了其未來享有的帶薪缺勤權利時，確認與累計帶薪缺勤相關的職工薪酬，並以累計未行使權利而增加的預期支付金額計量。

有些累計帶薪缺勤在職工離開企業時，對於未行使的權利，職工有權獲得現金支付補償。職工在離開企業時能夠獲得現金支付的，企業應當確認企業必須支付的、職工全部累計未使用權利的金額。企業應當將資產負債表日因累計未使用權利而產生的預期支付的追加金額，作為累計帶薪缺勤費用進行預計。

[案例 5.2.1-7]

江河公司從 20×4 年 1 月 1 日起實施員工帶薪年休制度，為便於說明，現以公司總經理秘書王某一人計算為例：王某年工資 60,000 元（月工資 5,000 元），日平均工資 200 元，每年可享受 10 天帶薪年休假。

本案例分兩種假設情況進行解析。

其一，假設該公司規定：當年未休帶薪年休假可遞延一年繼續使用，但超過一年未休年休假將視同放棄，權利作廢，且公司不予額外現金補償，帶薪年休假計算遵循先進先出法，即首先從當年可享受的權利中扣除，再從上年結轉未使用年休假中扣除。員工離職時，對員工尚未使用的年休假，公司不予額外現金補償。

1) 20×4 年與職工薪酬相關會計處理

①每月正常計提、發放職工工資（為簡化分析，將 12 個月數據合併列示，下同）

借：管理費用　　　　　　　　　　　　　　　　　　60,000
　　貸：應付職工薪酬——工資（王某）　　　　　　　　　　60,000
借：應付職工薪酬——工資（王某）　　　　　　　　60,000
　　貸：銀行存款　　　　　　　　　　　　　　　　　　　60,000

②享受短期帶薪年休（短期帶薪缺勤）會計處理

A. 假設王某 20×4 年使用了全部 10 天年休假

此時，王某恰好使用當年全部 10 天帶薪年休假，企業無須進行會計處理。

B. 假設王某 20×4 年只使用了 7 天年休假

按照公司規定，王某當年應享受 10 天帶薪缺勤，其實際只使用了 7 天，尚未使用 3

天可遞延至下年繼續享受。20×4 年王某未行使 3 天帶薪缺勤權利會計處理為：

借：管理費用 　　　　　　　　　　　　　　　　　　　　（200×3） 600
　貸：應付職工薪酬——帶薪缺勤——累計帶薪缺勤（王某）　　　　 600

2）20×5 年與職工薪酬相關會計處理

承接上述1）②情形，分以下幾種情形分別予以說明：

A. 假設王某 20×5 年使用帶薪年休假 10 天

按照先進先出法規定，王某 20×5 年使用帶薪年休 10 天，應是屬於當年的帶薪年休 10 天，剛好用完當年年休，此時，20×4 年結轉至 20×5 年尚未使用的 3 天帶薪年休作廢，也不予以現金補償，因此，應將 20×4 年計提遞延至 20×5 年尚未使用（作廢）的帶薪缺勤會計分錄予以衝銷。

借：應付職工薪酬——帶薪缺勤——累計帶薪缺勤（王某）　　　　 600
　貸：管理費用 　　　　　　　　　　　　　　　　　　　　（200×3） 600

B. 假設王某 20×5 年使用帶薪年休假 12 天

按照先進先出法規定，王某 20×5 年使用帶薪年休 12 天由兩部分構成，首先使用完當年帶薪年休 10 天，然后再使用 20×4 年結轉尚未使用帶薪年休 2 天，此時，20×4 年結轉 20×5 年剩余未使用年休假 1 天將作廢，亦不予以現金補償。

與王某 20×5 年職工薪酬相關的會計分錄為：

借：管理費用 　　　　　　　　　　　　　　　　　　　　　　　 60,000
　貸：應付職工薪酬——工資（王某）　　　　　　　　　　　　　 60,000
借：應付職工薪酬——工資（王某）　　　　　　　　　　　　　　 60,000
　貸：銀行存款 　　　　　　　　　　　　　　　　　　　　　　　 59,600
　　 管理費用 　　　　　　　　　　　　　　　　　　　　　　　　　 400

對 20×5 年使用 20×4 年尚未使用帶薪年休 2 天，應予支付缺勤薪金，而尚未使用 20×4 年結轉的 1 天年休假，由於已作廢且不予現金補償，需予以衝銷分錄。綜上，其會計分錄為：

借：應付職工薪酬——帶薪缺勤——累計帶薪缺勤　　　　　　　　　 600
　貸：銀行存款 　　　　　　　　　　　　　　　　　　　　　　　　 400
　　 管理費用 　　　　　　　　　　　　　　　　　　　　　　　　　 200

C. 假設王某 20×5 年使用帶薪年休假 13 天

按照先進先出法規定，王某 20×5 年使用帶薪年休 13 天由兩部分構成，首先使用完當年帶薪年休 10 天，然后再使用 20×4 年結轉尚未使用帶薪年休 3 天，亦恰好使用完畢。

與王某 20×5 年職工薪酬相關的會計分錄為：

借：管理費用 　　　　　　　　　　　　　　　　　　　　　　　 60,000
　貸：應付職工薪酬——工資（王某）　　　　　　　　　　　　　 60,000
借：應付職工薪酬——工資（王某）　　　　　　　　　　　　　　 60,000
　貸：銀行存款 　　　　　　　　　　　　　　　　　　　　　　　 59,400
　　 管理費用 　　　　　　　　　　　　　　　　　　　　　　　　　 600

由於當年（20×5 年）將 20×4 年遞延未使用的帶薪年休 3 天恰好使用完畢，因此，

20×5 年應支付 20×4 年遞延 3 天年休的薪金。其會計分錄為：
 借：應付職工薪酬——帶薪缺勤——累計帶薪缺勤（王某） 600
  貸：銀行存款 600
 D. 假設王某 20×5 年使用帶薪年休假 8 天
 與王某 20×5 年職工薪酬相關的會計分錄為：
 借：管理費用 60,000
  貸：應付職工薪酬——工資（王某） 60,000
 借：應付職工薪酬——工資（王某） 60,000
  貸：銀行存款 60,000
 按照先進先出法規定，王某 20×5 年使用帶薪年休 8 天應是屬於當年的年休假，這樣，當年的年休假尚有 2 天未使用，可以遞延至 20×6 年繼續使用，但 20×4 年遞延至 20×5 年的未使用 3 天年休假尚未使用，將予作廢，且不予現金補償，因此，應衝銷已作廢的 20×4 年計提的帶薪缺勤。其會計分錄為：
 借：應付職工薪酬——帶薪缺勤——累計帶薪缺勤（王某） 600
  貸：管理費用 600
 對王某 20×5 年尚未使用的帶薪年休 2 天，由於其可以遞延至 20×6 年使用，因此，在 20×5 年企業應予以計提。其會計分錄為：
 借：管理費用 (200×2) 400
  貸：應付職工薪酬——帶薪缺勤——累計帶薪缺勤（王某） 400
 其二，假設公司規定：職工累計未使用的帶薪年休假可無限期結轉，且職工離職時企業按現金予以補償。
 1) 20×4 年與職工薪酬相關會計處理
 企業正常計提、發放職工工資會計分錄為：
 借：管理費用 60,000
  貸：應付職工薪酬——工資（王某） 60,000
 借：應付職工薪酬——工資（王某） 60,000
  貸：銀行存款 60,000
 假設王某 20×4 年使用帶薪年休 7 天，尚未使用 3 天可無限期遞延至以後年度使用，因此，企業編製計提遞延以後年度使用的帶薪年休假會計分錄為：
 借：管理費用 (200×3) 600
  貸：應付職工薪酬——帶薪缺勤——累計帶薪缺勤（王某） 600
 2) 20×5 年與職工薪酬相關會計處理
 假設王某 20×5 年使用帶薪年休假 12 天，其具體包括兩部分：首先使用 20×5 年帶薪年休假 10 天，然后使用 20×4 年遞延至 20×5 年使用帶薪年休 2 天，這樣，20×4 年還有 1 天年休未使用，可繼續遞延至以後年度使用。其會計分錄為：
 ①正常計提、發放 20×5 年職工工資會計分錄
 借：管理費用 60,000
  貸：應付職工薪酬——工資（王某） 60,000

借：應付職工薪酬——工資（王某）　　　　　　　　　　　　60,000
　　貸：銀行存款　　　　　　　　　　　　　　　　　　　　59,600
　　　　管理費用　　　　　　　　　　　　　　　　　　　　　　400
②20×5年，王某使用20×4年遞延未使用年休假2天，應編製會計分錄
借：應付職工薪酬——帶薪缺勤——累計帶薪缺勤（王某）　　400
　　貸：銀行存款　　　　　　　　　　　　　　　　　　　　　400

3）20×6年與職工薪酬相關會計處理
假設20×6年王某使用帶薪年休假8天，則其與職工薪酬相關的會計處理為：
①正常計提、發放20×6年職工工資會計分錄
借：管理費用　　　　　　　　　　　　　　　　　　　　　60,000
　　貸：應付職工薪酬——工資（王某）　　　　　　　　　60,000
借：應付職工薪酬——工資（王某）　　　　　　　　　　　60,000
　　貸：銀行存款　　　　　　　　　　　　　　　　　　　60,000
②帶薪年休會計處理
20×6年王某只使用8天帶薪年休假，當年10天年休假權利尚有2天未使用，可無限遞延以後年度使用，因此，應編製計提當年產生未使用帶薪年休假會計分錄為：
借：管理費用　　　　　　　　　　　　　　　　（200×2）400
　　貸：應付職工薪酬——帶薪缺勤——累計帶薪缺勤（王某）　　400
截至20×6年，王某尚有3天帶薪年休未使用，其中20×4年1天，20×6年2天，根據假設，這3天年休可無限遞延至20×6年以後年度使用。

4）20×7年與職工薪酬相關會計處理
假設20×7年王某只使用6天帶薪年休，並於20×7年底離開企業（不考慮辭退福利等其他薪酬事項），企業涉及王某職工薪酬業務會計處理為：
①正常計提、發放20×7年職工工資會計分錄
借：管理費用　　　　　　　　　　　　　　　　　　　　　60,000
　　貸：應付職工薪酬——工資（王某）　　　　　　　　　60,000
借：應付職工薪酬——工資（王某）　　　　　　　　　　　60,000
　　貸：銀行存款　　　　　　　　　　　　　　　　　　　60,000
②帶薪年休會計處理
20×7年王某只使用6天帶薪年休假，當年10天帶薪休假權利尚有4天未使用，可無限遞延以後年度使用，因此，應編製計提當年產生未使用帶薪年休假會計分錄：
借：管理費用　　　　　　　　　　　　　　　　（200×4）800
　　貸：應付職工薪酬——帶薪缺勤——累計帶薪缺勤（王某）　　800
③王某離職時，企業會計處理
截至20×7年底，王某離開企業時，其尚有7天帶薪年休假未使用，具體構成：20×7年未使用4天，20×6年未使用2天，20×4年未使用1天。根據假設條件，企業需現金補償離職職工累計未使用帶薪年休假，因此，本例企業應支付王某未使用年休補償金額為1,400元（200×7），其會計分錄為：

借：應付職工薪酬——帶薪缺勤——累計帶薪缺勤（王某）　　1,400
　　貸：銀行存款　　　　　　　　　　　　　　　　　　　　　1,400

（2）非累計帶薪缺勤業務的會計處理

在非累計帶薪缺勤業務中，由於職工提供服務本身不能增加其能夠享受的福利金額，企業在職工未缺勤時不應當計提相關費用和負債。為此，職工薪酬準則規定，企業應當在職工實際發生缺勤的會計期間確認與非累計帶薪缺勤相關的職工薪酬。企業確認職工享有的與非累計帶薪缺勤權利相關的薪酬，視同職工出勤確認的當期損益或相關資產成本。通常情況下，與非累計帶薪缺勤相關的職工薪酬已經包括在企業每期向職工發放的工資等薪酬中，因此，不必額外作相應的帳務處理。

[案例5.2.1-8]

根據勞動合同法等的規定，江河公司職工可享受15天的婚假，總經理助理王某全年工資60,000元（每月5,000元），平均日工資200元，其20×4年結婚期間享受婚假10天。

本案例分兩種假設情況進行解析：

其一，假設公司規定：對於職工未使用的非累計帶薪缺勤，權利作廢，且企業無須現金補償。

本假設情形下，對於職工非累計帶薪缺勤，不論使用與否，都不涉及額外貨幣補償的問題，因此，企業只需進行正常的職工薪酬會計處理，無須另外對非累計帶薪缺勤進行會計處理。該企業20×4年相關會計分錄為：

借：管理費用　　　　　　　　　　　　　　　　　　　　　　60,000
　　貸：應付職工薪酬——工資（王某）　　　　　　　　　　　60,000
借：應付職工薪酬——工資（王某）　　　　　　　　　　　　　60,000
　　貸：銀行存款　　　　　　　　　　　　　　　　　　　　　60,000

其二，假設公司規定：對於職工未使用的非累計帶薪缺勤實行貨幣補償制度，補償金額為職工放棄帶薪休假期間日平均工資的2倍。

本假設情形下，王某20×4年可享受婚假15天，由於其只使用了10天，剩餘5天企業應按2倍工資予以貨幣補償。所以，其相關會計分錄為：

1）正常計提王某工資會計分錄

借：管理費用　　　　　　　　　　　　　　　　　　　　　　60,000
　　貸：應付職工薪酬——工資（王某）　　　　　　　　　　　60,000

2）計提補償給王某的非累計帶薪缺勤會計分錄

借：管理費用　　　　　　　　　　　　　　（5×200×2）2,000
　　貸：應付職工薪酬——帶薪缺勤——非累計帶薪缺勤（王某）　2,000

3）企業支付王某工資及未使用婚假（非累計帶薪缺勤）貨幣補償會計分錄

借：應付職工薪酬——工資（王某）　　　　　　　　　　　　　60,000
　　　　　　　　——帶薪缺勤——非累計帶薪缺勤（王某）　　　2,000
　　貸：銀行存款　　　　　　　　　　　　　　　　　　　　　62,000

【任務操作要求】
1. 學習並理解任務指導
2. 獨立完成給定業務核算

甲公司共有 1,000 名職工，該公司實行累計帶薪缺勤制度。該制度規定，每個職工每年可享受 5 個工作日帶薪休假，未使用的休假只能向后結轉一個日曆年度，超過 1 年未使用的權利作廢，不能在職工離開公司時獲得現金支付；職工休假是以后進先出為基礎，即首先從當年可享受的權利中扣除，再從上年結轉的帶薪休假餘額中扣除；職工離開公司時，公司對職工未使用的累計帶薪休假不支付現金。

20×7 年 12 月 31 日，每個職工當年平均未使用帶薪休假為 2 天。根據過去的經驗並預期該經驗將繼續適用，甲公司預計 20×8 年有 950 名職工將享受不超過 5 天的帶薪休假，剩餘 50 名職工每人將平均享受 6 天半休假，假定這 50 名職工全部為總部各部門經理，該公司平均每名職工每個工作日工資為 300 元。

假定 20×8 年 12 月 31 日，上述 50 名部門經理中有 40 名享受了 6 天半休假，並隨同正常工資以銀行存款支付。另有 10 名只享受了 5 天休假，由於該公司的帶薪缺勤制度規定，未使用的權利只能結轉一年，超過 1 年未使用的權利將作廢。

要求：

（1）針對上述資料，做出甲公司與帶薪休假有關的會計處理。

（2）假設甲公司的帶薪缺勤制度規定，職工累計未使用的帶薪缺勤權利可以無限期結轉，且可以於職工離開企業時以現金支付。甲公司 1,000 名職工中，50 名為總部各部門經理，100 名為總部各部門職員，800 名為直接生產工人，50 名工人正在建造一幢自用辦公樓。結合上述資料，做出甲公司與帶薪休假有關的會計處理。

A 公司 20×4 年 11 月有關職工薪酬業務如下：

（1）按照工資總額的標準分配工資費用，其中：生產工人工資 100 萬元，車間管理人員工資 20 萬元，總部管理人員工資 30 萬元，專設銷售部門人員工資 10 萬元，在建工程人員工資 5 萬元，內部研發人員工資 35 萬元（符合資本化條件）。

（2）按照所在地政府規定，按照工資總額的 12% 和 10% 計提基本醫療保險費和住房公積金。

（3）根據 20×3 年實際發放的職工福利情況，公司預計 20×4 年應承擔的職工福利費義務金額為工資總額的 4%。

（4）按照工資總額的 2% 和 2.5% 計提工會經費和職工教育經費。

要求：

①計算各項職工薪酬。

②編製會計分錄。

③假設職工按工資的 2%、10% 分別繳存醫療保險和住房公積金，編製企業代扣上述項目款項的會計分錄。

任務 5.2.1 小結

1. 工資、獎金、津貼和補貼核算重點
（1）計提業務核算；
（2）支付業務核算。
2. 累計帶薪缺勤核算重點
（1）在職工提供服務而增加其未來享有帶薪缺勤權利時，確認與累計帶薪缺勤相關的職工薪酬；
（2）職工離開企業時，對未行使權利，企業應確認其必須支付的、職工全部累計未使用權利的現金。
3. 非累計帶薪缺勤核算重點
與非累計帶薪缺勤權利相關的薪酬，直接確認當期損益或相關資產成本。非累計帶薪缺勤權到期時，衝減未行使權利金額。

任務 5.2.2 非貨幣性短期薪酬的核算

【任務目的】
通過完成本任務，使學生理解非貨幣性福利含義，能正確判斷非貨幣性福利的類型，掌握企業以自產產品作為福利發放給職工、企業將自有房屋等資產無償提供給職工使用以及企業租賃房屋等資產無償提供給職工使用三類常見非貨幣性職工福利的會計處理。

【任務指導】
1. 科目設置
「應付職工薪酬——非貨幣性福利」科目，貸方登記歸集當期應計入成本、費用的非貨幣性福利，借方登記企業實際提供的非貨幣性福利，本科目期末貸方余額反應尚未確認的非貨幣性福利相關項目的金額。
2. 核算業務框架

非貨幣性短期薪酬的核算 { 以自產產品作為非貨幣性福利的核算
以自有房屋等資產作為非貨幣性福利的核算
以租賃房屋等資產作為非貨幣性福利的核算

3. 非貨幣性短期薪酬業務的會計處理
（1）以自產產品作為非貨幣性福利發放給職工

企業以其自產產品作為非貨幣性福利發放給職工的，應當根據受益對象，按照該產品的公允價值（計稅價格）和相應的增值稅銷項稅額之和，計入相關資產成本或當期損益，同時確認「應付職工薪酬——非貨幣性福利」。對企業將自產產品（或委託加工產品）作為非貨幣性福利發給職工時，如滿足會計準則收入確認條件，企業需按公允價值確認「主營業務收入」，並結轉其銷售成本。計提該非貨幣性福利時，借記「生產成本」「製造費用」「銷售費用」「管理費用」「在建工程」「研發支出」等，貸記「應付職工薪酬——非貨幣性福利」。企業實際將自產產品作為福利發放給職工時，借記「應付職工薪酬——非

貨幣性福利」，貸記「主營業務收入」「應交稅費——應交增值稅（銷項稅額）」。

[案例 5.2.2-1]

（單選題）江河公司為增值稅一般納稅人，銷售和進口貨物適用的增值稅稅率為17%。201×年1月甲公司董事會決定將本公司生產的500件產品作為福利發放給公司管理人員。該批產品的單位成本為1.2萬元，市場銷售價格為每件2萬元（不含增值稅稅額）。假定不考慮其他相關稅費，甲公司在201×年因該項業務應計入管理費用的金額為（　　）萬元。

A. 600　　　　　　　　　　　B. 770
C. 1,000　　　　　　　　　　D. 1,170

案例 5.2.2-1 解析：

甲公司201×年因該項業務應計入管理費用的金額=500×2×（1+17%）=1,170（萬元）。因此，本案例正確答案為D。

[案例 5.2.2-2]

江河公司為增值稅一般納稅人，適用的增值稅稅率為17%，商品銷售價格不含增值稅；確認銷售收入時逐筆結轉銷售成本。201×年12月份，甲公司發生如下經濟業務：將本公司生產的C產品作為福利發放給生產工人，市場銷售價格為80萬元，實際成本為50萬元。

案例 5.2.2-2 解析：

本案例為企業將自產產品C用作福利費發給職工，屬於準則和稅法規定的視同銷售，應確認銷售收入，並計繳增值稅銷項稅。因此，甲公司確認和發放應付職工薪酬的會計分錄為（以萬元為計量單位）：

1）確認應付職工薪酬：

借：生產成本　　　　　　　　　　　　　　　　　　　　　936,000
　　貸：應付職工薪酬——非貨幣性福利　　［800,000×（1+17%）］936,000

2）發放應付職工薪酬：

借：應付職工薪酬——非貨幣性福利　　　　　　　　　　　936,000
　　貸：主營業務收入——C產品　　　　　　　　　　　　　800,000
　　　　應交稅費——應交增值稅（銷項稅額）　　　　　　　136,000

3）結轉（視同）銷售成本：

借：主營業務成本——C產品　　　　　　　　　　　　　　500,000
　　貸：庫存商品——C產品　　　　　　　　　　　　　　　500,000

注意： 如果企業以外購商品作為非貨幣性福利發放給職工時，不屬於稅法規定的視同銷售行為，而屬於增值稅進項稅不能抵扣情形，因此，此時需要將外購商品已抵扣進項稅進行轉出，並按外購商品成本結轉。

[案例 5.2.2-3]

江河公司為一家生產筆記本電腦的企業，共有職工200名，201×年2月，公司以外購的每部不含稅價格為1,000元的手機作為春節福利發放給公司每名職工。甲公司以銀行存款支付了購買手機的價款和增值稅進項稅額，已取得增值稅專用發票，適用的增值稅稅率

為17%。假定200名職工中170名為直接參加生產的職工，30名為總部管理人員。

案例5.2.2-3解析：

企業以外購商品發放給職工作為福利，根據增值稅法及其實施條例規定，屬於增值稅不能抵扣情形，因此，會計上應當將交納的增值稅進項稅額轉出，計入成本費用。

1）江河公司決定發放非貨幣性福利時，應作如下帳務處理：

借：生產成本 198,900
　　管理費用 35,100
　　貸：應付職工薪酬——非貨幣性福利 234,000

2）購買手機時，甲公司應作如下帳務處理：

借：庫存商品 200,000
　　應交稅費——應交增值稅（進項稅額） 34,000
　　貸：銀行存款 234,000

借：應付職工薪酬——非貨幣性福利 234,000
　　貸：庫存商品 200,000
　　　　應交稅費——應交增值稅（進項稅額轉出） 34,000

（2）將擁有的房屋等資產供職工無償使用

企業將其擁有的房屋無償提供給職工使用，屬於為職工提供的非貨幣性福利，企業應當根據其受益對象，將該住房每期應計提的累計折舊計入相關資產成本或當期損益，同時確認「應付職工薪酬——非貨幣性福利」。計提該非貨幣性福利時，借記「生產成本」「製造費用」「銷售費用」「管理費用」等，貸記「應付職工薪酬——非貨幣性福利」；計提用於職工福利的房屋等折舊費時，借記「應付職工薪酬——非貨幣性福利」，貸記「累計折舊」。

[案例5.2.2-4]

（單選題）江河公司為高管人員配備小轎車作為福利。計提這些轎車折舊時，應編製的會計分錄是（　　）。

A. 借記「累計折舊」科目，貸記「固定資產」科目

B. 借記「管理費用」科目，貸記「固定資產」科目

C. 借記「管理費用」科目，貸記「應付職工薪酬」科目；同時，借記「應付職工薪酬」科目，貸記「累計折舊」科目

D. 借記「管理費用」科目，貸記「固定資產」科目；同時，借記「應付職工薪酬」科目，貸記「累計折舊」科目

案例5.2.2-4解析：

本案例屬於公司將自有財產無償提供給職工使用，屬於為職工提供的非貨幣性福利，所計提非貨幣性福利應根據受益對象記入成本或費用科目，企業應分期計提自有資產折舊或攤銷，因此，本案例應該選C項。

（3）租賃住房等資產供職工無償使用

企業通過租賃住房等資產提供給職工無償使用，性質上屬於為職工提供的非貨幣性福利。企業應當根據受益對象，將每期應付的租金計入相關資產成本或當期損益，並確認

「應付職工薪酬——非貨幣性福利」。計提該類非貨幣性福利時，借記「生產成本」「製造費用」「銷售費用」「管理費用」等，貸記「應付職工薪酬——非貨幣性福利」；企業實際支付房屋等資產租金時，借記「應付職工薪酬——非貨幣性福利」，貸記「銀行存款」等，如企業到期未能按期支付租金，借記「應付職工薪酬——非貨幣性福利」，貸記「其他應付款」；企業實際支付房租時，借記「其他應付款」，貸記「銀行存款」。

[案例 5.2.2-5]

江河公司為總部各部門經理級別以上職工提供免費使用汽車，同時為副總裁以上高級管理人員每人租賃一套住房。該公司總部共有部門經理以上管理人員 50 名，公司給 50 名管理人員每人提供一輛桑塔納汽車免費使用，假定每輛桑塔納汽車每月計提折舊 1,000元；該公司共有副總裁以上高級管理人員 10 名，公司為其每人租賃一套月租金為 8,000元的公寓。同時，江河公司將其自建職工住宿提供給生產工人無償使用，該公司共有生產工人 200 人，其中 150 人直接從事產品生產，50 人為生產輔助人員，公司對該職工宿舍每月計提折舊 20,000 元。

案例 5.2.2-5 解析：

1）該公司為部門經理及副總裁以上高級管理人員提供非貨幣福利會計處理（每月）
①計提該類非貨幣性福利
借：管理費用　　　　　　　　　　　　　　　（50×1,000+10×8,000）130,000
　　貸：應付職工薪酬———非貨幣性福利　　　　　　　　　　　　　　130,000
②計提為上述人員提供福利所使用自有資產折舊和應付房租
借：應付職工薪酬———非貨幣性福利　　　　　　　　　　　　　　130,000
　　貸：累計折舊　　　　　　　　　　　　　　　　　　　　　　　　50,000
　　　　其他應付款　　　　　　　　　　　　　　　　　　　　　　　80,000

2）該公司為生產人員提供非貨幣福利會計處理
①計提該類非貨幣性福利
借：生產成本　　　　　　　　　　　　　　（20,000×150÷200）15,000
　　製造費用　　　　　　　　　　　　　　（20,000×50÷200）5,000
　　貸：應付職工薪酬———非貨幣性福利　　　　　　　　　　　　20,000
②計提為上述人員提供福利所使用自有資產折舊
借：應付職工薪酬———非貨幣性福利　　　　　　　　　　　　　20,000
　　貸：累計折舊　　　　　　　　　　　　　　　　　　　　　　20,000

【任務操作要求】

1. 學習並理解任務指導
2. 獨立完成給定業務核算

某公司為一家生產彩電的企業，共有職工 100 名，201×年 2 月，公司以其生產的成本為 5,000 元的液晶彩電和外購的每臺不含稅價格為 500 元的電暖器作為春節福利發放給公司職工。該型號液晶彩電的售價為每臺 7,000 元，乙公司適用的增值稅稅率為 17%；乙公司購買電暖器開具了增值稅專用發票，增值稅稅率為 17%。假定 100 名職工中 85 名為直接參加生產的職工，15 名為總部管理人員。

要求：對上述業務進行相關會計處理。

任務 5.2.2 小結

1. 以自產（或委託加工）產品作為非貨幣性福利發給職工核算重點

根據受益對象，按照產品公允價值及增值稅銷項稅額之和，計入相關資產成本或當期損益。對滿足準則收入確認條件的，企業應按公允價值確認收入，並結轉其銷售成本。

2. 將擁有的房屋等資產供職工無償使用的核算重點

企業將房屋無償提供給職工使用，根據受益對象，計提累計折舊，計入相關資產成本或當期損益。

3. 租賃住房等資產供職工無償使用的核算重點

企業將租賃住房等提供給職工無償使用，根據受益對象，將應付租金計入相關資產成本或當期損益。

項目 5.3　離職后福利的核算

【項目介紹】

本項目內容以《企業會計準則第 9 號——職工薪酬》及其應用指南為指導，主要講述職工薪酬準則中離職后福利業務的會計核算，其具體包括設定提存計劃和設定受益計劃兩類業務。通過本項目的學習，使學生正確理解設定提存計劃和設定受益計劃業務，掌握設定提存計劃、設定受益計劃兩類業務的一般會計處理。

【項目實施標準】

本項目通過完成兩項具體任務來實施，具體任務內容結構如表 5.3-1 所示：

表 5.3-1　　　　　　「離職后福利的核算」項目任務細分表

任務	子任務
任務 5.3.1　設定提存計劃的核算	—
*任務 5.3.2　設定受益計劃的核算	—

註：帶「★」任務為選學內容

在中國企業會計準則向國際會計準則趨同的影響下，離職后福利是在國際會計準則的理論基礎上為適應中國社會保障體系的發展而結合中國具體國情進行的修訂。

離職后福利包括退休福利（如養老金和一次性的退休支付）及其他離職后福利（如離職后人壽保險和離職后醫療保障）。企業向職工提供了離職后福利的，無論是否設立了單獨主體接受提存金並支付福利，均應當按照本準則的相關要求對離職后福利進行會計處理。

職工正常退休時獲得的養老金等離職后福利，是職工與企業簽訂的勞動合同到期或者職工達到國家規定的退休年齡時獲得的離職后生活補償金額。企業給予補償的事項是職工在職時提供的服務而不是退休本身，因此，企業應當在職工提供服務的會計期間對離職后福利進行確認和計量。

任務5.3.1　設定提存計劃的核算

【任務目的】

通過完成本任務，使學生理解職工薪酬中設定提存計劃的含義，能理解與設定提存計劃相關的概念，掌握企業按照規定屬於設定提存計劃項目業務的相關計算及帳務處理。

【任務指導】

對於設定提存計劃，企業向單獨主體（如基金等）繳存固定費用后，不再承擔進一步支付法定義務和推定義務。在設定提存計劃下，企業的義務以企業應向獨立主體繳存的提存金金額為限，職工未來所能取得的離職后福利金額取決於向獨立主體支付的提存金金額，以及提存金所產生的投資回報，從而精算風險和投資風險實質上要由職工來承擔，即在設定提存計劃下，風險實質上要由職工來承擔。

1. 科目設置

「應付職工薪酬——離職后福利——設定提存計劃」科目，貸方登記企業因職工提供服務應承擔為其繳存基本養老保險費和失業保險費義務，貸方登記企業向社會保險機構繳存職工基本養老保險費和失業保險費，期末貸方余額反應企業尚未繳存的上述社會保險費用。

對離職后福利業務不多的企業，可以不設置「離職后福利」二級科目，而直接設置「設定提存計劃」「設定受益計劃」二級明細科目進行核算。

2. 設定提存計劃業務的會計處理

對於設定提存計劃，企業應當根據在資產負債表日為換取職工在會計期間提供的服務而應向單獨主體繳存的提存金，確認為應付職工薪酬負債，並計入當期損益或相關資產成本。企業根據規定分期計提向單獨主體（如養老基金等）繳存設定提存時，根據受益對象，借記相關成本、費用科目，貸記「應付職工薪酬——離職后福利——設定提存計劃——基本養老保險」等；當企業向單獨主體繳存設定提存款項時，借記「應付職工薪酬——離職后福利——設定提存計劃——基本養老保險」等，貸記「銀行存款」等。

[案例5.3.1-1]

（單選題）下列有關設定提存計劃的表述中，正確的是（　　）。

A. 企業為職工繳納的養老保險屬於設定提存計劃的內容

B. 企業為職工繳納的醫療保險屬於設定提存計劃的內容

C. 在設定提存計劃下企業應當承擔與基金資產有關的風險

D. 在設定提存計劃下企業向獨立基金繳費金額不固定，需要負擔進一步支付義務

案例5.3.1-1 解析：

企業按規定為職工繳納的醫療保險屬於按國家規定標準計提的短期職工薪酬，設定提

存計劃下企業不再承擔與基金相關的風險，不需再承擔進一步的支付義務，因此，本案例應選擇 A 項。

[案例 5.3.1-2]

201×年 7 月，江河公司當月應發工資 1,560 萬元。其中：生產部門生產工人工資 1,000 萬元；生產部門管理人員工資 200 萬元；管理部門管理人員工資 360 萬元。該公司根據所在地政府規定，按照職工工資總額的 12%、2%計提基本養老保險費、失業保險費，繳存當地社會保險經辦機構。假定不考慮其他因素以及所得稅影響。

案例 5.3.1-2 解析：

根據上述資料，江河公司計算其 201×年 7 月繳存的基本養老保險費，應計入生產成本的金額為 140 萬元［1,000×(12%+2%)］，應計入製造費用的金額為 28 萬元［200×(12%+2%)］，應計入管理費用的金額為 50.4 萬元［360×(12%+2%)］。江河公司 201×年 7 月計提該養老保險（設定提存計劃）的帳務處理如下（以元為計量單位）：

借：生成成本　　　　　　　　　　　　　　　　　1,400,000
　　製造費用　　　　　　　　　　　　　　　　　　 280,000
　　管理費用　　　　　　　　　　　　　　　　　　 504,000
　　貸：應付職工薪酬——離職后福利——設定提存計劃——基本養老保險
　　　　　　　　　　　　　　　　　　　　　　　1,872,000
　　　　　　　　　　　　　　　　——失業保險費　 312,000

江河公司向社保機構實際支付上述養老保險金時，會計分錄為：

借：應付職工薪酬——離職后福利——設定提存計劃——基本養老保險
　　　　　　　　　　　　　　　　　　　　　　　1,872,000
　　　　　　　　　　　　　　　——失業保險費
　　　　　　　　　　　　　　　　　　　　　　　 312,000
　　貸：銀行存款　　　　　　　　　　　　　　　2,184,000

注意：本案例上述計提、繳存設定提存計劃核算，是指企業按照相關規定計提、繳納並由企業承擔部分，而對按照規定由職工承擔部分，仍由企業代扣代繳，企業根據規定代扣職工承擔設定提存項目時，借記「應付職工薪酬——工資」科目，貸記「其他應付款」相關明細科目；企業向相關部門繳納提存款項時，借記「其他應付款」，貸記「銀行存款」等。

【任務操作要求】

1. 學習並理解任務指導
2. 獨立完成給定業務核算

甲企業根據所在地政府規定，按照職工工資總額的 12%計提基本養老保險費，繳存當地社會保險經辦機構。201×年 7 月份，甲企業繳存的基本養老保險費，應計入生產成本的金額為 57,600 元，應計入製造費用的金額為 12,600 元，應計入管理費用的金額為 10,872 元，應計入銷售費用的金額為 2,088 元。

要求：編製甲企業上述業務的會計分錄。

任務 5.3.1 小結

設定提存計劃核算重點：
（1）計提職工設定提存計劃的核算；
（2）向單獨主體（如養老基金等）繳存設定提存金的核算。

*任務 5.3.2　設定受益計劃的核算
（本任務為選學內容）

【任務目的】
通過完成本任務，使學生理解設定受益計劃的含義，理解設定受益計劃含義中相關術語的含義，能正確區分設定提存計劃和設定受益計劃，能理解設定受益計劃相關參數的確定方法，掌握設定受益計劃的一般會計處理。

【任務指導】
設定受益計劃是指企業承諾在職工退休時一次或分期支付一定金額的養老金，只要職工退休時企業有能力履行支付義務，就必須履行，但是，企業是否按時提取養老金以及提取多少，都由企業自行決定。在設定受益計劃下，企業的義務是為現在及以前的職工提供約定的福利，並且其精算風險和投資風險實質上由企業來承擔。

1. 科目設置

「應付職工薪酬——離職后福利——設定受益計劃」科目，貸方登記企業按照設定受益計劃在職工提供服務期間承擔應付離職后福利費及其利息淨增加額、設定受益計劃重新計量的精算損失額，貸方登記設定受益計劃利息淨減少額、設定受益計劃重新計量的精算利得額，以及設定受益計劃到期時企業的兌付額，該科目期末貸方余額反應企業承擔的設定受益計劃義務的累計余額。

2. 核算業務框架

設定受益計劃的核算 { 職工提供服務期間核算（根據服務成本、利息淨額，計入費用、成本）
　　　　　　　　　　 重新設定受益計劃核算（根據精算損失或利得，計入其他綜合收益）

3. 設定受益計劃業務的會計處理

根據職工服務期每期的服務成本金額或利息淨增加額，借記相關費用、成本科目，貸記「應付職工薪酬——離職后福利——設定受益計劃」。對重新計量設定受益計劃淨負債產生增加變動額或淨資產產生的減少變動額，借記「其他綜合收益」，貸記本科目，當淨負債或淨資產發生反向變動時，借記本科目，貸記「其他綜合收益」。職工服務期滿，達到設定受益計劃條件時，企業兌付該義務，借記本科目，貸記「銀行存款」等。

[案例 5.3.2-1]
（單選題）設定受益計劃的風險由（　　）承擔。
A. 職工　　　　　　　　　　B. 稅務部門
C. 國家　　　　　　　　　　D. 企業

案例5.3.2-1解析：

設定受益計劃的風險由企業承擔。因此，本案例選擇 D 選項。

會計核算上，設定受益計劃業務主要按以下四步進行處理：

第一步：確定設定受益義務現值和當期服務成本

企業應當通過下列兩步確定設定受益義務現值和當期服務成本。

（1）根據預期累計福利單位法，采用無偏且相互一致的精算假設對有關人口統計變量（如職工離職率和死亡率）和財務變量（如未來薪金和醫療費用的增加）等做出估計，計量設定受益計劃所產生的義務，並確定相關義務的歸屬期間。

精算假設，是指企業對影響離職后福利最終義務的各種變量的最佳估計。精算假設應當是客觀公正和相互可比的，無偏且相互一致的。精算假設包括人口統計假設和財務假設。人口統計假設包括死亡率、職工的離職率、傷殘率、提前退休率等。財務假設包括折現率、福利水平和未來薪酬等。其中，折現率應當根據資產負債表日與設定受益計劃義務期限和幣種相匹配的國債或活躍市場上的高質量公司債券的市場收益率確定。

（2）根據資產負債表日與設定受益計劃義務期限和幣種相匹配的國家債券或活躍市場上的高質量公司債券的市場收益率確定折現率，將設定受益計劃所產生的義務予以折現，以確定設定受益計劃義務的現值和當期服務成本。

設定受益計劃義務的現值，是指企業在不扣除任何計劃資產的情況下，為履行獲得當期和以前期間職工服務產生的最終義務，所需支付的預期未來金額的現值。設定受益計劃的最終義務受到許多變量的影響，如職工離職率、死亡率、職工繳付的提存金等。企業在折現時，即使預期有部分義務在報告期間結束后的十二個月內結算，企業仍應對整項義務進行折現。企業應當就至報告期末的任何重大交易及環境的其他重大變化（包括市場價格和利率的變化）進行調整，在每年年末進行復核。

當期服務成本，是指職工當期提供服務所導致的設定受益計劃義務現值的增加額。

企業在確定設定受益計劃義務的現值、當期服務成本以及過去服務成本時，應當根據計劃的福利公式將設定受益計劃產生的福利義務歸屬於職工提供服務的期間，並計入當期損益或相關資產成本。

第二步：確定設定受益計劃淨負債或淨資產

設定受益計劃存在資產的，企業應當將設定受益計劃義務現值減去設定受益計劃資產公允價值所形成的赤字或盈余確認為一項設定受益計劃淨負債或淨資產。

設定受益計劃存在盈余的，企業應當以設定受益計劃的盈余和資產上限兩項的孰低者計量設定受益計劃淨資產。設定受益計劃的盈余是指設定受益計劃資產公允價值與設定受益計劃義務現值的差額。將該差額與資產上限進行比較，孰低，就按誰確認設定受益淨資產。

資產上限，是指企業可從設定受益計劃退款或減少未來對設定受益計劃繳存資金而獲得的經濟利益的現值。

計劃資產，是指企業按計劃規定提存基金組織，並由其管理營運的資產，即企業定期向基金組織繳存一定數額的資金，不斷累積而形成的一項資產，就是設定收益計劃的資

產，簡稱計劃資產。計劃資產包括長期職工福利基金持有的資產以及符合條件的保險單，不包括企業應付但未付給基金的提存金以及由企業發行並由基金持有的任何不可轉換的金融工具。

[案例5.3.2-2]

（判斷題）設定受益計劃存在盈余的，企業應當以設定受益計劃的盈余和資產上限兩項孰低者計量設定受益計劃淨資產。（　　）

A. 正確　　　　　　　　　　B. 錯誤

案例5.3.2-2解析：

根據準則規定，設定受益計劃存在盈余的，企業應當以設定受益計劃的盈余和資產上限兩項的孰低者計量設定受益計劃淨資產，因此，本案例說法正確，應選擇A項。

第三步：確定應當計入當期損益的金額

會計報告期末，企業應當在損益中確認的設定受益計劃產生的職工薪酬成本包括服務成本、設定受益淨負債或淨資產的利息淨額。其中，服務成本包括當期服務成本、過去服務成本和結算利得或損失。設定受益淨負債或淨資產的利息淨額包括計劃資產的利息收益、設定受益計劃義務的利息費用以及資產上限影響的利息。除非其他相關會計準則要求或允許職工福利成本計入資產成本，企業應當將服務成本和設定受益淨負債或淨資產的利息淨額計入當期損益。

（1）當期服務成本

當期服務成本，是指因職工當期服務而產生的設定受益計劃義務現值的增加額。

（2）過去服務成本

過去服務成本，是指設定受益計劃修改所導致的與以前期間職工服務相關的設定受益計劃義務現值的增加或減少。當企業設立或取消一項設定受益計劃或是改變現有設定受益計劃下的應付福利時，設定受益計劃就發生了修改。

過去服務成本可以是正的，如設立或改變設定受益計劃從而導致設定受益計劃義務的現值增加；也可以是負的，如取消或改變設定受益計劃從而導致設定受益計劃義務的現值減少。如果企業減少了設定受益計劃的應付福利，但同時增加了在該計劃下針對相同職工的其他應付福利，企業應當將變動的淨額作為單項變動處理。

過去服務成本不包括下列各項：

①以前假定的薪酬增長金額與實際發生金額之間的差額，對支付以前年度服務產生的福利義務的影響；

②企業對支付養老金增長金額具有推定義務的，對可自行決定養老金增加金額的高估和低估；

③財務報表中已確認的精算利得或計劃資產回報導致的福利變化的估計；

④在沒有新的福利或福利改進的情況下，職工達到既定要求之后導致既定福利（即並不取決於未來雇傭的福利）的增加。

（3）結算利得和損失

企業應當在設定受益計劃結算時，確認一項結算利得或損失。設定受益計劃結算，是

指企業為了消除設定受益計劃所產生的部分或所有未來義務進行的交易，而不是根據計劃條款和所包含的精算假設向職工支付福利。

設定受益計劃結算利得或損失按下列兩項的差額確定：
①在結算日確定的設定受益計劃義務現值；
②結算價格，包括轉移的計劃資產的公允價值和企業直接發生的與結算相關的支付。

[案例 5.3.2-3]
(多選題) 下列各項中，屬於設定受益計劃服務成本的有（　　）。
A. 當期服務成本　　　　　　B. 結算利得
C. 過去服務成本　　　　　　D. 結算損失

案例 5.3.2-3 解析：
設定受益計劃服務成本包括：當期服務成本、過去服務成本及結算利得或損失。因此，本案例應選擇 ABCD 選項。

(4) 設定受益計劃淨負債或淨資產的利息淨額

設定受益計劃淨負債或淨資產的利息淨額，是指設定受益淨負債或淨資產在職工提供服務期間由於時間變化而產生的變動，包括計劃資產的利息收益、設定受益計劃義務的利息費用以及資產上限影響的利息。

企業應當通過將設定受益計劃淨負債或淨資產乘以適當的折現率來確定設定受益計劃淨負債或淨資產的利息淨額。企業應當在會計期間開始時確定設定受益計劃淨負債或淨資產和折現率，並考慮該期間由福利提存和福利支付導致的設定受益計劃淨負債或淨資產的變動，但不應當考慮設定受益計劃淨負債或淨資產在本會計期間的任何其他變動（例如精算利得和損失）。

企業應當通過將計劃資產公允價值乘以折現率來確定計劃資產的利息收益，作為計劃資產回報的組成部分。企業應當將計劃資產的利息收益和計劃資產回報之間的差額包括在設定受益計劃淨負債或淨資產的重新計量中。

企業計算設定受益計劃淨負債或淨資產的利息淨額時，應當考慮資產上限的影響。企業應當通過將資產上限的影響乘以折現率來確定資產上限影響的利息，作為資產上限影響總變動的一部分。企業應當在會計期間開始時確定資產上限的影響和折現率。企業應當將資產上限影響的利息金額與資產上限影響總變動之間的差額包括在設定受益計劃淨負債或淨資產的重新計量中。

第四步：確定應當計入其他綜合收益的金額

設定受益淨負債或淨資產的重新計量應當計入其他綜合收益，且在后續期間不應重分類計入損益，但是企業可以在權益範圍內轉移這些在其他綜合收益中確認的金額。

重新計量設定受益計劃淨負債或淨資產所產生的變動包括下面兩部分：

(1) 精算利得或損失

精算利得或損失，即由於精算假設和經驗調整導致之前所計量的設定受益計劃義務現值的增加或減少。企業未能預計的過高或過低的職工離職率、提前退休率、死亡率、過高或過低的薪酬、福利的增長以及折現率變化等因素，將導致設定受益計劃產生精算利得或

損失。精算利得或損失不包括因設立、修改或結算設定受益計劃所導致的設定受益計劃義務的現值變動，或者設定受益計劃下應付福利的變動。這些變動產生了過去服務成本或結算利得或損失。

[案例5.3.2-4]
（單選題）下列會計科目中，用於核算設定受益計劃精算損益的是（　　）。
A. 管理費用　　　　　　　　B. 投資收益
C. 營業外支出　　　　　　　D. 其他綜合收益

案例5.3.2-4解析：
根據職工薪酬準則規定，設定受益計劃相關的精算利得或損失，應通過其他綜合收益來核算，因此，本案例選D項。

（2）計劃資產回報金額

計劃資產的回報，指計劃資產產生的利息、股利和其他收入，以及計劃資產已實現和未實現的利得或損失。企業在確定計劃資產回報時，應當扣除管理該計劃資產的成本以及計劃本身的應付稅款，但計量設定受益義務時所採用的精算假設所包括的稅款除外。管理該計劃資產以外的其他管理費用不需從計劃資產回報中扣減。

計劃資產回報金額，按計劃資產產生的收益和此類資產已實現以及未實現的利得或損失，扣除包含在設定受益淨負債或淨資產的利息淨額中的金額方式來確定。

（3）資產上限影響的變動

資產上限影響的變動，是指對設定受益資產淨額確認的限制的變更，扣除包括在設定受益計劃淨負債或淨資產的利息淨額中的金額。

[案例5.3.2-5]
（單選題）下列項目中，以後會計期間不能重分類進損益的其他綜合收益項目是（　　）。
A. 可供出售金融資產公允價值變動形成的利得或損失
B. 持有至到期投資重分類為可供出售金融資產形成的利得或損失
C. 外幣報表折算差額
D. 重新計量設定收益計劃淨負債或淨資產導致的變動

案例5.3.2-5解析：
以後會計期間不能重分類進損益的其他綜合收益項目，主要包括重新計量設定受益計劃淨負債或淨資產導致的變動、按照權益法核算的在被投資單位以後會計期間不能重分類進損益的其他綜合收益中所享有的份額等。因此，本案例選擇D項。

【知識點小結】

設定受益計劃產生的職工薪酬成本確定可總結為如圖5.3-1。

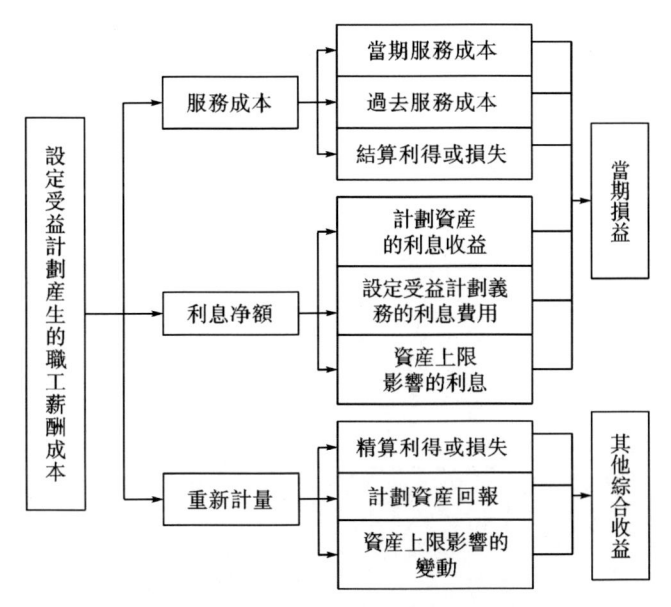

模塊5 職工薪酬會計崗位涉及的業務核算

圖 5.3-1　設定受益計劃產生的職工薪酬成本確定

[案例 5.3.2-6]

江河公司在201×年1月1日設立了一項設定受益計劃，並於當日開始實施。該設定受益計劃規定：

（1）江河公司向所有在職員工提供統籌外補充退休金，這些職工在退休後每年可以額外獲得12萬元退休金，直至去世。

（2）職工獲得該額外退休金基於自該計劃開始日起為公司提供的服務，而且應當自該設定受益計劃開始日起一直為公司服務至退休。

為簡化起見，假定符合計劃的職工為100人，當前平均年齡為40歲，退休年齡為60歲，還可以為公司服務20年。假定在退休前無人離職，退休後平均剩余壽命為15年。假定適用的折現率為10%。並且假定不考慮未來通貨膨脹影響等其他因素。

案例 5.3.2-6 解析：

計算設定受益計劃義務及其現值見表 5.3-2。計算職工服務期間每期服務成本見表 5.3-3。

表 5.3-2　　　　　　　　計算設定受益計劃義務及其現值

退休後年份 項目	退休後第1年	退休後第2年	退休後第3年	退休後第4年	退休後第5~13年	退休後第14年	退休後第15年
（1）當年支付	1,200	1,200	1,200	1,200	……	1,200	1,200
（2）折現率	10%	10%	10%	10%	……	10%	10%
（3）複利現值系數	0.909,1	0.826,4	0.751,3	0.683,0	……	0.263,3	0.239,4

表5.3-2(續)

退休后年份 項目	退休后 第1年	退休后 第2年	退休后 第3年	退休后 第4年	退休后 第5~13年	退休后 第14年	退休后 第15年
（4）退休時點現值 （元）=（1）×（3）	1,091	992	902	820	……	316	287
（5）退休時點現值合計（元）				9,127			

表5.3-3　　　　　　　　　計算職工服務期間每期服務成本

服務年份	服務第1年	服務第2年	……	服務第19年	服務第20年
福利歸屬					
—以前年度	0	456.35	……	8,214.3	8,670.65
—當年	456.35	456.35	……	456.35	456.35
—以前年度+當年	456.35	912.7	……	8,670.65	9,127
期初義務	0	74.62	……	6,788.68	7,882.41
利息	0	7.46	……	678.87	788.24
當期服務成本	74.62*	82.08**	……	414.86***	456.35
期末義務	74.62	164.16	……	7,882.41	9,127****

* 74.62=456.35÷（1+10%）^{19}

** 82.08=456.35÷（1+10%）^{18}

*** 414.86=456.35÷（1+10%）

**** 含尾數調整。

服務第1年至第20年的帳務處理如下（以元為計量單位）：

服務第1年年末，甲公司的帳務處理如下：

借：管理費用（或相關資產成本）　　　　　　　　　　　746,200

　　貸：應付職工薪酬——離職后福利——設定受益計劃義務　　746,200

服務第2年年末，甲公司的帳務處理如下：

借：管理費用（或相關資產成本）　　　　　　　　　　　820,800

　　貸：應付職工薪酬——離職后福利——設定受益計劃義務　　820,800

借：財務費用（或相關資產成本）　　　　　　　　　　　74,600

　　貸：應付職工薪酬——離職后福利——設定受益計劃義務　　74,600

服務第3年至第20年，以此類推處理。

[案例5.3.2-7]

承接案例5.3.2-6。假定江河公司在該計劃開始后職工提供服務的第3年年末重新計量該設定受益計劃的淨負債。甲公司發現，由於預期壽命等精算假設和經驗調整導致該設定受益計劃義務的現值增加，形成精算損失15萬元。

案例5.3.2-7解析：

江河公司上述業務帳務處理如下（以元為計量單位）：

借：其他綜合收益——設定受益計劃淨負債或淨資產重新計量——精算損失
　　　　　　　　　　　　　　　　　　　　　　　　　　　　　150,000
　　貸：應付職工薪酬——設定受益計劃義務　　　　　　　　　150,000

【知識點小結】設定受益計劃業務應當計入當期損益的情形及金額和應當計入其他綜合收益的情形及金額

（1）計入當期損益金額包括：

①當期服務成本；②過去服務成本；③結算利得和損失；④設定受益計劃淨負債或淨資產的利息淨額。

（2）計入其他綜合收益的金額包括：

①精算利得和損失；②計劃資產回報，扣除包括在設定受益淨負債或淨資產的利息淨額中的金額；③資產上限影響的變動，扣除包括在設定受益計劃淨負債或淨資產的利息淨額中的金額。

【任務操作要求】

1. 學習並理解任務指導

2. 獨立完成給定業務核算

201×年1月1日，某公司制訂了一項設定受益計劃，並於當日開始實施，計劃內容如下：

（1）向公司部分員工提供額外退休金（統籌外退休金或額外福利補貼），這些員工在退休後每年可以額外獲得10萬元退休金。

（2）員工獲得該額外退休金基於其自計劃開始日起為公司提供的服務，而且必須為公司服務到退休。

假定符合計劃的員工為10人，當前平均年齡為51歲，退休年齡為60歲，可以為公司服務10年。假定在退休前無人離職，退休後平均計劃壽命為10年。不考慮離職因素。折現時所採用的折現率應當根據資產負債表日與設定受益計劃義務期限和幣種相匹配的國債或活躍市場上的高質量公司債券的市場收益率確定，假定適用的折現率為10%；不考慮未來通貨膨脹影響因素。

已知10%複利現值系數如表5.3-4所示：

表5.3-4　　　　　　　　　　10%複利現值系數表

n	1	2	3	4	5	6	7	8	9	10
10%	0.909	0.826	0.751	0.683	0.62	0.564	0.513	0.466	0.424	0.385

要求：

（1）計算在退休日退休金義務的現值。

（2）計算服務期間中第1年、第2年每期服務成本、設定受益計劃義務，並做出帳務處理。

（3）假定第二年末資產負債表日重新計量設定受益計劃，由於預期壽命精算假設和經驗調整導致設定受益計劃義務的現值增加，形成精算損失10萬元。做出甲公司相關的帳務處理。

任務 5.3.2 小結

設定提存計劃與設定受益計劃的區別如表 5.3-5 所示：

表 5.3-5　　　　　　　　設定提存計劃與設定受益計劃的區別

類型 項目	設定提存計劃	設定受益計劃
待遇確定性	職工退休時確知個人帳戶累計額	參加者加入該計劃時能預先確知
風險承擔	提存后企業不再承擔該計劃風險	企業一直承擔該計劃風險
帳戶管理	建立個人帳戶	不設立個人帳戶
繳費機制	繳納與給付之間具有較強的相關性	繳納與給付之間相關性較弱
管理要求及操作成本	較低	較高
職工認可程度	較高	較低
可轉移性	職工離職、調動等時，帳戶在各企業間能自由攜帶或轉移	職工離職、調動等時，帳戶權益一般不便於轉移
是否折現	如果在報告期后 12 個月仍有支付的金額，應折現	對所有設定受益義務折現，包括 12 個月內支付的義務
折現率	折現率應當根據資產負債表日與設定受益計劃義務期限和幣種相匹配的國債或活躍市場上的高質量公司債券的市場收益率確定
會計處理	在職工提供服務的會計期間，確認負債，並計入當期損益（或資產成本）	採用「預期累計福利單位法」和「適當的精算假設」，將確定的福利公式產生的福利義務歸屬於職工提供服務的會計期間，計入當期損益或相關資產成本

模塊 6　財務成果會計崗位涉及的業務核算

【模塊介紹】

1. 財務成果核算簡介

財務成果是企業一定期間的經營成果，表現為利潤或虧損，它是衡量一個企業生產經營管理水平的一個綜合性指標。正確核算企業收入、費用及利潤，對於準確反應經營成果、保證會計信息質量、依法納稅以及進行利潤分配都具有重要意義。

2. 財務成果會計崗位主要職責

（1）負責編製收入、利潤計劃；
（2）準確核算收入，辦理銷售款項的結算，同時結轉銷貨成本；
（3）準確核算企業各種費用；
（4）準確核算企業利潤；
（5）計算應交所得稅和所得稅費用。

3. 財務成果會計崗位具體核算內容

以《企業會計準則》分類為指南，結合國家對高職高專財經類學生專業素質要求，本模塊主要介紹收入、成本費用、利潤三個方面的具體核算方法。

項目 6.1　收入的核算

【項目介紹】

本項目內容以《企業會計準則第 14 號——收入》《企業會計準則第 16 號——政府補助》及應用指南為指導，主要介紹銷售商品收入、提供勞務收入、讓渡資產使用權收入以及政府補助收入的核算方法，要求學生通過學習，對收入的具體核算內容有所認知，通過任務處理，進一步演練借貸記帳法，為會計實務工作打下基礎。

【項目實施標準】

本項目通過完成 6 項具體任務來實施，具體任務內容結構如表 6.1-1 所示。

表 6.1-1　　　　　　　　　「收入的核算」項目任務細分表

任務	子任務
任務 6.1.1　收入的基本認知	—
任務 6.1.2　銷售商品收入的核算	1. 一般銷售商品業務收入的核算 2. 特殊銷售業務收入的核算
任務 6.1.3　提供勞務收入的核算	—
任務 6.1.4　讓渡資產使用權收入的核算	—
任務 6.1.5　政府補助收入的核算	—

任務 6.1.1　收入的基本認知

【任務目的】

通過完成本任務，使學生瞭解收入的概念、特點以及收入的確認標準，並對收入形成初步認知，為學習後續內容打下理論基礎。

【任務指導】

1. 收入的概念

收入，是指企業在日常活動中形成的、會導致所有者權益增加的、與所有者投入資本無關的經濟利益的總流入。收入按企業從事日常活動的性質不同，分為銷售商品收入、提供勞務收入和讓渡資產使用權收入。

2. 收入的特點

（1）收入是企業在日常活動中形成，而不是在偶發的交易或事項中產生的；

（2）收入可能表現為資產的增加，也可能表現為負債的減少，或者兩者兼而有之；

（3）收入會導致企業所有者權益的增加；

（4）收入只包括本企業經濟利益的流入，不包括為第三方或客戶代收的款項。

3. 收入的確認標準

（1）企業已將商品所有權上的主要風險和報酬轉移給購貨方；

（2）企業既沒有保留通常與所有權相聯繫的繼續管理權，也沒有對已售出的商品實施有效控制；

（3）收入的金額能夠可靠地計量；

（4）相關的經濟利益很可能流入企業；

（5）相關的已發生或將發生的成本能夠可靠地計量。

【任務操作要求】

學習並理解任務指導。

任務 6.1.2　銷售商品收入的核算

子任務 1　一般銷售商品業務收入的核算

【任務目的】

通過完成本任務，使學生掌握一般銷售方式下銷售商品收入金額的確定及帳務處理，以備在實務中熟練運用。

【任務指導】

1. 銷售商品採用托收承付方式的，在辦妥托收手續時確認收入

[案例 6.1.2-1]

江河公司採用托收承付結算方式銷售一批商品，開出的增值稅專用發票上註明售價為 500,000 元，增值稅稅額為 85,000 元；商品已經發出，並已向銀行辦妥托收手續；該批商品的成本為 300,000 元。

案例 6.1.2-1 解析：

借：應收帳款　　　　　　　　　　　　　　　　　　　　585,000
　　貸：主營業務收入　　　　　　　　　　　　　　　　　500,000
　　　　應交稅費——應交增值稅（銷項稅額）　　　　　　 85,000
借：主營業務成本　　　　　　　　　　　　　　　　　　300,000
　　貸：庫存商品　　　　　　　　　　　　　　　　　　　300,000

2. 交款提貨銷售商品的，在開出發票帳單收到貨款時確認收入

確認銷售商品收入時，應按實際收到或應收的金額，借記「應收帳款」「應收票據」「銀行存款」等科目，按確定的銷售收入金額，貸記「主營業務收入」等科目，按增值稅專用發票上註明的增值稅額，貸記「應交稅費——應交增值稅（銷項稅額）」科目；同時，按銷售商品的實際成本，借記「主營業務成本」等科目，貸記「庫存商品」等科目。企業也可在月末結轉本月已銷商品的實際成本。

[案例 6.1.2-2]

江河公司向 A 公司銷售一批商品，開出的增值稅專用發票上註明售價為 300,000 元，增值稅稅額為 51,000 元；江河公司已收到 A 公司支付的貨款 351,000 元，並將提貨單送交 A 公司；該批商品成本為 240,000 元。

案例 6.1.2-2 解析：

借：銀行存款　　　　　　　　　　　　　　　　　　　　351,000
　　貸：主營業務收入　　　　　　　　　　　　　　　　　300,000
　　　　應交稅費——應交增值稅（銷項稅額）　　　　　　 51,000
借：主營業務成本　　　　　　　　　　　　　　　　　　240,000
　　貸：庫存商品　　　　　　　　　　　　　　　　　　　240,000

子任務 2　特殊銷售業務收入的核算

【任務目的】

通過完成本任務，使學生掌握特殊銷售業務收入金額的確定及帳務處理，以備在實務中熟練運用。

【任務指導】

1. 核算業務框架

特殊銷售業務
①已經發出但不符合銷售商品收入確認條件
②採用預收款方式銷售商品
③商業折扣、現金折扣銷售
④銷售折讓
⑤銷售退回
⑥採用支付手續費方式委託代銷商品
⑦銷售材料等存貨

2. 已經發出但不符合銷售商品收入確認條件的商品的業務處理

如果企業售出商品不符合銷售商品收入確認的五個條件中的任何一條，均不應確認收入。為了單獨反應已經發出但尚未確認銷售收入的商品成本，企業應增設「發出商品」等科目。「發出商品」科目核算一般銷售方式下，已經發出但尚未確認銷售收入的商品成本。

企業對於發出的商品，在不能確認收入時，應按發出商品的實際成本，借記「發出商品」等科目，貸記「庫存商品」科目。發出商品滿足收入確認條件時，應結轉銷售成本，借記「主營業務成本」科目，貸記「發出商品」科目。「發出商品」科目的期末余額應並入資產負債表「存貨」項目反應。

發出商品不符合收入確認條件時，如果銷售該商品的納稅義務已經發生，比如已經開出增值稅專用發票，則應確認應交的增值稅銷項稅額。借記「應收帳款」等科目，貸記「應交稅費——應交增值稅（銷項稅額）」科目。如果納稅義務沒有發生，則不需進行上述處理。

[案例 6.1.2-3]

江河公司於 201×年 3 月 1 日採用托收承付結算方式向 B 公司銷售一批商品，開出的增值稅專用發票上註明售價為 200,000 元，增值稅稅額為 34,000 元；該批商品成本為 120,000 元。江河公司在銷售該批商品時已得知 B 公司資金流轉發生暫時困難，但為了減少存貨積壓，同時也為了維持與 B 公司長期以來建立的商業關係，江河公司仍將商品發出，並辦妥托收手續。假定江河公司銷售該批商品的納稅義務已經發生。

案例 6.1.2-3 解析：

本案例中，由於 B 公司現金流轉存在暫時困難，江河公司收回銷售貨款的可能性不是很大。根據銷售商品收入的確認條件，江河公司在發出商品時不能確認收入。為此，江河公司應將已發出的商品成本通過「發出商品」科目反應。

發出商品時：

借：發出商品　　　　　　　　　　　　　　　　　　　　　　　　120,000

貸：庫存商品		120,000

同時，因江河公司銷售該批商品的納稅義務已經發生，應確認交的增值稅銷項稅額：

借：應收帳款——B公司		34,000
貸：應交稅費——應交增值稅（銷項稅額）		34,000

（註：如果銷售該批商品的納稅義務尚未發生，則不作這筆分錄，待納稅義務發生時再作應交增值稅的分錄）

假定201×年11月江河公司得知B公司經營情況逐漸好轉，B公司承諾近期付款，江河公司應在B公司承諾付款時確認收入，會計分錄如下：

借：應收帳款——B公司		200,000
貸：主營業務收入		200,000

同時結轉成本：

借：主營業務成本		120,000
貸：發出商品		120,000

假定江河公司於201×年12月6日收到B公司支付的貨款，應作如下會計分錄：

借：銀行存款		234,000
貸：應收帳款——B公司		234,000

3. 採用預收款方式銷售商品的業務處理

預收帳款銷售方式下，銷售方直到收到最後一筆款項才將商品交付購貨方，表明商品所有權上的主要風險和報酬只有在收到最後一筆款項時才轉移給購貨方，銷售方通常應在發出商品時確認收入，在此之前預收的貨款應確認為預收帳款。

[案例6.1.2-4]

江河公司與C公司簽訂協議，採用預收款方式向C公司銷售一批商品。該批商品實際成本為600,000元。協議約定，該批商品銷售價格為800,000元，增值稅額為136,000元；C公司應在協議簽訂時預付60%的貨款（按銷售價格計算），剩餘貨款於2個月後支付。

案例6.1.2-4解析：

（1）收到60%貨款時：

借：銀行存款		480,000
貸：預收帳款		480,000

（2）發出商品時：

借：預收帳款		936,000
貸：主營業務收入		800,000
應交稅費——應交增值稅（銷項稅額）		136,000
借：主營業務成本		600,000
貸：庫存商品		600,000

（3）2個月後收到余款時：

借：銀行存款		456,000
貸：預收帳款		456,000

4. 商業折扣、現金折扣的業務處理

（1）商業折扣

企業銷售商品涉及商業折扣的，應當按照扣除商業折扣後的金額確定銷售商品收入金額。

（2）現金折扣

企業銷售商品涉及現金折扣的，應當按照扣除現金折扣前的金額確定銷售商品收入金額。現金折扣在實際發生時計入當期財務費用。

在計算現金折扣時，還應注意銷售方是按不包含增值稅的價款提供現金折扣，還是按包含增值稅的價款提供現金折扣，兩種情況下購買方享有的折扣金額不同。

[案例6.1.2-5]

江河公司為增值稅一般納稅企業，201×年8月1日銷售甲商品100件，每件甲商品的標價為500元（不含增值稅），每件商品的實際成本為300元，甲商品適用的增值稅稅率為17%；由於是成批銷售，江河公司給予購貨方10%的商業折扣，並在銷售合同中規定現金折扣條件為「2/10, 1/20, n/30」；甲商品於8月1日發出，購貨方於8月9日付款。假定計算現金折扣時不考慮增值稅。

案例6.1.2-5解析：

本案例涉及商業折扣和現金折扣問題，首先需要計算確定銷售商品收入的金額。根據銷售商品收入金額確定的有關規定，銷售商品收入的金額應是未扣除現金折扣但扣除商業折扣後的金額，現金折扣應在實際發生時計入當期財務費用。因此，甲公司應確認的銷售商品收入金額為45,000（100×500－100×500×10%）元，增值稅銷項稅額為7,650（45,000×17%）元。購貨方於銷售實現後的10日內付款，享有的現金折扣為900（45,000×2%）元。江河公司會計處理如下：

①8月1日銷售實現時：

借：應收帳款　　　　　　　　　　　　　　　52,650
　　貸：主營業務收入　　　　　　　　　　　　45,000
　　　　應交稅費——應交增值稅（銷項稅額）　　7,650
借：主營業務成本　　　　　　　　（100×300）30,000
　　貸：庫存商品　　　　　　　　　　　　　　30,000

②8月9日收到貨款時：

借：銀行存款　　　　　　　　　　　　　　　51,750
　　財務費用　　　　　　　　　　（45,000×2%）900
　　貸：應收帳款　　　　　　　　　　　　　　52,650

本案例中，若購貨方於8月19日付款，則享有的現金折扣為450（45,000×1%）元。江河公司在收到貨款時的會計分錄為：

借：銀行存款　　　　　　　　　　　　　　　52,200
　　財務費用　　　　　　　　　　　　　　　　　450
　　貸：應收帳款　　　　　　　　　　　　　　52,650

若購貨方於8月30才付款，則應按全額付款。甲公司在收到貨款時的會計分錄為：

借：銀行存款 52,650
  貸：應收帳款 52,650

5. 銷售折讓的業務處理

銷售折讓是指企業因售出商品的質量不合格等原因而在售價上給予的減讓。

銷售折讓可能發生在收入確認之前，也可能發生在收入確認之後。發生在銷售收入確認之前的銷售折讓，應在確認銷售商品收入時直接按扣除銷售折讓後的金額確認。發生在收入確認之後的銷售折讓，則按應衝減的銷售商品收入金額，借記「主營業務收入」科目，按專用發票上註明的應衝減的增值稅銷項稅額，借記「應交稅費——應交增值稅（銷項稅額）」科目，按實際支付或應退還的價款，貸記「銀行存款」「應收帳款」等科目。

[案例 6.1.2-6]

江河公司銷售一批商品給 D 公司，開出的增值稅專用發票上註明的售價為 100,000 元，增值稅稅額為 17,000 元。該批商品的成本為 70,000 元。貨到後 D 公司發現商品質量不符合合同的要求，要求在價格上給予 5% 的折讓。D 公司提出的銷售折讓要求符合原合同的約定，江河公司同意並辦妥了相關手續，開具了增值稅專用發票（紅字）。假定此前江河公司已確認該批商品的銷售收入，銷售款項尚未收到，發生的銷售折讓允許扣減當期增值稅銷項稅額。

案例 6.1.2-6 解析：

（1）銷售實現時：

借：應收帳款 117,000
  貸：主營業務收入 100,000
    應交稅費——應交增值稅（銷項稅額） 17,000

借：主營業務成本 70,000
  貸：庫存商品 70,000

（2）發生銷售折讓時：

借：主營業務收入 （100,000×5%）5,000
  應交稅費——應交增值稅（銷項稅額） 850
  貸：應收帳款 5,850

（3）實際收到款項時：

借：銀行存款 111,150
  貸：應收帳款 111,150

本例中，假定發生銷售折讓前，因該項銷售在貨款回收上存在不確定性，江河公司未確認該批商品的銷售收入，納稅義務也未發生；發生銷售折讓後 2 個月，D 公司承諾近期付款。則江河公司會計處理如下：

（1）發出商品時：

借：發出商品 70,000
  貸：庫存商品 70,000

（2）D 公司承諾付款，江河公司確認銷售收入時：

借：應收帳款 111,150

貸：主營業務收入	（100,000-100,000×5%）	95,000
應交稅費——應交增值稅（銷項稅額）		16,150
借：主營業務成本		70,000
貸：發出商品		70,000

（3）實際收到款項時：

借：銀行存款	111,150
貸：應收帳款	111,150

6. 銷售退回的業務處理

銷售退回是指企業售出的商品由於質量、品種不符合要求等原因而發生的退貨。發生的銷售退回應當區分不同情況進行會計處理：對於未確認收入的售出商品發生的銷售退回，應當沖減「發出商品」科目，同時增加「庫存商品」科目；對於已確認收入的售出商品發生的銷售退回，除資產負債表日後事項外，一般應在發生時沖減退回當期銷售商品收入，同時沖減退回當期銷售商品成本。按規定允許扣減增值稅稅額的，應同時沖減已確認的應交增值稅銷項稅額。如該項銷售退回已發生現金折扣，應同時調整相關財務費用的金額。

[案例6.1.2-7]

江河公司201×年8月20日銷售乙商品一批，增值稅專用發票上註明售價為250,000元，增值稅稅額為42,500元；該批商品成本為150,000元。乙商品於201×年8月20日發出，購貨方於8月27日付款。江河公司對該項銷售確認了銷售收入。201×年9月15日，該商品質量出現了嚴重問題，購貨方將該批商品全部退回給江河公司，江河公司同意退貨，於退貨當日支付了退貨款，並按規定向購貨方開具了增值稅專用發票（紅字）。

案例6.1.2-7解析：

（1）8月20日銷售實現時：

借：應收帳款	292,500
貸：主營業務收入	250,000
應交稅費——應交增值稅（銷項稅額）	42,500
借：主營業務成本	150,000
貸：庫存商品	150,000

（2）8月27日收到貨款時：

借：銀行存款	292,500
貸：應收帳款	292,500

（3）9月15日銷售退回時：

借：主營業務收入	250,000
應交稅費——應交增值稅（銷項稅額）	42,500
貸：銀行存款	292,500
借：庫存商品	150,000
貸：主營業務成本	150,000

7. 採用支付手續費方式委託代銷商品的業務處理

採用支付手續費委託代銷方式下，委託方在發出商品時商品所有權上的主要風險和報酬並未轉移給受託方，委託方在發出商品時通常不應確認銷售商品收入，而應在收到受託方開出的代銷清單時確認為銷售商品收入，同時應將支付的代銷手續費計入銷售費用；受託方應在代銷商品銷售後，按合同或協議約定的方式計算確定代銷手續費，確認勞務收入。

[**案例 6.1.2-8**]

江河公司委託 E 公司銷售商品 200 件，商品已經發出，每件成本為 50 元。合同約定 E 公司應按每件 80 元對外銷售，江河公司按售價的 10%向 E 公司支付手續費。E 公司全部對外售出，開出的增值稅專用發票上註明的銷售價格為 16,000 元，增值稅稅額為 2,720 元，款項已經收到。江河公司收到 E 公司開具的代銷清單時，向 E 公司開具一張相同金額的增值稅專用發票。假定：江河公司發出商品時納稅義務尚未發生；江河公司採用實際成本核算，E 公司採用進價核算代銷商品。

案例 6.1.2-8 解析：

（1）江河公司（委託方）的會計處理如下：

①發出代銷商品時：

借：委託代銷商品	10,000	
貸：庫存商品		10,000

②收到代銷清單時：

借：應收帳款	18,720	
貸：主營業務收入		16,000
應交稅費——應交增值稅（銷項稅額）		2,720
借：主營業務成本	10,000	
貸：委託代銷商品		10,000
借：銷售費用	1,600	
貸：應收帳款		1,600

代銷手續費金額=16,000×10%=1,600（元）

③收到 E 公司支付的貨款時：

借：銀行存款	17,120	
貸：應收帳款		17,120

（2）E 公司（受託方）的會計處理如下：

①收到代銷商品時：

借：受託代銷商品	20,000	
貸：受託代銷商品款		20,000

②代銷商品對外銷售時：

借：銀行存款	18,720	
貸：受託代銷商品		16,000
應交稅費——應交增值稅（銷項稅額）		2,720

③收到增值稅專用發票時：
借：應交稅費——應交增值稅（進項稅額） 2,720
　　貸：應付帳款 2,720
借：受託代銷商品款 16,000
　　貸：應付帳款 16,000
④支付貨款並計算代銷手續費時：
借：應付帳款 18,720
　　貸：銀行存款 17,120
　　　　其他業務收入 1,600

8. 銷售材料等存貨的業務處理

企業在日常活動中還可能發生對外銷售不需用的原材料、隨同商品對外銷售單獨計價的包裝物等業務。企業銷售原材料、包裝物等存貨也視同商品銷售。企業銷售原材料、包裝物等存貨實現的收入一般作為其他業務收入處理，相關成本作為其他業務成本處理。

企業銷售原材料等確認其他業務收入時，按售價和應收取的增值稅，借記「銀行存款」「應收帳款」等科目，按實現的其他業務收入，貸記「其他業務收入」科目，按增值稅專用發票上註明的增值稅額，貸記「應交稅費——應交增值稅（銷項稅額）」科目。結轉出售原材料等的實際成本時，借記「其他業務成本」科目，貸記「原材料」等科目。

[案例6.1.2-9]

江河公司銷售一批不需用的原材料，開出的增值稅專用發票上註明的售價為5,000元，增值稅稅額為850元，款項已由銀行收妥。該批原材料的實際成本為4,000元。

案例6.1.2-9解析：

確認原材料銷售收入時：
借：銀行存款 5,850
　　貸：其他業務收入 5,000
　　　　應交稅費——應交增值稅（銷項稅額） 850
結轉已銷原材料的實際成本時：
借：其他業務成本 4,250
　　貸：原材料 4,250

【任務操作要求】

1. 學習並理解任務指導
2. 獨立完成給定業務核算

A公司為增值稅一般納稅人，庫存商品採用實際成本核算，商品售價不含增值稅，商品銷售成本隨銷售同時結轉。201×年3月1日，甲商品帳面余額為230萬元。201×年3月發生的有關採購與銷售業務如下：

（1）3月3日，從B公司採購甲商品一批，收到的增值稅專用發票上註明的貨款為80萬元，增值稅為13.6萬元。甲商品已驗收入庫，款項尚未支付。

（2）3月8日，向C公司銷售甲商品一批，開出的增值稅專用發票上註明的售價為150萬元，增值稅為25.5萬元，該批甲商品實際成本為120萬元，款項尚未收到。

（3）銷售給 C 公司的部分甲商品由於存在質量問題，3 月 20 日 C 公司要求退回 3 月 8 日所購 W 商品的 50%。經過協商，A 公司同意了 C 公司的退貨要求，並按規定向 C 公司開具了增值稅專用發票（紅字），發生的銷售退回允許扣減當期增值稅銷項稅額，該批退回的甲商品已驗收入庫。

（4）3 月 31 日，經過減值測試，甲商品的可變現淨值為 230 萬元。

要求：

①編製 A 公司上述（1）、（2）、（3）項業務的會計分錄。

②計算 A 公司 201×年 3 月 31 日甲商品的帳面余額。

③計算 A 公司 201×年 3 月 31 日甲商品應確認的存貨跌價準備並編製會計分錄。（「應交稅費」科目要求寫出明細科目，答案中的金額單位用萬元表示）

任務 6.1.2 小結

特殊銷售方式下收入核算的重點：

（1）商業折扣和現金折扣情況下銷售商品收入金額的確認及帳務處理；

（2）企業發生銷售折讓、銷售退回的帳務處理；

（3）收取手續費方式委託代銷的帳務處理。

任務 6.1.3　提供勞務收入的核算

【任務目的】

通過完成本任務，使學生掌握完工百分比法確認提供勞務收入的核算，以備在實務中熟練運用。

【任務指導】

提供勞務收入是指企業從事建築安裝、修理修配、交通運輸、倉儲租賃、金融保險、郵電通信、諮詢經紀、文化體育、科學研究、技術服務、教育培訓、餐飲住宿、仲介代理、衛生保健、社區服務、旅遊、娛樂、加工以及其他勞務服務活動取得的收入。

提供勞務的劃分標準有多種，為便於會計核算，一般以提供勞務是否屬於同一會計期間作為劃分標準，從而把勞務分為在同一會計期間開始並完成的勞務、開始和完成分屬不同會計期間的勞務。無論是哪一種勞務，根據現行會計準則的規定，企業均應當按照從接收勞務方已收或應收的合同或協議價款確定提供勞務收入總額，已收或應收的合同或協議價款顯失公允的除外，提供勞務收入的計量採用與銷售商品收入一樣的計量原則——公允價值模式。

對於確認的勞務收入，應根據勞務性質分別作為主營業務收入和其他業務收入處理，結轉的相關成本也應作為主營業務成本和其他業務成本處理。

1. 核算業務框架

勞務收入的核算
- 在同一期間開始並完成的勞務
- 勞務的開始和完成分屬不同會計期間的勞務
  - 提供勞務交易結果能夠可靠估計：完工百分比法
  - 提供勞務交易結果不能可靠估計：不能採用完工百分比法

2. 在同一會計期間內開始並完成的勞務

對於一次就能完成的勞務，企業應在勞務完成時按所確定的收入金額，借記「應收帳款」「銀行存款」等科目，貸記「主營業務收入」或「其他業務收入」科目；對於發生的有關支出，借記「主營業務成本」或「其他業務成本」科目，貸記「銀行存款」等科目。

對於持續一段時間但在同一會計期間內開始並完成的勞務，企業應在為提供勞務發生相關支出時，借記「勞務成本」科目，貸記「銀行存款」「應付職工薪酬」「原材料」等科目。勞務完成確認勞務收入時，按確定的收入金額，借記「應收帳款」「銀行存款」等科目，貸記「主營業務收入」等科目；同時，結轉相關勞務成本，借記「主營業務成本」等科目，貸記「勞務成本」科目。

[案例6.1.3-1]

江河公司於201×年8月10日接受一項設備安裝任務，該安裝任務可一次完成，合同總價款為10,000元，實際發生安裝成本5,000元。假定安裝業務屬於甲公司的主營業務。不考慮相關稅費。

案例6.1.3-1解析：

江河公司應在安裝完成時作如下會計分錄：

借：應收帳款等　　　　　　　　　　　　　　　　　　　　　10,000
　　貸：主營業務收入　　　　　　　　　　　　　　　　　　　　10,000
借：主營業務成本　　　　　　　　　　　　　　　　　　　　　5,000
　　貸：銀行存款等　　　　　　　　　　　　　　　　　　　　　5,000

若上述安裝任務需花費一段時間（不超過本會計期間）才能完成，則應在為提供勞務發生有關支出時：

借：勞務成本　　　　　　　　　　　　　　　　　　　　　　　5,000
　　貸：銀行存款等　　　　　　　　　　　　　　　　　　　　　5,000

待安裝完成確認所提供勞務的收入並結轉該項勞務總成本時：

借：應收帳款等　　　　　　　　　　　　　　　　　　　　　10,000
　　貸：主營業務收入　　　　　　　　　　　　　　　　　　　　10,000
借：主營業務成本　　　　　　　　　　　　　　　　　　　　　5,000
　　貸：勞務成本　　　　　　　　　　　　　　　　　　　　　　5,000

3. 勞務的開始和完成分屬不同的會計期間

（1）提供勞務交易結果能夠可靠估計

勞務的開始和完成分屬不同的會計期間，且企業在資產負債表日提供勞務交易的結果

能夠可靠估計的，應採用完工百分比法確認提供勞務收入。同時滿足下列條件的，提供勞務交易的結果能夠可靠估計：

1）收入的金額能夠可靠地計量。
2）相關的經濟利益很可能流入企業。
3）交易的完工進度能夠可靠地確定。

企業可以根據提供勞務的特點，選用下列方法確定提供勞務交易的完工進度：

① 已完工作的測量，這是一種比較專業的測量方法，由專業測量師對已經提供的勞務進行測量，並按一定方法計算確定提供勞務交易的完工程度。

② 已經提供的勞務占應提供勞務總量的比例，這種方法主要以勞務量為標準確定提供勞務交易的完工程度。

③ 已經發生的成本占估計總成本的比例，這種方法主要以成本為標準確定提供勞務交易的完工程度。只有反應已提供勞務的成本才能包括在已經發生的成本中，只有反應已提供或將提供勞務的成本才能包括在估計總成本中。

4）交易中已發生和將發生的成本能夠可靠地計量。

本期確認的收入＝勞務總收入×本期末止勞務的完工進度-以前期間已確認的收入
本期確認的費用＝勞務總成本×本期末止勞務的完工進度-以前期間已確認的費用

[案例6.1.3-2]

江河公司自2015年4月1日起為F企業開發一項系統軟件。合同約定工期為兩年，合同總收入為100,000元，2015年4月1日F企業支付項目價款50,000元，餘款於軟件開發完成時收取。4月1日，江河公司收到F企業支付的該項目價款50,000元，並存入銀行。該項目預計總成本為40,000元。其他相關資料如表6.1-2所示：

表6.1-2

時間	收款金額（元）	累計實際發生成本（元）	開發程度
2015年4月1日	50,000		
2015年12月31日		16,000	40%
2016年12月31日		34,000	85%
2017年4月1日		40,000	100%

該項目於2017年4月1日完成並交付給F企業，但餘款尚未收到。江河公司按開發程度確定該項目的完工程度。假定為該項目發生的實際成本均用銀行存款支付。

要求：編製江河公司2015—2017年與開發此項目有關的會計分錄。

案例6.1.3-2解析：

①2015年4月1日收到預收款時：

借：銀行存款　　　　　　　　　　　　　　　　　　　　50,000
　　貸：預收帳款　　　　　　　　　　　　　　　　　　　　50,000

②2015年實際發生成本：

借：勞務成本　　　　　　　　　　　　　　　　　　　　16,000

貸：銀行存款　　　　　　　　　　　　　　　　　　　　　　16,000
③確認 2015 年收入和費用：
收入=100,000×40%=40,000（元）
費用=40,000×40%=16,000（元）
　　借：預收帳款　　　　　　　　　　　　　　　　　　　　　　40,000
　　　貸：主營業務收入　　　　　　　　　　　　　　　　　　　40,000
　　借：主營業務成本　　　　　　　　　　　　　　　　　　　　16,000
　　　貸：勞務成本　　　　　　　　　　　　　　　　　　　　　16,000
④2016 年實際發生成本：
　　借：勞務成本　　　　　　　　　　　　　　　　　　　　　　18,000
　　　貸：銀行存款　　　　　　　　　　　　　　　　　　　　　18,000
⑤確認 2016 年收入和費用：
收入=100,000×85%-40,000=45,000（元）
費用=40,000×85%-16,000=18,000（元）
　　借：預收帳款　　　　　　　　　　　　　　　　　　　　　　45,000
　　　貸：主營業務收入　　　　　　　　　　　　　　　　　　　45,000
　　借：主營業務成本　　　　　　　　　　　　　　　　　　　　18,000
　　　貸：勞務成本　　　　　　　　　　　　　　　　　　　　　18,000
⑥至 2017 年 4 月 1 日實際發生成本：
　　借：勞務成本　　　　　　　　　　　　　　　　　　　　　　6,000
　　　貸：銀行存款　　　　　　　　　　　　　　　　　　　　　6,000
⑦確認 2017 年收入和費用：
收入=100,000-40,000-45,000=15,000（元）
費用=40,000-16,000-18,000=6,000（元）
　　借：預收帳款　　　　　　　　　　　　　　　　　　　　　　15,000
　　　貸：主營業務收入　　　　　　　　　　　　　　　　　　　15,000
　　借：主營業務成本　　　　　　　　　　　　　　　　　　　　6,000
　　　貸：勞務成本　　　　　　　　　　　　　　　　　　　　　6,000
（2）提供勞務交易結果不能可靠估計
　　勞務的開始和完成分屬不同的會計期間，且企業在資產負債表日提供勞務交易的結果不能夠可靠估計的，即不能同時滿足上述 4 個條件的，不能採用完工百分比法確認提供勞務收入。此時，企業應當正確預計已經發生的勞務成本能否得到補償，區分下列情況處理：
　　①已經發生的勞務成本預計全部能夠得到補償的，應按已收或預計能夠收回的金額確認提供勞務收入，並結轉已經發生的勞務成本。
　　②已經發生的勞務成本預計部分能夠得到補償的，應按能夠得到補償的勞務成本金額確認提供勞務收入，並結轉已經發生的勞務成本。
　　③已經發生的勞務成本預計全部不能得到補償的，應將已經發生的勞務成本計入當期

損益（主營業務成本或其他業務成本），不確認提供勞務收入。

[案例 6.1.3-3]

江河公司於 2015 年 12 月 25 日接受 G 公司委託，為其培訓一批學員，培訓期為 6 個月，2016 年 1 月 1 日開學。協議約定，G 公司應向江河公司支付的培訓費總額為 90,000 元，分三次等額支付，第一次在開學時預付，第二次在 2016 年 3 月 1 日支付，第三次在培訓結束時支付。

2016 年 1 月 1 日，G 公司預付第一次培訓費。至 2016 年 2 月 28 日，江河公司發生培訓成本 40,000 元（假定均為培訓人員薪酬）。2016 年 3 月 1 日，江河公司得知 G 公司經營發生困難，后兩次培訓費能否收回難以確定。假定不考慮相關稅費。

案例 6.1.3-3 解析：

①2016 年 1 月 1 日收到 G 公司預付的培訓費：

借：銀行存款　　　　　　　　　　　　　　　　　　　　30,000
　　貸：預收帳款　　　　　　　　　　　　　　　　　　30,000

②實際發生培訓成本時：

借：勞務成本　　　　　　　　　　　　　　　　　　　　40,000
　　貸：應付職工薪酬　　　　　　　　　　　　　　　　40,000

③2016 年 2 月 28 日確認提供勞務收入並結轉勞務成本：

借：預收帳款　　　　　　　　　　　　　　　　　　　　30,000
　　貸：主營業務收入　　　　　　　　　　　　　　　　30,000
借：主營業務成本　　　　　　　　　　　　　　　　　　40,000
　　貸：勞務成本　　　　　　　　　　　　　　　　　　40,000

【任務操作要求】

1. 學習並理解任務指導
2. 獨立完成給定業務核算

A 公司 2015 年 10 月承接一項設備安裝勞務，勞務合同總收入為 200 萬元，預計合同總成本為 140 萬元，合同價款在簽訂合同時已收取，採用完工百分比法確認勞務收入。2015 年該勞務完工進度為 20%，2016 年該勞務的累計完工進度為 80%，2017 年 3 月全部完工。假設勞務成本全部為工人薪酬，要求：

①計算上述業務 2015 年、2016 年、2017 年的收入和費用；
②編製上述業務相關的會計分錄。（答案中的金額單位用萬元表示）

任務 6.1.3 小結

提供勞務收入核算的重點：完工百分比法的使用條件、完工百分比法的計算

任務 6.1.4　讓渡資產使用權收入的核算

【任務目的】

通過完成本任務，使學生掌握讓渡資產使用權收入的核算，以備在實務中熟練運用。

【任務指導】

1. 讓渡資產使用權收入的確認和計量

讓渡資產使用權收入是指出租、出借資產給他人使用而形成的經濟利益的流入，包括讓渡無形資產等資產使用權的使用費收入、出租固定資產取得的租金、進行債權投資收取的利息、進行股權投資取得的現金股利等。讓渡資產使用權的使用費收入同時滿足下列條件的，才能予以確認：

（1）相關的經濟利益很可能流入企業；

（2）收入的金額能夠可靠地計量。

2. 核算業務框架

讓渡資產使用權收入 $\begin{cases} 讓渡無形資產使用權的使用費收入 \\ 出租固定資產租金收入 \\ 債權投資利息收入 \end{cases}$

3. 讓渡資產使用權收入的業務處理

企業讓渡資產使用權的使用費收入，一般通過「其他業務收入」科目核算；所讓渡資產計提的攤銷額等，一般通過「其他業務成本」科目核算。

企業確認讓渡資產使用權的使用費收入時，按確定的收入金額，借記「銀行存款」「應收帳款」等科目，貸記「其他業務收入」科目。企業對所讓渡資產計提攤銷以及所發生的與讓渡資產有關的支出等，借記「其他業務成本」科目，貸記「累計攤銷」等科目。

合同或協議規定一次性收取使用費，且不提供后續服務的，應當視同銷售該項資產一次性確認收入；提供后續服務的，應在合同或協議規定的有效期內分期確認收入。合同或協議規定分期收取使用費的，通常應按合同或協議規定的收款時間和金額或規定的收費方法計算確定的金額分期確認收入。

［案例6.1.4-1］

江河公司向某公司轉讓其軟件的使用權，一次性收取使用費 50,000 元，不提供后續服務，款項已經收回。假定不考慮相關稅費。

案例6.1.4-1 解析：

借：銀行存款　　　　　　　　　　　　　　　　　　50,000
　　貸：其他業務收入　　　　　　　　　　　　　　　50,000

［案例6.1.4-2］

江河公司於 2015 年 1 月 1 日向某公司轉讓某專利權的使用權，協議約定轉讓期為 5 年，每年年末收取使用費 200,000 元。2015 年該專利權計提的攤銷額為 120,000 元，每月計提金額為 10,000 元。假定不考慮其他因素和相關稅費。

案例6.1.4-2 解析：

（1）2015 年年末確認使用費收入：

借：應收帳款（或銀行存款）　　　　　　　　　　　200,000
　　貸：其他業務收入　　　　　　　　　　　　　　200,000

（2）2015 年每月計提專利權攤銷額：

借：其他業務成本　　　　　　　　　　　　　　　　　　　　　10,000
　　貸：累計攤銷　　　　　　　　　　　　　　　　　　　　　　10,000

[案例 6.1.4-3]

江河公司向 H 公司轉讓某商品的商標使用權，約定 H 公司每年年末按年銷售收入的 10% 支付使用費，使用期 10 年。第一年，H 公司實現銷售收入 1,800,000 元；第二年，H 公司實現銷售收入 2,000,000 元。假定江河公司均於每年年末收到使用費。不考慮相關稅費。

案例 6.1.4-3 解析：

（1）第一年年末確認使用費收入：

應確認的使用費收入 = 1,800,000×10% = 180,000（元）

借：銀行存款　　　　　　　　　　　　　　　　　　　　　　180,000
　　貸：其他業務收入　　　　　　　　　　　　　　　　　　　180,000

（2）第二年年末確認使用費收入：

應確認的使用費收入 = 2,000,000×10% = 200,000（元）

借：銀行存款　　　　　　　　　　　　　　　　　　　　　　200,000
　　貸：其他業務收入　　　　　　　　　　　　　　　　　　　200,000

【任務操作要求】

1. 學習並理解任務指導
2. 獨立完成給定業務核算

A 公司於 2015 年 1 月 1 日向丙公司轉讓某商標權的使用權，協議約定轉讓期為 5 年，每年年末收取使用費 150,000 元。該專利權每月攤銷額為 8,000 元。假定不考慮其他因素和相關稅費，編製 A 公司該業務的會計分錄。

任務 6.1.4 小結

讓渡資產使用權收入核算的重點：

（1）讓渡資產使用權收入包括的內容；
（2）讓渡資產使用權收入的業務處理。

任務 6.1.5　政府補助收入的核算

【任務目的】

通過完成本任務，使學生掌握政府補助收入的核算，以備在實務中熟練運用。

【任務指導】

1. 認知政府補助

（1）政府補助的含義

政府補助是指企業從政府無償取得貨幣性資產或非貨幣性資產，但不包括政府作為企業所有者投入的資本。其中，「政府」包括各級人民政府及其所屬機構，如財政、衛生、稅務、環保部門等，聯合國、世界銀行等類似國際組織也視為政府。

（2）政府補助的特點

政府補助準則規定的政府補助主要有如下特徵：

①政府補助是無償的

政府向企業提供補助屬於非互惠交易，具有無償性的特點。

②政府補助通常附有條件

政府補助通常附有一定的條件，主要包括：一是政策條件。企業只有符合政府補助政策的規定，才有資格申請政府補助。符合政策規定不一定都能夠取得政府補助；不符合政策規定、不具備申請政府補助資格的，不能取得政府補助。二是使用條件。企業已獲批准取得政府補助的，應當按照政府相關文件等規定的用途使用政府補助。

③政府補助不包括政府的資本性投入

（3）政府補助的主要形式

政府補助表現為政府向企業轉移資產，包括貨幣性資產或非貨幣性資產，通常為貨幣性資產，但也存在非貨幣性資產的情況。

①財政撥款。財政撥款是政府無償撥付給企業的資金，通常在撥款時就明確了用途。這類款項包括政府撥給企業用於購建固定資產或進行技術改造工程的專項資金、政府鼓勵企業安置職工就業而給予的獎勵款項、政府撥付給企業的糧食定額補貼、政府撥付給企業開展研發活動的研發撥款等。

②財政貼息。財政貼息是政府為支持特定領域或區域發展，根據國家宏觀經濟形勢和政策目標，對承貸企業的銀行貸款利息給予的補貼。財政貼息主要有兩種方式：一是財政將貼息資金直接撥付給受益企業；二是財政將貼息資金撥付給貸款銀行，由貸款銀行以政策性優惠利率向企業提供貸款，受益企業按照實際發生的利率計算和確認利息費用。

③稅收返還。稅收返還是政府按照先徵后返（退）、即徵即退等辦法向企業返還的稅款，屬於以稅收優惠形式給予的一種政府補助。除稅收返還外，稅收優惠還包括直接減徵、免徵、增加計稅抵扣額、抵免部分稅額等形式。這類稅收優惠體現了政策導向，政府並未直接向企業無償提供資產，不作為本準則規範的政府補助。

④無償劃撥非貨幣性資產。政府無償劃撥非貨幣性資產在實務中發生較少，有時會存在行政劃撥土地使用權、天然起源的天然林等。

（4）政府補助的分類

政府補助分為與資產相關的政府補助和與收益相關的政府補助。

①與資產相關的政府補助，是指企業取得的、用於購建或以其他方式形成長期資產的政府補助。

②與收益相關的政府補助，是指除與資產相關的政府補助之外的政府補助。

2. 核算業務框架

政府補助收入
- 與資產相關的政府補助
  - ①收到政府補助時確認為「遞延收益」
  - ②分期將遞延收益計入「營業外收入」
  - ③處置時將遞延收益余額轉入「營業外收入」
- 與收益相關的政府補助 — 一般收到時直接計入「營業外收入」

3. 與資產相關的政府補助的業務處理

企業取得與資產相關的政府補助，不能全額確認為當期收益，應當隨著相關資產的使用逐漸計入以後各期的收益。也就是說，收到與資產相關的政府補助應當確認為遞延收益，然後自長期資產可供使用時起，按照長期資產的預計使用年限，將遞延收益平均分攤至當期損益，計入營業外收入。相關資產在使用壽命結束前被處置（出售、轉讓、報廢等），應將尚未分配的遞延收益余額一次性轉入資產處置當期的損益（營業外收入）。

[案例6.1.5-1]

2016年1月1日，政府撥付給江河公司600萬元財政撥款（同日到帳），要求用於購買大型科研設備1臺；並規定若有結余，留歸企業自行支配。2016年2月1日，江河公司購入設備（假定不需安裝），實際成本為480萬元，使用壽命為10年。使用8年後江河公司出售了這臺設備。假定該設備預計淨殘值為零，江河公司採用直線法計提折舊。

案例6.1.5-1解析：

（1）2016年1月1日實際收到財政撥款，確認政府補助：

借：銀行存款　　　　　　　　　　　　　　　　　　　6,000,000
　　貸：遞延收益　　　　　　　　　　　　　　　　　　　　6,000,000

（2）2016年2月1日購入設備：

借：固定資產　　　　　　　　　　　　　　　　　　　4,800,000
　　貸：銀行存款　　　　　　　　　　　　　　　　　　　　4,800,000

（3）在該項固定資產的使用期間，每個月計提折舊和分配遞延收益：

借：製造費用　　　　　　　　　　　　　　　　　　　　40,000
　　貸：累計折舊　　　　　　　　　（4,800,000÷10÷12）40,000
借：遞延收益　　　　　　　　　　（6,000,000÷10÷12）50,000
　　貸：營業外收入　　　　　　　　　　　　　　　　　　　50,000

（4）2016年2月1日出售該設備：

借：固定資產清理　　　　　　　　　　　　　　　　　　960,000
　　累計折舊　　　　　　　　　　（4,800,000÷10×8）3,840,000
　　貸：固定資產　　　　　　　　　　　　　　　　　　　4,800,000
借：遞延收益　　　　　　　　　　（6,000,000÷10×2）1,200,000
　　貸：營業外收入　　　　　　　　　　　　　　　　　　1,200,000

4. 與收益相關的政府補助的業務處理

企業確認與收益相關的政府補助，借記「銀行存款」等科目，貸記「營業外收入」科目，或通過「遞延收益」科目分期計入當期損益。

[案例6.1.5-2]

某企業為一家農業產業化龍頭企業，享受銀行貸款月利率0.6%的地方財政貼息補助，201×年1月，從國家農業發展銀行獲半年期貸款10,000,000元，銀行貸款月利率為0.6%，同時收到財政部門撥付的一季度貼息款180,000元。4月初又收到二季度的貼息款180,000元。

案例6.1.5-2解析：

（1）201×年1月，實際收到財政貼息180,000元時：
借：銀行存款   180,000
　　貸：遞延收益   180,000
（2）201×年1月、2月、3月份，分別將補償當月利息費用的補貼計入當期收益：
借：遞延收益   60,000
　　貸：營業外收入   60,000
（201×年4~6月的會計分錄與1~3月的相同。）

【任務操作要求】
1. 學習並理解任務指導
2. 獨立完成給定業務核算

遠航公司為增值稅一般納稅人，適用的增值稅稅率為17%，商品銷售價格不含增值稅；確認銷售收入時逐筆結轉銷售成本。

201×年12月份，甲公司發生如下經濟業務：

（1）12月2日，向乙公司銷售A產品，銷售價格為600萬元，實際成本為540萬元。產品已發出，款項存入銀行。銷售前，該產品已計提跌價準備5萬元。

（2）12月8日，收到丙公司退回B產品並驗收入庫，當日支付退貨款並收到經稅務機關出具的《開具紅字增值稅專用發票通知單》。該批產品系當年8月份售出並已確認銷售收入，銷售價格為200萬元，實際成本為120萬元。

（3）12月10日，與丁公司簽訂為期6個月的勞務合同，合同總價款為400萬元，待完工時收取。至12月31日，實際發生勞務成本50萬元（均為職工薪酬），估計為完成該合同還將發生勞務成本150萬元。假定該項勞務交易的結果能夠可靠估計，甲公司按實際發生的成本占估計總成本的比例確定勞務的完工進度；該勞務不屬於增值稅應稅勞務。

（4）12月31日，收到政府撥付的用於購買科研設備的100萬財政撥款。

假定除上述資料外，不考慮其他相關因素。
要求：根據上述資料，逐項編製甲公司上述經濟業務的會計分錄。

任務6.1.5 小結

政府補助收入核算的重點：
（1）政府補助的形式；
（2）與資產相關的政府補助和與收益相關的政府補助的業務處理。

項目6.2　費用的核算

【項目介紹】

本項目內容以《企業會計準則——基本準則》及應用指南為指導，主要介紹費用的含

義及內容，介紹營業成本、營業稅金及附加以及期間費用的核算方法，要求學生通過學習，對費用具體核算內容有所認知，通過任務處理，進一步演練借貸記帳法，為會計實務工作打下基礎。

【項目實施標準】

本項目通過完成 4 項具體任務來實施，具體任務內容結構如表 6.2-1 所示：

表 6.2-1　　　　　　　　「費用的核算」項目任務細分表

任務	子任務
任務 6.2.1　費用的基本認知	—
任務 6.2.2　費用的核算	1. 營業成本的核算 2. 營業稅金及附加的核算 3. 期間費用的核算

任務 6.2.1　費用的基本認知

【任務目的】

通過完成本任務，使學生明確費用的含義、特點和核算內容，對費用形成初步認知，為學習后續核算內容打下理論基礎。

【任務指導】

1. 費用的含義

費用是指企業在日常活動中發生的、會導致所有者權益減少的、與向所有者分配利潤無關的經濟利益的總流出。

2. 費用的特點

費用具有以下特點：

（1）費用是企業在日常活動中發生的經濟利益的總流出

費用形成於企業日常活動的特徵使其與產生於非日常活動的損失相區分。企業從事或發生的某些活動或事項也能導致經濟利益流出企業，但不屬於企業的日常活動。例如，企業處置固定資產、無形資產等非流動資產，因違約支付罰款，對外捐贈，因自然災害等非常原因產生財產毀損等，這些活動或事項形成的經濟利益的總流出屬於企業的損失而不是費用。

（2）費用會導致企業所有者權益的減少

費用既可能表現為資產的減少，如減少銀行存款、庫存商品等；也可能表現為負債的增加，如增加應付職工薪酬、應交稅費（應交營業稅、消費稅等）等。

（3）費用與向所有者分配利潤無關

向所有者分配利潤或股利屬於企業利潤分配的內容，不構成企業的費用。

3. 費用的內容及分類

為了合理確認和計量費用，應當對費用進行分類，企業費用按不同標準可以分為不同

種類，按經濟用途可以將費用劃分為營業成本和期間費用。

（1）營業成本

營業成本包括主營業務成本、其他業務成本。主營業務成本是指企業銷售商品、提供勞務及讓渡資產使用權等日常活動所發生的各種耗費。其他業務成本是指企業確認的除主營業務活動以外的其他經營活動所發生的支出，包括銷售材料的成本、出租固定資產的折舊額、出租無形資產的攤銷額、出租包裝物的成本或攤銷額等。

（2）期間費用

期間費用是指企業日常活動發生的不能計入特定核算對象的成本，而應計入發生當期損益的費用。期間費用包括銷售費用、管理費用和財務費用。

①銷售費用。銷售費用是指企業在銷售商品和材料、提供勞務過程中發生的各項費用，包括保險費、包裝費、展覽費和廣告費、商品維修費、預計產品質量保證損失、運輸費、裝卸費等以及為銷售本企業商品而專設的銷售機構（含銷售網點、售後服務網點等）的職工薪酬、業務費、折舊費等經營費用。

②管理費用。管理費用是指企業為組織和管理生產經營活動而發生的各種管理費用，包括企業在籌建期間內發生的開辦費、董事會和行政管理部門在企業的經營管理中發生的以及應由企業統一負擔的公司經費、工會經費、董事會費（包括董事會成員津貼、會議費和差旅費等）、聘請仲介機構費、諮詢費（含顧問費）、訴訟費、業務招待費、房產稅、車船稅、城鎮土地使用稅、印花稅、技術轉讓費、礦產資源補償費、研究費用、排污費等。企業生產車間（部門）和行政管理部門等發生的固定資產修理費用等后續支出，應在發生時計入管理費用。

③財務費用。財務費用是指企業為籌集生產經營所需資金等而發生的籌資費用，包括利息支出（減利息收入）、匯兌損益以及相關的手續費、企業發生或收到的現金折扣等。

任務 6.2.2　費用的核算

子任務 1　營業成本的核算

【任務目的】

通過完成本任務，使學生熟練掌握主營業務成本、其他業務成本的核算內容以及帳務處理方法，以備在核算實務中熟練運用。

【任務指導】

1. 核算業務框架

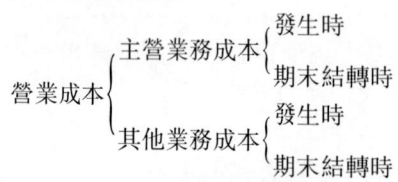

$$
營業成本\begin{cases}主營業務成本\begin{cases}發生時\\期末結轉時\end{cases}\\其他業務成本\begin{cases}發生時\\期末結轉時\end{cases}\end{cases}
$$

2. 主營業務成本的業務處理

企業應當設置「主營業務成本」科目，核算企業因銷售商品、提供勞務或讓渡資產使

用權等日常活動而發生的實際成本，借記「主營業務成本」，貸記「庫存商品」「勞務成本」等。按主營業務的種類進行明細核算。期末，將主營業務成本的餘額轉入「本年利潤」科目，借記「本年利潤」，貸記「主營業務成本」，結轉後該科目無餘額。

[案例6.2.2-1]

201×年8月20日江河公司向X公司銷售一批產品，開出的增值稅專用發票上註明售價為200,000元，增值稅稅額為34,000元；江河公司已收到X公司支付的貨款234,000元，並將提貨單送交X公司；該批產品成本為120,000元。

案例6.2.2-1解析：

（1）銷售實現時：

借：銀行存款　　　　　　　　　　　　　　　　　234,000
　　貸：主營業務收入　　　　　　　　　　　　　　200,000
　　　　應交稅費——應交增值稅（銷項稅額）　　　34,000
借：主營業務成本　　　　　　　　　　　　　　　120,000
　　貸：庫存商品　　　　　　　　　　　　　　　　120,000

（2）期末結轉損益時：

借：本年利潤　　　　　　　　　　　　　　　　　120,000
　　貸：主營業務成本　　　　　　　　　　　　　　120,000
借：主營業務收入　　　　　　　　　　　　　　　200,000
　　貸：本年利潤　　　　　　　　　　　　　　　　200,000

[案例6.2.2-2]

某公司201×年8月末計算已售甲、乙、丙三種產品的實際成本分別為20,000元、35,000元、60,000元。

案例6.2.2-2解析：

該公司月末結轉本月已銷產品成本時：

借：主營業務成本　　　　　　　　　　　　　　　115,000
　　貸：庫存商品——甲產品　　　　　　　　　　　20,000
　　　　　　　　——乙產品　　　　　　　　　　　35,000
　　　　　　　　——丙產品　　　　　　　　　　　60,000

3. 其他業務成本的業務處理

企業應當設置「其他業務成本」科目，核算企業確認的除主營業務活動以外的其他經營活動所發生的支出。企業發生的其他業務成本，借記「其他業務成本」，貸記「原材料」「週轉材料」「累計折舊」「累計攤銷」等科目。該科目按其他業務成本的種類進行明細核算。期末，將其他業務成本的餘額轉入「本年利潤」科目，借記「本年利潤」，貸記「其他業務成本」，結轉後該科目無餘額。

[案例6.2.2-3]

201×年8月2日，某公司銷售一批原材料，開具的增值稅專用發票上註明的售價為30,000元，增值稅稅額為5,100元，款項已由銀行收妥。該批原材料的實際成本為15,000元。

案例 6.2.2-3 解析：

銷售材料時：

借：銀行存款　　　　　　　　　　　　　　　　　　　　35,100
　　貸：其他業務收入　　　　　　　　　　　　　　　　　　30,000
　　　　應交稅費——應交增值稅（銷項稅額）　　　　　　　5,100

結轉銷售材料的成本：

借：其他業務成本　　　　　　　　　　　　　　　　　　15,000
　　貸：原材料　　　　　　　　　　　　　　　　　　　　15,000

【案例 6.2.2-4】

201×年 8 月 1 日，某公司將自行開發完成的非專利技術出租給另一家公司，該非專利技術成本為 240,000 元，雙方約定的租賃期限為 10 年，該公司每月應攤銷（240,000÷10÷12）2,000 元。

案例 6.2.2-4 解析：

每月攤銷時：

借：其他業務成本　　　　　　　　　　　　　　　　　　　2,000
　　貸：累計攤銷　　　　　　　　　　　　　　　　　　　　2,000

【任務操作要求】

1. 學習並理解任務指導
2. 獨立完成給定業務核算

甲公司為增值稅一般納稅人，公司的原材料採用實際成本法核算，商品售價不含增值稅，商品銷售成本逐筆結轉。201×年 11 月發生的有關採購與銷售業務如下：

（1）11 月 1 日，從 A 公司採購材料一批，收到的增值稅專用發票上註明的貨款為 100 萬元，增值稅為 17 萬元。材料已驗收入庫，款項尚未支付。

（2）11 月 6 日，向 A 公司銷售商品 5,000 件，價目表中 A 商品售價為 10 元，增值稅稅率為 17%，每件商品成本為 6 元。甲公司為購貨方提供的商業折扣為 10%，現金折扣條件為「2/10，1/20，N/30」。11 月 13 日，甲公司收到 A 公司支付的款項，並存入銀行。假定計算現金折扣時不考慮增值稅。

（3）11 月 13 日，向 B 公司銷售商品一批，開出的增值稅專用發票上註明的售價為 200 萬元，增值稅為 34 萬元，該批商品實際成本為 140 萬元，款項尚未收到。

（4）銷售給 B 公司的部分商品由於存在質量問題，11 月 18 日 B 公司要求退回 11 月 13 日所購商品的 50%，經過協商，甲公司同意 B 公司的退貨要求，辦理了相應手續後向 B 公司開具了增值稅專用發票（紅字），發生的銷售退回允許扣減當期的增值稅銷項稅額，該批退回的商品已驗收入庫。

（5）11 月 19 日，向 C 公司銷售商品一批，開具的增值稅專用發票上註明的售價為 100 萬元，增值稅為 17 萬元，該批商品實際成本為 70 萬元，款項尚未收到。

（6）銷售給 C 公司的商品由於存在質量問題，C 公司要求在價格上給予 5% 的折讓，甲公司同意了該要求，辦妥手續后開具了紅字增值稅專用發票。

假定除上述資料外，不考慮其他相關因素。

要求：根據上述資料，逐項編製甲公司上述經濟業務的會計分錄。

子任務 2　營業稅金及附加的核算

【任務目的】

通過完成本任務，使學生熟練掌握營業稅金及附加的核算內容以及帳務處理方法，以備在核算實務中熟練運用。

【任務指導】

1. 營業稅金及附加的含義

營業稅金及附加是指企業經營活動應負擔的相關稅費，包括營業稅、消費稅、城市維護建設稅、教育費附加和資源稅等，但不包括增值稅和所得稅。

2. 業務核算框架

營業稅金及附加 ┌ 發生時：借記「營業稅金及附加」，貸記「應交稅費」等
　　　　　　　 │ 期末結轉時：借記「本年利潤」，貸記「營業稅金及附加」，
　　　　　　　 └ 結轉后該科目無余額

[案例 6.2.2-5]

某公司 201×年 2 月 1 日取得應納消費稅的銷售商品收入 1,000,000 元，該產品適用的消費稅稅率為 30%。

案例 6.2.2-5 解析：

計算應交消費稅額：

借：營業稅金及附加　　　　　　　　　　　　(1,000,000×30%) 300,000
　　貸：應交稅費——應交消費稅　　　　　　　　　　　　　　 300,000

交納消費稅時：

借：應交稅費——應交消費稅　　　　　　　　　　　　　　　 300,000
　　貸：銀行存款　　　　　　　　　　　　　　　　　　　　 300,000

[案例 6.2.2-6]

201×年 4 月，某公司當月實際應交增值稅 350,000 元，應交消費稅 150,000 元，應交營業稅 100,000 元，城建稅稅率為 7%，教育費附加率為 3%。

案例 6.2.2-6 解析：

（1）計算應交城建稅和教育費附加時：

城市維護建設稅：

(350,000+150,000+100,000)×7% = 42,000（元）

教育費附加：

(350,000+150,000+100,000)×3% = 18,000（元）

（2）會計分錄如下：

借：營業稅金及附加　　　　　　　　　　　　　　　　　　　60,000
　　貸：應交稅費——應交城建稅　　　　　　　　　　　　　 42,000
　　　　　　　　——應交教育費附加　　　　　　　　　　　 18,000

實際繳納城建稅和教育費附加時：
借：應交稅費——應交城建稅   42,000
         ——應交教育費附加   18,000
    貸：銀行存款   60,000

【任務操作要求】
1. 學習並理解任務指導
2. 獨立完成給定業務核算

201×年12月，甲公司當月實際應交增值稅350,000元，應交消費稅150,000元，應交營業稅100,000元，應交企業所得稅500,000元，該企業適用城建稅稅率7%，教育費附加3%。計算該公司本月應納城建稅和教育費附加，並做相關的會計分錄。

子任務3 期間費用的核算

【任務目的】
通過完成本任務，使學生熟練掌握銷售費用、管理費用和財務費用的核算內容以及帳務處理方法，以備在核算實務中熟練運用。

【任務指導】
1. 核算業務框架

期間費用
- 銷售費用
  - 發生時：借記「銷售費用」，貸記「銀行存款」等
  - 期末結轉時：借記「本年利潤」，貸記「銷售費用」，結轉後該科目無餘額
- 管理費用
  - 發生時：借記「管理費用」，貸記「銀行存款」等
  - 期末結轉時：借記「本年利潤」，貸記「管理費用」，結轉後該科目無餘額
- 財務費用
  - 發生時：借記「財務費用」，貸記「銀行存款」等
  - 期末結轉時：借記「本年利潤」，貸記「財務費用」，結轉後該科目無餘額

2. 銷售費用

企業應當通過「銷售費用」科目核算企業銷售費用的發生和結轉情況。發生各項銷售費用時，借記該帳戶，貸記「銀行存款」、「應付職工薪酬」等帳戶；期末，將借方登記的銷售費用全部由本帳戶的貸方轉入「本年利潤」帳戶的借方。結轉后，「銷售費用」科目期末無餘額。

[案例6.2.2-7]
某公司201×年3月1日為宣傳新產品發生廣告費50,000元，用銀行存款支付。
案例6.2.2-7解析：
借：銷售費用——廣告費   50,000
    貸：銀行存款   50,000

[案例6.2.2-8]
某公司201×年3月12日銷售一批產品，銷售過程中發生運輸費4,800元、裝卸費1,200元，均用銀行存款支付。
案例6.2.2-8解析：

借：銷售費用——運輸費 4,800
　　　　　——裝卸費 1,200
　　貸：銀行存款 6,000

[案例6.2.2-9]
某公司201×年3月31日計算出當月專設銷售機構使用房屋應計提的折舊7,800元。
案例6.2.2-9解析：
借：銷售費用——折舊費 7,800
　　貸：累計折舊 7,800

[案例6.2.2-10]
某公司201×年3月31日將本月發生的「銷售費用」66,000元，結轉至「本年利潤」科目。
案例6.2.2-10解析：
借：本年利潤 66,000
　　貸：銷售費用 66,000

3. 管理費用

企業應當通過「管理費用」科目核算企業管理費用的發生和結轉情況。發生各項管理費用時，借記該帳戶，貸記「銀行存款」「應付職工薪酬」「累計折舊」等帳戶；期末，將借方登記的管理費用全部由本帳戶的貸方轉入「本年利潤」帳戶的借方。結轉後，「管理費用」科目期末無餘額。

[案例6.2.2-11]
某公司201×年3月12日為拓展產品銷售市場發生業務招待費50,000元，用銀行存款支付。
案例6.2.2-11解析：
借：管理費用——業務招待費 50,000
　　貸：銀行存款 50,000

[案例6.2.2-12]
某公司201×年3月25日就一項產品的設計方案向有關專家進行諮詢，以現金支付諮詢費30,000元。
案例6.2.2-12解析：
借：管理費用——諮詢費 30,000
　　貸：庫存現金 30,000

[案例6.2.2-13]
某公司201×年3月31日將「管理費用」科目餘額80,000元轉入「本年利潤」科目。
案例6.2.2-13解析：
借：本年利潤 80,000
　　貸：管理費用 80,000

4. 財務費用

企業應當通過「財務費用」科目核算企業財務費用的發生和結轉情況。發生各項財務

費用時，借記該帳戶，貸記「銀行存款」「應付利息」等帳戶；期末，將借方登記的財務費用全部由本帳戶的貸方轉入「本年利潤」帳戶的借方。結轉后，「財務費用」科目期末無余額。

[案例 6.2.2-14]
某公司 201×年 3 月 30 日用銀行存款支付本月應負擔的短期借款利息 24,000 元。
案例 6.2.2-14 解析：
借：財務費用——利息支出　　　　　　　　　　　　　　　24,000
　　貸：銀行存款　　　　　　　　　　　　　　　　　　　　24,000

[案例 6.2.2-15]
201×年 3 月 7 日，某公司在購買材料業務中，根據對方規定的現金折扣條件提前付款，獲得對方給予的現金折扣 4,000 元。
案例 6.2.2-15 解析：
借：應付帳款　　　　　　　　　　　　　　　　　　　　　4,000
　　貸：財務費用　　　　　　　　　　　　　　　　　　　　4,000

[案例 6.2.2-16]
201×年 3 月 31 日，某公司將「財務費用」科目余額 28,000 元結轉到「本年利潤」科目。
案例 6.2.2-16 解析：
借：本年利潤　　　　　　　　　　　　　　　　　　　　　28,000
　　貸：財務費用　　　　　　　　　　　　　　　　　　　　28,000

【任務操作要求】
1. 學習並理解任務指導
2. 獨立完成給定業務核算
某企業 201×年 3 月份發生的業務有：
（1）發生無形資產研究費用 10 萬元；
（2）發生專設銷售部門人員工資 25 萬元；
（3）支付業務招待費 15 萬元；
（4）支付銷售產品保險費 5 萬元；
（5）計算本月應交納的城市維護建設稅 0.5 萬元；
（6）計提投資性房地產折舊 40 萬元；
（7）支付本月未計提短期借款利息 0.1 萬元。
要求：說明各項經濟業務應該計入的借方科目並計算該企業 3 月份發生的期間費用總額。

任務 6.2.2 小結

1. 營業成本中核算的重點
主營業務成本和其他業務成本結轉的帳務處理。
2. 期間費用的核算的重點
（1）期間費用核算的內容；

（2）管理費用、銷售費用、財務費用的帳務處理。

項目 6.3　利潤的核算

【項目介紹】

本項目內容以《企業會計準則——基本準則》《企業會計準則第 18 號——所得稅》及應用指南為指導，主要介紹利潤的含義及形成，介紹營業外收支、本年利潤、所得稅費用以及利潤分配的核算方法，要求學生通過學習，對利潤的形成與分配有所認知，通過任務處理，進一步演練借貸記帳法，為會計實務工作打下基礎。

【項目實施標準】

本項目通過完成 6 項具體任務來實施，具體任務內容結構如表 6.3-1 所示：

表 6.3-1　　　　　　　　　「利潤的核算」項目任務細分表

任務	子任務
任務 6.3.1　認知利潤的形成	—
任務 6.3.2　營業外收支的核算	1. 營業外收入的核算
	2. 營業外支出的核算
任務 6.3.3　本年利潤的核算	—
任務 6.3.4　所得稅費用的核算	—
任務 6.3.5　利潤分配的核算	—

任務 6.3.1　認知利潤的形成

【任務目的】

通過完成本任務，使學生瞭解利潤的含義，並對利潤的形成及計算形成初步認知，為學習後續核算內容打下理論基礎。

【任務指導】

利潤是企業一定會計期間的經營成果，對利潤進行核算，可以及時反應企業在一定期間的經營業績和獲利能力，反應企業投入產出效率和經濟效益。利潤包括收入減去費用后的淨額、直接計入當期利潤的利得和損失等。未計入當期利潤的利得核算時扣除所得稅影響后的淨額計入其他綜合收益。淨利潤和其他綜合收益的合計金額為綜合收益總額。利得是指由企業非日常活動所形成的、會導致所有者權益增加的、與所有者投入資本無關的經濟利潤的流入。損失是指由企業非日常活動所發生的、會導致所有者權益減少、與向所有

者分配利潤無關的經濟利潤的流出。

與利潤相關的計算公式主要如下：

1. 營業利潤

營業利潤＝營業收入－營業成本－營業稅金及附加－銷售費用－管理費用－財務費用－資產減值損失＋公允價值變動收益(－公允價值變動損失)＋投資收益(－投資損失)

其中：

營業收入是指企業經營業務所確認的收入總額，包括「主營業務收入」和「其他業務收入」。

營業成本是指企業經營業務所發生的實際成本總額，包括「主營業務成本」和「其他業務成本」。

資產減值損失是指企業計提各項資產減值準備所形成的損失。

公允價值變動收益（或損失）是指企業交易性金融資產等公允價值變動形成的應計入當期損益的利得（或損失）。

投資收益（或損失）是指企業以各種方式對外投資所取得的收益（或發生的損失）。

2. 利潤總額

利潤總額＝營業利潤＋營業外收入－營業外支出

其中：

營業外收入是指企業發生的與其日常活動無直接關係的各項利得。

營業外支出是指企業發生的與其日常活動無直接關係的各項損失。

3. 淨利潤

淨利潤＝利潤總額－所得稅費用

其中，所得稅費用是指企業確認的應從當期利潤總額中扣除的所得稅費用。

【任務操作要求】

學習並理解任務指導。

任務 6.3.1 小結

利潤認知的重點：利潤的計算方法

任務 6.3.2　營業外收支的核算

子任務 1　營業外收入的核算

【任務目的】

通過完成本任務，使學生掌握營業外收入核算的內容以及核算的方法，以備在實務中熟練運用。

【任務指導】

1. 營業外收入的含義

營業外收入是指企業發生的與其日常活動無直接關係的各項利得，主要包括非流動資

產處置利得、政府補助、盤盈利得、捐贈利得、非貨幣性資產交換利得、債務重組利得、確實無法支付而按規定程序經批准後轉作營業外收入的應付款項等等。其中：

非流動資產處置利得包括固定資產處置利得和無形資產出售利得。固定資產處置利得，指企業出售固定資產所取得價款或報廢固定資產的材料價值和變價收入等，扣除處置固定資產的帳面價值、清理費用、處置相關稅費後的淨收益。

無形資產出售利得，指企業出售無形資產所取得價款，扣除出售無形資產的帳面價值、出售相關稅費後的淨收益。

政府補助，是指企業從政府無償取得貨幣性資產或非貨幣性資產的利得，但不包括政府作為所有者對企業資本的投入。

盤盈利得，主要指對現金等資產清查盤點時發生的盤盈，報經批准後計入營業外收入的金額。

捐贈利得，指企業接受捐贈產生的利得。

2. 科目設置

企業應通過「營業外收入」科目，核算營業外收入的取得及結轉情況。該科目貸方登記企業確認的各項營業外收入，借方登記期末結轉入本年利潤的營業外收入。結轉後該科目應無餘額。該科目應按照營業外收入的項目進行明細核算。

3. 核算業務框架

營業外收入 { 發生時：借記「固定資產清理」等，貸記「營業外收入」等
期末結轉時：借記「營業外收入」，貸記「本年利潤」

[案例 6.3.2-1]

某企業在現金清查中盤盈 300 元，按管理權限報經批准後轉入營業外收入。

案例 6.3.2-1 解析：

（1）批准處理前：

借：庫存現金		300
貸：待處理財產損溢		300

（2）批准處理后：

借：待處理財產損溢		300
貸：營業外收入		300

[案例 6.3.2-2]

2015 年 1 月 1 日，某公司取得一項價值 2,000,000 元的非專利技術，2016 年 1 月 1 日出售時已累計攤銷 200,000 元，未計提減值準備，出售時取得價款 2,200,000 元，應交的營業稅為 50,000 元。

案例 6.3.2-2 解析：

借：銀行存款	2,200,000
累計攤銷	200,000
貸：無形資產	2,000,000
應交稅費——應交營業稅	50,000

營業外收入　　　　　　　　　　　　　　　　　　　　　　350,000

【任務操作要求】

1. 學習並理解任務指導
2. 獨立完成給定業務核算

（1）甲公司2016年10月1日出售2015年10月1日購入的專利權，該專利權購入時成本為100,000元，預計使用年限為5年，未計提減值準備，出售時取得價款120,000元，應交的營業稅為6,000元，不考慮其他因素。要求：編製該業務的會計分錄。

（2）甲公司201×年10月將一筆確實無法支付的應付帳款50,000元進行結轉。要求：編製該業務的會計分錄。

子任務2　營業外支出的核算

【任務目的】

通過完成本任務，使學生掌握營業外支出核算的內容以及核算的方法，以備在實務中熟練運用。

【任務指導】

1. 營業外支出的含義

營業外支出是指企業發生的與其日常活動無直接關係的各項損失，主要包括非流動資產處置損失、公益性捐贈支出、盤虧損失、罰款支出、非貨幣性資產交換損失、債務重組損失、非常損失等。其中：

非流動資產處置損失包括固定資產處置損失和無形資產出售損失。固定資產處置損失，指企業出售固定資產所取得價款或報廢固定資產的材料價值和變價收入等，不足以抵補處置固定資產的帳面價值、清理費用、處置相關稅費所發生的淨損失。無形資產出售損失，指企業出售無形資產所取得價款，不足以抵補出售無形資產的帳面價值、出售相關稅費后所發生的淨損失。

公益性捐贈支出，指企業對外進行公益性捐贈發生的支出。

盤虧損失，主要指對財產清查盤點中盤虧的資產，在查明原因處理時按確定的損失計入營業外支出的金額。

非常損失，指企業對於因客觀因素（如自然災害等）造成的損失，在扣除保險公司賠償后應計入營業外支出的淨損失。

罰款支出，是指企業支付的行政罰款、稅務處罰以及其他違反法律法規、合同協議等而支付的罰款、違約金、賠償金等支出。

2. 科目設置

企業應通過「營業外支出」科目，核算營業外支出的發生及結轉情況。該科目借方登記企業發生的各項營業外支出，貸方登記期末結轉入本年利潤的營業外支出。結轉后該科目應無余額。該科目應按照營業外支出的項目進行明細核算。

3. 業務核算框架

營業外支出 { 發生時：借記「營業外支出」，貸記「銀行存款」等

期末結轉時：借記「本年利潤」，貸記「營業外支出」

[案例6.3.2-3]
某企業用銀行存款支付稅款滯納金20,000元。
案例6.3.2-3解析：
借：營業外支出　　　　　　　　　　　　　　　　　　　20,000
　　貸：銀行存款　　　　　　　　　　　　　　　　　　　20,000

[案例6.3.2-4]
某企業本期營業外支出總額為650,000元，期末結轉至本年利潤。
案例6.3.2-4解析：
借：本年利潤　　　　　　　　　　　　　　　　　　　650,000
　　貸：營業外支出　　　　　　　　　　　　　　　　　650,000

【任務操作要求】
1. 學習並理解任務指導
2. 獨立完成給定業務核算
（1）甲公司201×年10月11日被稅務機關罰款10,000元，該罰款已用現金支付；
（2）甲公司201×年10月31日，將本月營業外支出10,000元進行結轉。
要求：編製上述業務的會計分錄。

任務6.3.2 小結

營業外收支核算的重點：
（1）營業外收入和營業外支出核算的內容；
（2）營業外收入和營業外支出的帳務處理。

任務6.3.3　本年利潤的核算

【任務目的】
通過完成本任務，使學生掌握本年利潤結轉的方法以及結轉本年利潤的會計處理，以備在實務中熟練運用。

【任務指導】
1. 結轉本年利潤的方法
會計期末結轉本年利潤的方法有表結法和帳結法兩種。
（1）表結法
表結法下，各損益類科目每月月末只需結計出本月發生額和月末累計余額，不結轉到「本年利潤」科目。只有在年末時才將全年累計余額結轉入「本年利潤」科目。但每月月末要將損益類科目的本月發生額合計數填入利潤表的本月數欄。同時將本月末累計余額填入利潤表的本年累計數欄，通過利潤表計算反應各期的利潤（或虧損）。表結法下，年中損益類帳戶無須結轉入「本年利潤」帳戶，從而減少了轉帳環節和工作量，同時並不影響利潤表的編製及有關損益指標的利用。

(2) 帳結法

帳結法下，每月月末均需編製轉帳憑證，將在帳上結計出的各損益類科目的余額結轉入「本年利潤」科目。結轉後「本年利潤」科目的本月余額反應當月實現的利潤或發生的虧損，「本年利潤」的本年余額反應本年累計實現的利潤或發生的虧損。帳結法在各月均可通過「本年利潤」科目提供當月及本年累計的利潤（或虧損）額，但增加了轉帳環節和工作量。

2. 科目設置

企業應設置「本年利潤」科目，核算企業本年度實現的淨利潤或發生的淨虧損。會計期末，應將損益類科目中各項收入和利得結轉到「本年利潤」科目的貸方，將各項費用和損失結轉到「本年利潤」科目的借方。結轉後「本年利潤」科目如為貸方余額則表示企業實現了利潤；如為借方余額則表示企業發生了虧損。年度終了，企業還應當將「本年利潤」科目本年累計余額轉入「利潤分配——未分配利潤」科目。如「本年利潤」為貸方余額，借記「本年利潤」科目，貸記「利潤分配——未分配利潤」科目；如為借方余額，做相反的會計分錄。結轉後「本年利潤」科目應無余額。

3. 核算業務框架

本年利潤的結轉
- 非年末的結轉
  - 將各項收入、利得類科目結轉至「本年利潤」的貸方
  - 將各項費用、損失類科目結轉至「本年利潤」的借方
- 年末的結轉　將「本年利潤」科目余額結轉到「利潤分配——未分配利潤」，結轉后該科目無余額

[案例 6.3.3-1]

江河公司 201×年有關損益類科目的年末余額如表 6.3-2 所示（該企業採用表結法年末一次結轉損益類科目，所得稅稅率為 25%）：

表 6.3-2　　　　　　　　　　　　　　　　　　　　　　　　　　　　單位：元

科目名稱	借或貸	結帳前余額
主營業務收入	貸	6,000,000
其他業務收入	貸	700,000
公允價值變動損益	貸	150,000
投資收益	貸	600,000
營業外收入	貸	350,000
主營業務成本	借	3,500,000
其他業務成本	借	500,000
營業稅金及附加	借	80,000
銷售費用	借	420,000
管理費用	借	800,000
財務費用	借	200,000
資產減值損失	借	100,000
營業外支出	借	200,000

案例6.3.3-1解析：
江河公司201×年末結轉應編製如下會計分錄：
（1）將各損益類科目年末余額結轉入「本年利潤」科目：
①結轉各項收入、利得類科目：

借：主營業務收入	6,000,000
其他業務收入	700,000
公允價值變動損益	150,000
投資收益	600,000
營業外收入	350,000
貸：本年利潤	7,800,000

②結轉各項費用、損失類科目：

借：本年利潤	5,800,000
貸：主營業務成本	3,500,000
其他業務成本	500,000
營業稅金及附加	80,000
銷售費用	420,000
管理費用	800,000
財務費用	200,000
資產減值損失	100,000
營業外支出	200,000

（2）經過上述結轉后，「本年利潤」科目的貸方發生額合計7,800,000元減去借方發生額合計5,800,000元，即為稅前會計利潤2,000,000元。
（3）假設乙公司201×年度不存在所得稅納稅調整因素。
（4）應交所得稅＝2,000,000×25％＝500,000（元）
①確認所得稅費用：

借：所得稅費用	500,000
貸：應交稅費——應交所得稅	500,000

②將所得稅費用結轉入「本年利潤」科目：

借：本年利潤	500,000
貸：所得稅費用	500,000

（5）將「本年利潤」科目年末余額1,500,000（7,800,000－5,800,000－500,000）元轉入「利潤分配——未分配利潤」科目：

借：本年利潤	1,500,000
貸：利潤分配——未分配利潤	1,500,000

【任務操作要求】
1. 學習並理解任務指導
2. 獨立完成給定業務核算
甲公司201×年度損益科目的余額如下：主營業務收入為8,000萬元；主營業務成本

為 6,300 萬元；其他業務收入為 40 萬元；其他業務成本為 20 萬元；銷售費用為 200 萬元；管理費用為 100 萬元；財務費用為 20 萬元；營業外收入為 40 萬元；營業外支出為 10 萬元。所得稅率為 25%。假定不考慮其他因素，要求：
（1）將各損益類科目年末余額結轉入「本年利潤」科目；
（2）計算該公司 201×年度的利潤總額；
（3）假設甲公司不存在納稅調整事項，計算該公司本年所得稅費用並進行結轉；
（4）計算該公司 201×年度的淨利潤。

任務 6.3.3 小結

本年利潤核算的重點：本年利潤結轉的帳務處理。

任務 6.3.4 所得稅費用的核算

【任務目的】

通過完成本任務，使學生掌握所得稅費用核算的方法，以備在實務中熟練運用。

【任務指導】

所得稅費用是指企業應納稅所得額按一定比例上交的一種稅金。《企業會計準則》規定企業應當採用資產負債表債務法核算所得稅。企業的所得稅費用包括當期所得稅和遞延所得稅兩部分，其中，當期所得稅是指當期應交所得稅。遞延所得稅包括遞延所得稅資產和遞延所得稅負債。遞延所得稅資產是指以未來期間很可能取得用來抵扣可抵扣暫時性差異的應納稅所得額為限確定的一項資產。遞延所得稅負債是指根據應稅暫時性差異計算的未來期間應付所得稅的金額。

1. 核算業務框架

所得稅費用
- 當期所得稅（應交稅費——應交所得稅）：根據應納稅所得額確定
- 遞延所得稅
  - 遞延所得稅資產：增加記借方，減少記貸方
  - 遞延所得稅負債：增加記貸方，減少記借方

2. 應交所得稅的計算

應交所得稅是根據稅法規定計算確定的針對當期發生的交易和事項，應交納給稅務部門的所得稅金額，即當期應交所得稅。應納稅所得額是在企業稅前會計利潤（即利潤總額）的基礎上調整確定的，計算公式為：

應納稅所得額=稅前會計利潤+納稅調整增加額-納稅調整減少額

納稅調整增加額主要包括稅法規定允許扣除項目中，企業已計入當期費用但超過稅法規定扣除標準的金額（如超過稅法規定標準的職工福利費、工會經費、職工教育經費、業務招待費、公益性捐贈支出、廣告費和業務宣傳費等），以及企業已計入當期損失但稅法規定不允許扣除項目的金額（如稅收滯納金、罰款、罰金）。

納稅調整減少額主要包括按稅法規定允許彌補的虧損和準予免稅的項目，如前五年內的未彌補虧損和國債利息收入等。

模塊6 財務成果會計崗位涉及的業務核算

企業應交所得稅的計算公式為：

應交所得稅=應納稅所得額×所得稅稅率

[案例6.3.4-1]

江河公司201×年全年利潤總額（稅前會計利潤）為1,020萬元，其中包括本年收到的國債利息收入20萬元，所得稅稅率為25%。假定江河公司全年無其他納稅調整因素。

案例6.3.4-1解析：

按照稅法的有關規定，企業購買國債的利息收入免交所得稅，即在計算應納稅所得額時可將其扣除。江河公司當期所得稅的計算如下：

應納稅所得額=10,200,000-200,000=10,000,000（元）

當期應交所得稅額=10,000,000×25%=2,500,000（元）

3. 所得稅費用的核算

根據會計準則的規定，計算確定的當期所得稅和遞延所得稅之和就為應從當期利潤總額中扣除的所得稅費用。即：

所得稅費用=當期所得稅+遞延所得稅

其中：

遞延所得稅=（遞延所得稅負債的期末余額-遞延所得稅負債的期初余額）-（遞延所得稅資產的期末余額-遞延所得稅資產的期初余額）

企業應通過「所得稅費用」科目，核算企業所得稅費用的確認和結轉情況。期末應將「所得稅費用」科目的余額轉入「本年利潤」科目，結轉后本科目應無余額。

[案例6.3.4-2]

承案例6.3.4-1。江河公司201×年遞延所得稅負債年初數為400,000元，年末數為500,000元，遞延所得稅資產年初數為250,000元，年末數為200,000元。已知江河公司當期所得稅為2,500,000元。

案例6.3.4-2解析：

江河公司所得稅費用的計算如下：

遞延所得稅=（500,000-400,000）+（250,000-200,000）=150,000（元）

所得稅費用=當期所得稅+遞延所得稅=2,500,000+150,000=2,650,000（元）

江河公司應編製如下會計分錄：

借：所得稅費用		2,650,000
貸：應交稅費——應交所得稅		2,500,000
遞延所得稅負債		100,000
遞延所得稅資產		50,000

【任務操作要求】

1. 學習並理解任務指導

2. 獨立完成給定業務核算

（1）甲公司當期應交所得稅為500,000元，遞延所得稅負債年初數為400,000元，年末數為500,000元，遞延所得稅資產年初數為250,000元，年末數為200,000元。要求：計算甲公司所得稅費用並做出會計處理。

（2）某企業201×年度利潤總額為1,800萬元，其中本年度國債利息收入200萬元，已計入營業外支出的稅收滯納金6萬元；企業所得稅稅率為25%。要求：假定不考慮其他因素，計算該企業201×年度所得稅費用。

任務6.3.4 小結

所得稅費用的重點：所得稅費用的概念、所得稅費用的計算方法、所得稅費用和應納稅所得額的關係。

任務6.3.5 利潤分配的核算

【任務目的】

通過完成本任務，使學生掌握可供分配的利潤的計算、利潤分配的順序以及利潤分配的會計處理，以備在核算實務中熟練運用。

【任務指導】

利潤分配是指企業根據國家有關規定和企業章程、投資者協議等，對企業當年可供分配的利潤所進行的分配。

1. 可供分配的利潤的計算

可供分配的利潤=年初未分配利潤（或-年初未彌補虧損）+當年實現的淨利潤（或淨虧損）+其他轉入（即盈余公積補虧）

2. 利潤分配的順序

利潤分配的順序依次是：①提取法定盈余公積；②提取任意盈余公積；③向投資者分配利潤。

3. 利潤分配的科目設置

企業應通過「利潤分配」科目，核算企業利潤的分配（或虧損的彌補）和歷年分配（或彌補）后的未分配利潤（或彌補虧損）。該科目明細科目設置如下：

利潤分配——提取法定盈余公積

　　　　——提取任意盈余公積

　　　　——應付現金股利或利潤

　　　　——盈余公積補虧

　　　　——未分配利潤

4. 利潤分配的業務處理

（1）年度終了，企業應結轉全年實現的淨利潤：

借：本年利潤

　　貸：利潤分配——未分配利潤（如果是淨虧損，則做相反的會計分錄）

（2）「利潤分配」科目所屬其他明細科目的余額的結轉：

借：利潤分配——未分配利潤

　　貸：利潤分配——提取法定盈余公積

模塊6　財務成果會計崗位涉及的業務核算

────提取任意盈余公積

────應付現金股利或利潤

────盈余公積補虧

結轉后,「利潤分配────未分配利潤」科目如為貸方余額表示未分配的利潤數額;如為借方余額,則表示累計未彌補的虧損數。

[案例6.3.5-1]

江河公司201×年年初未分配利潤為0,本年實現淨利潤1,500,000元,本年提取法定盈余公積150,000元,宣告發放現金股利850,000元。

案例6.3.5-1解析:

①結轉本年利潤:

借:本年利潤　　　　　　　　　　　　　　　　　1,500,000
　　貸:利潤分配────未分配利潤　　　　　　　　　　　1,500,000

②提取法定盈余公積、宣告發放現金股利:

借:利潤分配────提取法定盈余公積　　　　　　　　150,000
　　　　　　────應付現金股利　　　　　　　　　　850,000
　　貸:盈余公積────法定盈余公積　　　　　　　　　　150,000
　　　　應付股利　　　　　　　　　　　　　　　　　850,000

③將「利潤分配」科目所屬其他明細科目的余額結轉至「未分配利潤」明細科目:

借:利潤分配────未分配利潤　　　　　　　　　　1,000,000
　　貸:利潤分配────提取法定盈余公積　　　　　　　　150,000
　　　　　　　　────應付現金股利　　　　　　　　　850,000

【任務操作要求】

1. 學習並理解任務指導
2. 獨立完成給定業務核算

甲公司平時採用表結法計算利潤,所得稅稅率為25%。2015年年終結帳前有關損益類科目的年末余額如表6.3-3所示:

表6.3-3　　　　　　　　　　　　　　　　　　　　　　　　　　　　　　單位:元

收入、利得	結帳前期末余額	費用、損失	結帳前期末余額
主營業務收入	475,000	主營業務成本	325,000
其他業務收入	100,000	其他業務成本	75,000
投資收益	7,500	營業稅金及附加	18,000
營業外收入	20,000	銷售費用	20,000
		管理費用	60,000
		財務費用	12,500
		營業外支出	35,000

其他資料：
（1）公司營業外支出中有 500 元為罰款支出；
（2）本年國債利息收入 2,000 元已入帳。
除上述事項外，無其他納稅調整因素。
要求：
（1）根據表中給定的損益類科目做出結轉「本年利潤」科目的會計處理；
（2）計算甲公司當年應納所得稅額並編製確認及結轉「所得稅費用」的會計處理；
（3）計算甲公司當年實現的淨利潤。

任務 6.3.5 小結

利潤分配核算的重點：利潤分配的程序、利潤分配的帳務處理、「利潤分配——未分配利潤」帳戶的運用。

模塊 7　財務報告編製崗位

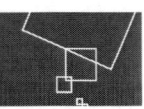

【模塊介紹】

1. 財務報告編製簡介

企業通過財務報告的形式向投資者、債權人、政府管理部門或其他會計信息的使用者揭示企業財務狀況、經營成果和現金流量等信息。

2. 財務報告編製崗位主要職責

(1) 及時、準確編製並報送財務報告；

(2) 進行財務分析，編製財務分析報告；

(3) 針對財務問題，提供相應財務建議。

3. 財務報告編製崗位具體內容

以《企業會計準則》分類為指南，結合國家對高職高專財經類學生專業素質要求，本模塊主要介紹資產負債表、利潤表、現金流量表的編製方法。

項目 7.1　財務報告基本認知

【項目介紹】

本項目內容以《企業會計準則——基本準則》及應用指南為指導，主要介紹財務報告的含義及其組成，要求學生通過學習，掌握財務報告的概念以及組成，為后續報表的編製打下理論基礎。

【項目實施標準】

本項目通過完成 3 項具體任務來實施，具體任務內容為：①財務報告及其目標；②財務報告的組成；③財務報表的分類。

【任務指導】

1. 財務報告及其目標

財務報告，又稱為財務會計報告，是指企業對外提供的反應企業某一特定日期的財務狀況和某一會計期間的經營成果、現金流量等會計信息的文件。財務會計報告包括會計報

表及其附註和其他應當在財務會計報告中披露的相關信息和資料。

財務會計報告的目標是向財務會計報告使用者提供與企業財務狀況、經營成果和現金流量等有關的會計信息，反應企業管理層受託責任履行情況，有助於財務會計報告使用者做出經濟決策。財務會計報告使用者包括投資者、債權人、政府及其有關部門和社會公眾等。

2. 財務報告的組成

財務報表是對企業財務狀況、經營成果和現金流量的結構性表述。一套完整的財務報表至少應當包括資產負債表、利潤表、現金流量表、所有者權益（或股東權益）變動表以及附註。

資產負債表、利潤表、現金流量表分別從不同角度反應企業財務狀況、經營成果和現金流量。資產負債表反應企業在某一特定日期所擁有的資產、需償還的債務以及股東擁有的淨資產情況；利潤表反應企業在一定會計期間的經營成果，即利潤或虧損的情況，表明企業運用所擁有的資產的獲利能力；現金流量表反應企業在一定會計期間現金和現金等價物流入和流出的情況。

所有者權益變動表反應構成所有者權益的各組成部分當期的增減變動情況。企業的淨利潤及其分配情況是所有者權益變動的組成部分，相關信息已經在所有者權益變動表及其附註中反應，企業不需要再單獨編製利潤分配表。

附註是財務報表不可或缺的組成部分，是對在資產負債表、利潤表、現金流量表和所有者權益變動表等報表中列示項目的文字描述或明細資料，以及對未能在這些報表中列示項目的說明等。

3. 財務報表的分類

財務報表按照不同的標準進行分類，可以分為以下幾類：

（1）按服務對象，可以分為對外報表和內部報表。

①對外報表是企業必須定期編製、定期向上級主管部門、投資者、財稅部門、債權人等報送或按規定向社會公布的財務報表。這是一種主要的、定期的、規範化的財務報表。它要求有統一的報表格式、指標體系和編製時間等，資產負債表、利潤表和現金流量表等均屬於對外報表。

②內部報表是企業根據其內部經營管理的需要而編製的，供其內部管理人員使用的財務報表。它不要求統一格式，沒有統一指標體系，如成本報表屬於內部報表。

（2）按報表所提供會計信息的重要性，可以分為主表和附表。

①主表即主要財務報表，是指所提供的會計信息比較全面、完整，能基本滿足各種信息需要者的不同要求的財務報表。現行的主表主要有三張，即資產負債表、利潤表和現金流量表。

②附表即從屬報表，是指對主表中不能或難以詳細反應的一些重要信息所做的補充說明的報表。主表與有關附表之間存在著鉤稽關係，主表反應企業的主要財務狀況、經營成果和現金流量，附表則對主表進一步補充說明。

（3）按編製和報送的時間分類，可分為中期財務報表和年度財務報表。

①中期財務會計報告是指以中期為基礎編製的財務報告，中期是指短於一個完整的會

計年度的報告期間，包括月報、季報和半年報。《新企業會計準則——中期財務報告》中規定，中期財務報告至少應當包括資產負債表、利潤表、現金流量表和附註。其中，中期資產負債表、利潤表和現金流量表應當是完整報表，其格式和內容應當與年度會計報表一致。與年度財務會計報告相比，中期財務會計報告中的附註披露可適當簡略。

②年度財務報表是全面反應企業整個會計年度的經營成果、現金流量情況及年末財務狀況的財務報表。企業每年年底必須編製並報送年度財務報表。

（4）按財務報表編報主體不同，可分為個別財務報表和合併財務報表。

①個別財務報表指以單個的獨立法人為會計主體的財務報表，反應單個會計主體財務狀況、經營成果和現金流量情況的財務報表。

②合併財務報表是以母公司及其子公司組成會計主體，以母公司和其子公司單獨編製個別財務報表為基礎，由母公司編製的反應抵消集團關聯交易后的集團合併財務狀況和經營成果的財務報表。合併報表包括合併資產負債表、合併損益表、合併現金流量表或合併財務狀況變動表等。

項目 7.2　基本財務報表的編製

【項目介紹】

本項目內容以《企業會計準則第 30 號——財務報表列報》及應用指南為指導，主要介紹資產負債表、利潤表和現金流量表的編製方法，要求學生通過學習，掌握基本財務報表的編製方法，為會計實務工作打下基礎。

【項目實施標準】

本項目通過完成 5 項具體任務來實施，具體任務內容結構如表 7.2-1 所示：

表 7.2-1　　　　「基本財務報表的編製」項目任務細分表

任務	子任務
任務 7.2.1　資產負債表的編製	1. 資產負債表的認知
	2. 資產負債表的編製方法
任務 7.2.2　利潤表的編製	1. 利潤表的認知
	2. 利潤表的編製方法
任務 7.2.3　現金流量表的編製	—

任務 7.2.1 資產負債表的編製

子任務 1 資產負債表的認知

【任務目的】

通過完成本任務,使學生瞭解資產負債表的概念,熟悉資產負債表的結構和内容,為資產負債表的編製奠定理論基礎。

【任務指導】

1. 資產負債表的概念

資產負債表是指反應企業在某一特定日期的財務狀況的會計報表。它是根據「資產=負債+所有者權益」這一會計等式,依照一定的分類標準和順序,將企業在一定日期的全部資產、負債和所有者權益項目進行適當分類、匯總、排列後編製而成的。

2. 資產負債表的結構和内容

資產負債表的格式主要有帳戶式和報告式兩種。根據《企業會計準則》的規定,中國企業的資產負債表採用帳戶式結構。

帳戶式資產負債表分左右兩方,左方為資產項目,按資產的流動性大小排列;右方為負債和所有者權益項目,一般按求償權先後順序排列。帳戶式資產負債表採取資產總額和負債與所有者權益總額相平衡對照的結構。因此,資產負債表的項目有以下幾個方面:

(1) 資產類項目。資產類項目按資產的流動性大小或按資產的變現能力強弱分為流動資產和非流動資產兩類,並分項列示。流動資產項目包括貨幣資金、應收票據、應收帳款、預付帳款、其他應收款、存貨等;非流動資產項目包括固定資產、無形資產等。

(2) 負債類項目。負債類項目按其承擔經濟義務期限的長短,分為流動負債和非流動負債兩類。流動負債項目包括短期借款、應付票據、應付帳款、預收帳款、應付職工薪酬、應交稅費、應付股利等;非流動負債主要包括長期借款等。

(3) 所有者權益類項目。按其來源分為實收資本、資本公積、盈余公積和未分配利潤等項目。

中國的資產負債表又稱比較資產負債表,採用前後期對比方式編列,表中各項目不僅列出了期末數,還列示了年初數,利用期末數與年初數的比較,可以瞭解企業財務狀況的變動情況以及企業的經營發展趨勢。中國企業資產負債表格式如表 7.2-2 所示:

表 7.2-2 　　　　　　　　　　　資產負債表　　　　　　　　　　會企 01 表
編製單位:　　　　　　　　　　　　年　月　日　　　　　　　　　　單位:元

資產	期末余額	年初余額	負債和所有者權益 (或股東權益)	期末余額	年初余額
流動資產			流動負債:		
貨幣資金			短期借款		
交易性金融資產			交易性金融負債		

表7.2-2(續)

資產	期末余額	年初余額	負債和所有者權益（或股東權益）	期末余額	年初余額
應收票據			應付票據		
應收帳款			應付帳款		
預付帳款			預收帳款		
應收利息			應付職工薪酬		
應收股利			應交稅費		
其他應收款			應付利息		
存貨			應付股利		
一年內到期的非流動資產			其他應付款		
其他流動資產			一年內到期的非流動負債		
流動資產合計			其他流動負債		
非流動資產：			流動負債合計		
可供出售金融資產			非流動負債：		
持有至到期投資			長期借款		
長期應收款			應付債券		
長期股權投資			長期應付款		
投資性房地產			專項應付款		
固定資產			預計負債		
在建工程			遞延所得稅負債		
工程物資			其他非流動負債		
固定資產清理			非流動負債合計		
生產性生物資產			負債合計		
油氣資產			所有者權益(或股東權益)：		
無形資產			實收資本（或股本）		
開發支出			資本公積		
商譽			減：庫存股		
長期待攤費用			其他綜合收益		
遞延所得稅資產			盈餘公積		
其他非流動資產			未分配利潤		
非流動資產合計			所有者權益(或股東權益)合計		
資產總計			負債和所有者權益（或股東權益）總計		

子任務2　資產負債表的編製方法

【任務目的】

通過完成本任務，使學生掌握資產負債表的編製方法，以備在會計工作中熟練運用。

【任務指導】

通常，資產負債表的各項目均需填列「年初余額」和「期末余額」兩欄。其中，「年初余額」欄內各項數字，應根據上年末資產負債表的「期末余額」欄內所列數字填列。如果本年度資產負債表規定的各項目的名稱和內容與上年不一致，則應對上年年末資產負債表各項目的名稱和數字按照本年度的規定進行調整，填入本表「年初余額」欄內。「期末數」可為月末、季末或年末的數字，由於報表項目與會計科目並不完全一致，「期末數」各項目的填列方法如下：

1. 根據總帳科目余額填列

（1）直接一個總帳科目余額填列。資產負債表中的大多數報表項目可根據有關總帳余額直接填列。如「交易性金融資產」「短期借款」「應付票據」「應付職工薪酬」等項目。

（2）有些項目需要根據幾個總帳科目余額計算填列：如「貨幣資金」項目，需根據「庫存現金」「銀行存款」「其他貨幣資金」三個總帳科目的期末余額的合計數填列。

2. 根據有關明細科目的余額分析計算填列

資產負債表中有些項目需要根據明細科目期末余額來分析計算填列。例如，「應收帳款」項目，應根據「應收帳款」和「預收帳款」兩個總帳帳戶所屬明細帳戶的期末借方余額之和填列；「預付帳款」項目，應根據「應付帳款」和「預付帳款」兩個總帳帳戶所屬明細帳戶的期末借方余額之和填列；「應付帳款」項目，需要分別根據「應付帳款」和「預付帳款」兩個總帳帳戶所屬明細帳戶的期末貸方余額之和填列；「預收帳款」項目，應根據「應收帳款」和「預收帳款」兩個總帳帳戶所屬的明細帳戶的貸方余額之和填列。「未分配利潤」項目，應根據「利潤分配」科目中所屬的「未分配利潤」明細科目期末余額計算填列。

3. 根據總帳科目和明細科目的余額分析計算填列

資產負債表中的「長期借款」項目，需要根據「長期借款」總帳科目貸方余額扣除「長期借款」科目所屬的明細科目中將在一年內到期且企業不能自主地將清償義務展期的長期借款后的金額計算填列。

4. 根據總帳科目與其備抵科目抵銷后的淨額填列

資產負債表中的「應收票據」「應收帳款」「長期股權投資」「在建工程」等項目，應當根據「應收票據」「應收帳款」「長期股權投資」「在建工程」等科目的期末余額減去「壞帳準備」「長期股權投資減值準備」「在建工程減值準備」等科目余額后的淨額填列。「投資性房地產」「固定資產」項目，應當根據「投資性房地產」「固定資產」科目的期末余額減去「投資性房地產累計折舊」「累計折舊」「投資性房地產減值準備」「固定資產減值準備」備抵科目余額后的淨額填列，「無形資產」項目，應當根據「無形資產」科目的期末余額，減去「累計攤銷」「無形資產減值準備」備抵科目余額后的淨額填列。

5. 綜合運用上述方法分析填列

資產負債表中「存貨」項目，需要根據「原材料」「委託加工物資」「週轉材料」「材料採購」「在途物資」「發出商品」「材料成本差異」等總帳科目期末余額的分析匯總數，再減去「存貨跌價準備」等科目余額后的淨額填列。

[案例 7.2.1-1]

江河公司 201×年 12 月 31 日全部總分類帳戶和所屬明細分類帳戶余額如表 7.2-3 所示：

表 7.2-3　　　　　　　　總分類帳戶和所屬明細分類帳戶余額　　　　　　　　單位：元

總分類帳戶	明細分類帳戶	借方余額	貸方余額	總分類帳戶	明細分類帳戶	借方余額	貸方余額
庫存現金		2,000		短期借款			120,000
銀行存款		34,000		應付帳款			20,000
交易性金融資產		28,000			—A 工廠		14,000
應收帳款		46,000			—B 工廠	10,000	
	—甲公司	20,000			—C 工廠		16,000
	—乙公司		4,000	預收帳款			2,000
	—丙公司	30,000			—A 單位		8,000
預付帳款		9,400			—B 單位	6,000	
	—甲單位	10,000		其他應付款			18,000
	—乙單位		600	應付職工薪酬			69,400
其他應收款		2,000		應交稅費			120,000
原材料		54,000		應付股利			46,000
生產成本		16,000		長期借款			60,000
庫存商品		40,000		其中一年內到期			20,000
持有至到期投資		400,000		實收資本			560,000
固定資產		800,000		盈余公積			44,160
累計折舊			120,000	利潤分配	未分配利潤		319,840
無形資產		60,000					
長期待攤費用		8,000					

根據表 7.2-3 所給資料編製江河公司 201×年 12 月的資產負債表，格式如表 7.2-4 所示。表 7.2-4 資產負債表的「年初余額」欄中的數字是根據該公司上年度資產負債表中的「期末余額」欄的數字直接填列。

表 7.2-4　　　　　　　　　　　　　資產負債表（簡表）

編製單位：江河公司　　　　　　201×年 12 月 31 日　　　　　　　　　　單位：元

資　產	行次	年初餘額	期末餘額	負債和所有者權益	行次	年初餘額	期末餘額
流動資產：				流動負債：			
貨幣資金		204,000	36,000	短期借款		124,000	120,000
交易性金融資產		20,000	28,000	應付帳款		60,000	30,600
應收帳款		40,000	56,000	預收帳款		48,000	12,000
其他應收款		6,000	2,000	其他應付款		33,600	18,000
預付帳款		10,000	20,000	應付職工薪酬		62,000	69,400
存貨		128,000	110,000	應交稅費		100,000	120,000
流動資產合計		408,000	252,000	應付股利		70,000	46,000
非流動資產：				一年內到期的長期負債			20,000
持有至到期投資		80,000	400,000	流動負債合計		497,600	436,000
固定資產		518,000	680,000	非流動負債：			
無形資產		190,000	60,000	長期借款		80,000	40,000
長期待攤費用		44,000	8,000	非流動負債合計		80,000	40,000
非流動資產合計		832,000	1,148,000	負債合計		577,600	476,000
				所有者權益（或股東權益）：			
				實收資本		520,000	560,000
				盈餘公積		52,000	44,160
				未分配利潤		90,400	319,840
				所有者權益合計		662,400	924,000
資產總計		1,240,000	1,400,000	負債及所有者權益總計：		1,240,000	1,400,000

【任務操作要求】

1. 學習並理解任務指導
2. 獨立完成給定任務

（1）某企業採用計劃成本核算材料，201×年 12 月 31 日結帳后有關科目餘額為：「材料採購」科目餘額為 140,000 元（借方），「原材料」科目餘額為 2,400,000 元（借方），「週轉材料」科目餘額為 1,800,000 元（借方），「庫存商品」科目餘額為 1,600,000 元（借方），「生產成本」科目餘額為 600,000 元（借方），「材料成本差異」科目餘額為 120,000 元（貸方），「存貨跌價準備」科目餘額為 210,000 元（貸方）。計算該企業 201×年 12 月 31 日資產負債表中的「存貨」項目金額。

（2）某企業 201×年 12 月 31 日「固定資產」科目餘額為 1,000 萬元，「累計折舊」科目餘額為 300 萬元，「固定資產減值準備」科目餘額為 50 萬元。計算該企業 201×年 12 月 31 日資產負債表「固定資產」的項目金額。

（3）某企業長期借款情況如表 7.2-5 所示：

表 7.2-5

借款起始日期	借款期限（年）	金額（元）
2015 年 3 月 1 日	3	1,000,000

表7.2-5(續)

借款起始日期	借款期限（年）	金額（元）
2013年5月31日	5	2,000,000
2012年6月30日	4	1,500,000

計算該企業2015年12月31日資產負債表中「長期借款」項目的金額。

（4）某公司201×年12月31日結帳后有關科目余額如表7.2-6所示：

表7.2-6　　　　　　　　　　　　　　　　　　　　　　　　　　　　　　單位：萬元

科目名稱	借方余額	貸方余額
應收帳款	500	
壞帳準備——應收帳款		50
預收帳款	100	200
應付帳款		300
預付帳款	200	60

要求：根據上述資料，計算資產負債表中下列項目的金額：
①應收帳款；②預付款項；③應付帳款；④預收款項。

任務7.2.1 小結

資產負債表編製的重點：
（1）資產負債表格式；
（2）資產負債表中「貨幣資金」「應收帳款」「存貨」「固定資產」「應付帳款」「長期借款」「未分配利潤」等項目的填寫方法。

任務7.2.2　利潤表的編製

子任務1　利潤表的認知

【任務目的】

通過完成本任務，使學生瞭解利潤表的概念，熟悉利潤表的結構，為利潤表的編製奠定理論基礎。

【任務指導】

1. 利潤表的概念

利潤表是指反應企業在一定會計期間的經營成果的會計報表。通過利潤表可以從總體上瞭解企業收入、成本和費用、淨利潤（或虧損）的實現及構成情況；同時，通過利潤表提供的不同時期的比較數字（本月數、本年累計數、上年數），可以分析企業的獲利能力及利潤的未來發展趨勢，瞭解投資者投入資本的保值增值情況。

2. 利潤表的結構

中國企業的利潤表採用多步式格式，如表 7.2-7 所示：

表 7.2-7　　　　　　　　　　　　　利　潤　表　　　　　　　　　　　　會企 02 表
編製單位：　　　　　　　　　　　　　年　　月　　　　　　　　　　　　　單位：元

項　目	本　月　數	本年累計數
一、營業收入		
減：營業成本		
營業稅金及附加		
銷售費用		
管理費用		
財務費用		
資產減值損失		
加：公允價值變動收益（損失以「-」號填列）		
投資收益（損失以「-」號填列）		
其中：對聯營企業和合營企業的投資收益		
二、營業利潤（虧損以「-」號填列）		
加：營業外收入		
其中：非流動資產處置利得		
減：營業外支出		
其中：非流動資產處置損失		
三、利潤總額（虧損總額以「-」號填列）		
減：所得稅費用		
四、淨利潤（淨虧損以「-」號填列）		
五、其他綜合收益的稅后淨額		
（一）以后不能重分類進損益的其他綜合收益		
……		
（二）以后將重分類進損益的其他綜合收益		
六、綜合收益總額		
（一）基本每股收益		
（二）稀釋每股收益		

子任務 2　利潤表的編製方法

【任務目的】

通過完成本任務，使學生掌握利潤表的編製方法，以備在會計工作中熟練運用。

【任務指導】
1. 利潤表的編製方法

利潤表的主要編製步驟如下：

第一步，以營業收入為基礎，減去營業成本、營業稅金及附加、銷售費用、管理費用、財務費用、資產減值損失，加上公允價值變動收益（減去公允價值變動損失）和投資收益（減去投資損失），計算出營業利潤；

第二步，以營業利潤為基礎，加上營業外收入，減去營業外支出，計算出利潤總額；

第三步，以利潤總額為基礎，減去所得稅費用，計算出淨利潤（或虧損）；

第四步，以淨利潤（或淨虧損）為基礎，計算每股收益；

第五步，以淨利潤（或淨虧損）和其他綜合收益為基礎，計算綜合收益總額。

2. 利潤表的編製

利潤表各項目均需填列「本期金額」和「上期金額」兩欄。其中「上期金額」欄內各項數字，應根據上年該期利潤表的「本期金額」欄內所列數字填列。「本期金額」欄內各期數字，除「基本每股收益」和「稀釋每股收益」項目外，應當按照相關科目的發生額分析填列。

①「營業收入」項目，反應企業經營主要業務和其他業務所確認的收入總額。本項目應根據「主營業務收入」和「其他業務收入」科目的發生額分析填列。

②「營業成本」項目，反應企業經營主要業務和其他業務所發生的成本總額。本項目應根據「主營業務成本」和「其他業務成本」科目的發生額分析填列。

③「營業稅金及附加」項目，反應企業經營業務應負擔的消費稅、營業稅、城市維護建設稅、資源稅、土地增值稅和教育費附加等。本項目應根據「營業稅金及附加」科目的發生額分析填列。

④「銷售費用」項目，反應企業在銷售商品過程中發生的包裝費、廣告費等費用和為銷售本企業商品而專設的銷售機構的職工薪酬、業務費等經營費用。本項目應根據「銷售費用」科目的發生額分析填列。

⑤「管理費用」項目，反應企業為組織和管理生產經營發生的管理費用。本項目應根據「管理費用」的發生額分析填列。

⑥「財務費用」項目，反應企業籌集生產經營所需資金等而發生的籌資費用。本項目應根據「財務費用」科目的發生額分析填列。

⑦「資產減值損失」項目，反應企業各項資產發生的減值損失。本項目應根據「資產減值損失」科目的發生額分析填列。

⑧「公允價值變動收益」項目，反應企業應當計入當期損益的資產或負債公允價值變動收益。本項目應根據「公允價值變動損益」科目的發生額分析填列，如為淨損失，本項目以「-」號填列。

⑨「投資收益」項目，反應企業以各種方式對外投資所取得的收益。本項目應根據「投資收益」科目的發生額分析填列。如為投資損失，本項目用「-」號填列。

⑩「營業利潤」項目，反應企業實現的營業利潤。如為虧損，本項目以「-」號填列。

⑪「營業外收入」項目，反應企業發生的與經營業務無直接關係的各項收入。本項目應根據「營業外收入」科目的發生額分析填列。

⑫「營業外支出」項目，反應企業發生的與經營業務無直接關係的各項支出。本項目應根據「營業外支出」科目的發生額分析填列。

⑬「利潤總額」項目，反應企業實現的利潤。如為虧損，本項目以「-」號填列。

⑭「所得稅費用」項目，反應企業應從當期利潤總額中扣除的所得稅費用。本項目應根據「所得稅費用」科目的發生額分析填列。

⑮「淨利潤」項目，反應企業實現的淨利潤。如為虧損，本項目以「-」號填列。

⑯「其他綜合收益的稅后淨額」項目，反應企業根據企業會計準則規定未在損益中確認的各項利得和損失扣除所得稅影響后的淨額。

⑰「綜合收益總額」項目，反應企業淨利潤與其他綜合收益的合計金額。

⑱「每股收益」項目，包括基本每股收益和稀釋每股收益兩項指標，反應普通股或潛在普通股已公開交易的企業，以及正在公開發行普通股或潛在普通股過程中的企業的每股收益信息。

[案例7.2.2-1]

江河公司201×年8月份，有關收入和費用帳戶的發生額資料如表7.2-8所示：

表7.2-8　　　　　　　　201×年度損益類帳戶8月份發生額　　　　　　　　單位：元

科目名稱	借或貸	結帳前余額
主營業務收入	貸	6,000,000
其他業務收入	貸	700,000
公允價值變動損益	貸	150,000
投資收益	貸	600,000
營業外收入	貸	350,000
主營業務成本	借	3,500,000
其他業務成本	借	500,000
營業稅金及附加	借	80,000
銷售費用	借	420,000
管理費用	借	800,000
財務費用	借	200,000
資產減值損失	借	100,000
營業外支出	借	200,000

根據江河公司各帳戶發生額資料，編製如下利潤表（表7.2-9）：

表 7.2-9　　　　　　　　　　　　　利　潤　表
編製單位：江河公司　　　　　　　　201×年 8 月　　　　　　　　　　　　　單位：元

項　目	本　月　數	本年累計數
一、營業收入	6,700,000.00	
減：營業成本	4,000,000.00	
營業稅金及附加	80,000.00	
銷售費用	420,000.00	
管理費用	800,000.00	
財務費用	200,000.00	
資產減值損失	100,000.00	
加：公允價值變動收益（損失以「-」號填列）	150,000.00	
投資收益（損失以「-」號填列）	600,000.00	
其中：對聯營企業和合營企業的投資收益		
二、營業利潤（虧損以「-」號填列）	1,850,000.00	
加：營業外收入	350,000.00	
其中：非流動資產處置利得		
減：營業外支出	200,000.00	
其中：非流動資產處置損失		
三、利潤總額（虧損總額以「-」號填列）	2,000,000.00	
減：所得稅費用	500,000.00	
四、淨利潤（淨虧損以「-」號填列）	1,500,000.00	
五、其他綜合收益的稅後淨額		
（一）以後不能重分類進損益的其他綜合收益		
……		
（二）以後將重分類進損益的其他綜合收益		
六、綜合收益總額		
（一）基本每股收益		
（二）稀釋每股收益		

【任務操作要求】
1. 學習並理解任務指導
2. 獨立完成給定任務
遠航公司 201×年 12 月 31 日有關損益類帳戶本月發生額如表 7.2-10 所示。

表 7.2-10　　　　　　　　201×年 12 月損益類帳戶本月發生額　　　　　　單位：元

帳　戶　名　稱	借　方　發　生　額	貸　方　發　生　額
主營業務收入		500,000
主營業務成本	250,000	
營業稅金及附加	2,500	
銷售費用	20,000	
管理費用	35,000	
財務費用	15,000	
營業外收入		10,000
營業外支出	7,500	
所得稅費用	64,350	

要求：計算該公司淨利潤並編製利潤表。

任務 7.2.2 小結

利潤表的重點：
（1）利潤表格式以及利潤變的編製步驟；
（2）利潤表中「營業收入」「營業成本」「所得稅費用」項目的填寫。

任務 7.2.3　現金流量表的編製

【任務目的】

通過完成本任務，使學生熟悉現金流量表的結構和內容，掌握現金流量表的編製方法，以備在會計工作中熟練運用。

【任務指導】

1. 現金流量表概述

現金流量表是反應企業在一定會計期間現金和現金等價物流入和流出的報表。通過現金流量表，可以為報表的使用者提供企業一定會計期間內現金和現金等價物流入和流出的信息，便於使用者瞭解和評價企業獲取現金和現金等價物的能力，據以預測企業未來現金流量。

現金流量是一定會計期間內企業現金和現金等價物的流入和流出。企業從銀行提取現金、用現金購買短期到期的國庫券等現金和現金等價物之間的轉換不屬於現金流量。

現金是指企業庫存現金以及可以隨時用於支付的存款，包括庫存現金、銀行存款和其他貨幣資金（如外埠存款、銀行匯票存款、銀行本票存款等）等。不能隨時用於支付的存款不屬於現金。

現金等價物是指企業持有的期限短、流動性強、易於轉換為已知金額現金、價值變動風險很小的投資。期限短一般是指從購買日起三個月內到期。現金等價物，通常包括三個月內到期的債券投資等。權益性投資變現的金額通常不確定，因而不屬於現金等價物。企業應當根據具體情況確定現金等價物的範圍，一經確定不得隨意變更。

企業產生的現金流量分為三類：

（1）經營活動產生的現金流量

經營活動是企業投資活動和籌資活動以外的所有交易和事項。經營活動主要包括銷售商品或提供勞務、購買商品、接受勞務、支付工資和交納稅款等流入和流出現金及現金等價物的活動或事項。

（2）投資活動產生的現金流量

投資活動是企業長期資產的購建和不包括在現金等價物範圍內的投資及其處置活動。投資活動主要包括購建固定資產、處置子公司及其他營業單位等流入和流出現金及現金等價物的活動或事項。

（3）籌資活動產生的現金流量

籌資活動是導致企業資本及債務規模和構成發生變化的活動。籌資活動主要包括吸收投資、發行股票、分配利潤、發行債券、償還債務等流入和流出現金及現金等價物的活動或事項。償付應付帳款、應付票據等商業應付款等屬於經營活動，不屬於籌資活動。

2. 現金流量表的結構

中國企業現金流量表採用報告式結構，分類反應經營活動產生的現金流量、投資活動產生的現金流量和籌資活動產生的現金流量，最後匯總反應企業某一期間現金及現金等價物的淨增加額。中國企業現金流量表的格式如表 7.2-11 所示：

表 7.2-11　　　　　　　　　　　現金流量表　　　　　　　　　　　會企 03 表

編製單位：　　　　　　　　　　　___年___月　　　　　　　　　　　單位：元

項　　　目	本期金額	上期金額
一、經營活動產生的現金流量：		
銷售商品、提供勞務收到的現金		
收到的稅費返還		
收到其他與經營活動有關的現金		
經營活動現金流入小計		
購買商品、接受勞務支付的現金		
支付給職工以及為職工支付的現金		
支付的各種稅費		
支付其他與經營活動有關的現金		
經營活動現金流出小計		
經營活動產生的現金流量淨額		
二、投資活動產生的現金流量：		
收回投資收到的現金		
取得投資收益收到的現金		
處置固定資產、無形資產和其他長期資產收回的現金淨額		
處置子公司及其他營業單位收到的現金淨額		
收到其他與投資活動有關的現金		

表7.2-11(續)

項　　　目	本期金額	上期金額
投資活動現金流入小計		
購建固定資產、無形資產和其他長期資產支付的現金		
投資支付的現金		
取得子公司及其他營業單位支付的現金淨額		
支付其他與投資活動有關的現金		
投資活動現金流出小計		
投資活動產生的現金流量淨額		
三、籌資活動產生的現金流量：		
吸收投資收到的現金		
取得借款收到的現金		
收到其他與籌資活動有關的現金		
籌資活動現金流入小計		
償還債務支付的現金		
分配股利、利潤或償付利息支付的現金		
支付其他與籌資活動有關的現金		
籌資活動現金流出小計		
籌資活動產生的現金流量淨額		
四、匯率變動對現金及現金等價物的影響		
五、現金及現金等價物淨增加額		
加：期初現金及現金等價物余額		
六、期末現金及現金等價物余額		

3. 現金流量表的編製

（1）現金流量表的編製方法

企業一定期間的現金流量可分為三部分，即經營活動現金流量、投資活動現金流量和籌資活動現金流量。編製現金流量表時，經營活動現金流量的編製方法有兩種：一是直接法；二是間接費。這兩種方法通常也稱為編製現金流量表的直接法和間接法。直接法和間接法各有特點。

在直接法下，一般以利潤表中的營業收入為起算點，調整與經營活動有關的項目的增減變動，然后計算出經營活動的現金流量。在間接法下，則是以淨利潤為起算點，調整不涉及現金收付的各種會計事項，最后也得出現金淨流量。相對而言，直接法編製現金流量表，便於分析企業經營活動產生的現金流量的來源和用途，預測企業現金流量的未來前景，而間接法不易做到這一點。

會計準則規定，企業應當採用直接法列示經營活動產生的現金流量。採用直接法具體編製現金流量表時，可以採用工作底稿法或T型帳戶法。業務簡單的也可以根據有關科目的記錄分析填列。

現金流量表各項目均需填列「本期金額」和「上期金額」兩欄。其中「上期金額」欄內各項數字，應根據上一期間現金流量表的「本期金額」欄內所列數字填列。
（2）現金流量表主要項目說明
1）經營活動產生的現金流量
①「銷售商品、提供勞務收到的現金」項目

該項目反應企業本年銷售商品、提供勞務實際收到的現金，以及前期銷售商品、提供勞務本期收到的現金（包括應向購買者收取的增值稅銷項稅額）和本期預收的款項，減去本期銷售本期退回的商品和前期銷售本期退回的商品支付的現金。企業銷售材料和代購代銷業務收到的現金，也在本項目反應。

②「收到的稅費返還」項目

該項目反應企業收到返還的各種稅費，如收到的增值稅、營業稅、所得稅、消費稅、關稅和教育費附加等各種稅費的返還款。

③「收到其他與經營活動有關的現金」項目

該項目反應企業經營租賃收到的租金等其他與經營活動有關的現金流入，金額較大的應當單獨列示。

④「購買商品、接受勞務支付的現金」項目

該項目反應企業購買商品、接受勞務實際支付的現金（包括增值稅進項稅額），以及本期支付前期購買商品、接受勞務的未付款項和本期預付款項，減去本期發生的購貨退回收到的現金。企業購買材料和代購代銷業務支付的現金，也在本項目反應。

⑤「支付給職工以及為職工支付的現金」項目

該項目反應企業實際支付給職工的工資、獎金、各種津貼和補貼等職工薪酬（包括代扣代繳的職工個人所得稅）。

⑥「支付的各項稅費」項目

該項目反應企業發生並支付、前期發生本期支付以及預交的各項稅費，包括所得稅、增值稅、營業稅、消費稅、印花稅、房產稅、土地增值稅、車船稅、教育費附加等。

⑦「支付其他與經營活動有關的現金」項目

該項目反應企業除上述各項目外所支付的其他與經營活動有關的現金，如經營租賃支付的租金、支付的罰款、差旅費、業務招待費、保險費等。此外包括支付的銷售費用。

2）投資活動產生的現金流量
①「收回投資收到的現金」項目

該項目反應企業出售、轉讓或到期收回除現金等價物以外的對其他企業的交易性金融資產、長期股權投資收到的現金。本項目可根據「交易性金融資產」「長期股權投資」等科目的記錄分析填列。

②「取得投資收益收到的現金」項目

該項目反應企業交易性金融資產分得的現金股利，從子公司、聯營企業或合營企業分回利潤、現金股利而收到的現金，因債權性投資而取得的現金利息收入。本項目可以根據「應收股利」「應收利息」「投資收益」「庫存現金」「銀行存款」等科目的記錄分析填列。

③「處置子公司及其他營業單位收到的現金淨額」項目

該項目反應企業處置子公司及其他營業單位所取得的現金，減去相關處置費用以及子公司及其他營業單位持有的現金和現金等價物后的淨額。本項目可以根據「長期股權投資」「銀行存款」「庫存現金」等科目的記錄分析填列。

④「購建固定資產、無形資產和其他長期資產支付的現金」項目

該項目反應企業購買、建造固定資產、取得無形資產和其他長期資產所支付的現金（含增值稅款等），以及用現金支付的應由在建工程和無形資產負擔的職工薪酬。

為購建固定資產、無形資產而發生的借款利息資本化部分，在籌資活動產生的現金流量「分配股利、利潤或償付利息支付的現金」中反應。本項目可以根據「固定資產」「在建工程」「工程物資」「無形資產」「庫存現金」「銀行存款」等科目的記錄分析填列。

⑤「投資支付的現金」項目

該項目反應企業取得除現金等價物以外的對其他企業的權益工具、債務工具和合營中的權益投資所支付的現金，包括除現金等價物以外的交易性金融資產、長期股權投資，以及支付的佣金、手續費等交易費用。

企業購買股票時實際支付的價款中包含的已宣告而尚未領取的現金股利，以及購買債券時支付的價款中包含的已到期尚未領取的債券利息，應在「支付的其他與投資活動有關的現金」項目中反應。

取得子公司及其他營業單位支付的現金淨額，應在「取得子公司及其他營業單位支付的現金淨額」項目中反應。

本項目可以根據「交易性金融資產」「長期股權投資」等科目的記錄分析填列。

⑥「取得子公司及其他營業單位支付的現金淨額」項目

該項目反應企業購買子公司及其他營業單位購買出價中以現金支付的部分，減去子公司及其他營業單位持有的現金和現金等價物后的淨額。本項目可以根據「長期股權投資」「庫存現金」「銀行存款」等科目的記錄分析填列。

3）籌資活動產生的現金流量

①「吸收投資收到的現金」項目

該項目反應企業以發行股票等方式籌集資金實際收到的款項淨額（發行收入減去支付的佣金等發行費用后的淨額）。本項目可以根據「實收資本（或股本）」「資本公積」「銀行存款」等科目的記錄分析填列。

②「取得借款收到的現金」項目

該項目反應企業舉借各種短期、長期借款而收到的現金，以及發行債券實際收到的款項淨額（發行收入減去直接支付的佣金等發行費用后的淨額）。本項目可以根據「短期借款」「長期借款」「應付債券」「庫存現金」「銀行存款」等科目的記錄分析填列。

③「償還債務支付的現金」項目

該項目反應企業償還債務本金所支付的現金，包括償還金融企業的借款本金、償還債券本金等。企業支付的借款利息和債券利息在「分配股利、利潤或償付利息支付的現金」項目反應，不包括在本項目內。本項目可以根據「短期借款」「長期借款」「應付債券」等科目的記錄分析填列。

④「分配股利、利潤或償付利息支付的現金」項目

該項目反應企業實際支付的現金股利、支付給其他投資單位的利潤或用現金支付的借款利息、債券利息等。不同用途的借款，其利息的開支渠道不一樣，如在建工程、製造費用、財務費用等，均在本項目中反應。本項目可以根據「應付股利」「應付利息」「在建工程」「製造費用」「研發支出」「財務費用」等科目的記錄分析填列。

【任務操作要求】

學習並理解任務指導。

任務 7.2.3 小結

現金流量表的重點：
（1）「現金」和「現金等價物」的概念；
（2）經營活動現金流量、投資活動現金流量和籌資活動現金流量的內容。

參考文獻

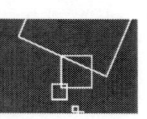

［1］企業會計準則編審委員會. 企業會計準則（2015年版）［M］. 上海：立信會計出版社，2015.

［2］企業會計準則編審委員會. 企業會計準則應用指南（2015年版）［M］. 上海：立信會計出版社，2015.

［3］財政部會計資格評價中心. 初級會計實務［M］. 北京：中國財政經濟出版社，2015.

［4］唐東升，熊玉紅. 企業初級會計核算與報告［M］. 北京：北京理工大學出版社，2013.

［5］朱盛萍，張向紅. 財務會計［M］. 北京：中國商業出版社，2012.

［6］李桂芹，喬鐵松. 財務會計項目化教程［M］. 北京：冶金工業出版社，2011.

［7］趙紅. 財務會計實務［M］. 北京：機械工業出版社，2011.

［8］沈應仙. 財務會計［M］. 北京：中國人民大學出版社，2009.

附錄　會計實務分錄精編

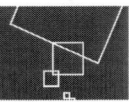

模塊 1　出納崗位

庫存現金

1. 庫存現金溢余
(1) 發生溢余時
借：庫存現金
　　貸：待處理財產損溢
(2) 報經批准后
借：待處理財產損溢
　　貸：其他應收款
　　　　營業外收入
2. 庫存現金短缺
(1) 發生短缺時
借：待處理財產損溢
　　貸：庫存現金
(2) 報經批准后
借：其他應收款
　　管理費用
　　貸：待處理財產損溢

其他貨幣資金

1. 銀行匯票、銀行本票
付款方：
(1) 申請銀行匯票、銀行本票
借：其他貨幣資金——銀行匯票（本票）存款
　　貸：銀行存款
(2) 使用銀行匯票、銀行本票支付購貨款
借：在途物資等
　　應交稅費——應交增值說（進項稅額）
　　貸：其他貨幣資金——銀行匯票（本票）存款
(3) 退回多余銀行匯票款
借：銀行存款
　　貸：其他貨幣資金——銀行匯票存款
收款方：銷售產品，收到銀行匯票、銀行本票
借：銀行存款
　　貸：主營業務收入
　　　　應交稅費——應交增值稅（銷項稅額）
2. 信用卡存款
(1) 取得信用卡
借：其他貨幣資金——信用卡存款
　　貸：銀行存款
(2) 使用信用卡
借：管理費用等
　　貸：其他貨幣資金——信用卡存款
(3) 銷戶，余額轉入基本存款戶
借：銀行存款
　　貸：其他貨幣資金——信用卡存款
3. 存出投資款
(1) 向證券公司劃出資金
借：其他貨幣資金——存出投資款
　　貸：銀行存款
(2) 購買股票、債券
借：交易性金融資產等
　　貸：其他貨幣資金——存出投資款
4. 外埠存款
(1) 匯款到異地開立採購專戶
借：其他貨幣資金——外埠存款
　　貸：銀行存款
(2) 使用採購專戶支付購貨款
借：在途物資等

應交稅費——應交增值說（進項稅額）
　貸：其他貨幣資金——外埠存款
（3）採購專戶余款轉回
借：銀行存款
　貸：其他貨幣資金——外埠存款

模塊 2　往來結算崗位

應收票據

1. 銷售商品收到商業匯票
借：應收票據
　貸：主營業務收入
　　　應交稅費——應交增值稅（銷項稅額）
2. 期末計算帶息應收票據的利息
借：應收票據
　貸：財務費用
3. 應收票據到期，如數收回票款
借：銀行存款
　貸：應收票據
4. 應收票據到期，無法收回票款
借：應收帳款
　貸：應收票據
5. 轉讓應收票據取得所購物資
借：原材料等
　　應交稅費——應交增值稅（進項稅額）
　　　　　　（銀行存款）
　貸：應收票據——乙公司
　　　銀行存款
6. 不帶息應收票據貼現
借：銀行存款
　　財務費用
　貸：應收票據
7. 貼現票據到期，承兌人無力支付
借：應收帳款
　貸：銀行存款　　（被扣款）
　　　短期借款　　（不足扣款）

應付票據

1. 簽發應付票據

（1）採購材料用應付票據結算
借：原材料等
　　應交稅費——應交增值稅（進項稅額）
　貸：應付票據
（2）支付銀行承兌匯票手續費
借：財務費用
　貸：銀行存款
2. 按期計提帶息應付票據利息
借：財務費用
　貸：應付票據
3. 應付票據到期，如數支付票款
借：應付票據
　貸：銀行存款
4. 應付票據到期，無力付款
（1）商業承兌匯票到期，無力支付
借：應付票據
　貸：應付帳款
（2）銀行承兌匯票到期，無力支付
借：應付票據
　貸：短期借款

應收帳款

1. 賒銷
借：應收帳款
　貸：主營業務收入
　　　應交稅費——應交增值稅（銷項稅額）
　　　銀行存款
2. 收款
借：銀行存款
　　財務費用　　（現金折扣）
　貸：應收帳款

應付帳款

1. 發生應付帳款
借：材料採購等
　　應交稅費——應交增值稅（進項稅額）
　貸：應付帳款
2. 償還應付帳款
借：應付帳款
　貸：銀行存款

財務費用　　　　（現金折扣）
3. 確實無法支付的應付款項
借：應付帳款
　　貸：營業外收入

預收帳款

1. 預收貨款
借：銀行存款
　　貸：預收帳款
2. 發出貨物
借：預收帳款
　　貸：主營業務收入
　　　　應交稅費——應交增值稅（銷項稅額）
3. 退回多收貨款
借：預收帳款
　　貸：銀行存款
4. 補收貨款
借：銀行存款
　　貸：預收帳款

預付帳款

1. 預付貨款
借：預付帳款
　　貸：銀行存款
2. 貨到
借：原材料等
　　　應交稅費——應交增值稅（進項稅額）
　　貸：預付帳款
3. 補付貨款
借：預付帳款
　　貸：銀行存款
4. 收回多付的貨款
借：銀行存款
　　貸：預付帳款

其他應收款——備用金

1. 定額備用金制度
（1）撥付
借：其他應收款/備用金
　　貸：庫存現金

（2）報銷、補足
借：管理費用等
　　貸：庫存現金
（3）收回
借：庫存現金
　　貸：其他應收款/備用金
2. 一次報銷制
（1）撥付
借：其他應收款/備用金
　　貸：庫存現金
（2）報銷
借：管理費用等
　　貸：其他應收款/備用金
借或貸：庫存現金

壞帳準備

1. 計提壞帳準備
借：資產減值損失
　　貸：壞帳準備
2. 衝銷多提的壞帳準備
借：壞帳準備
　　貸：資產減值損失
3. 發生壞帳損失
借：壞帳準備
　　貸：應收帳款等
4. 已轉銷的壞帳又收回
借：應收帳款等
　　貸：壞帳準備
同時：
借：銀行存款
　　貸：應收帳款等

應交稅費——增值稅

1. 一般納稅人
（1）購進貨物，若進項稅可抵
借：材料採購等
　　　應交稅費——應交增值稅（進項稅額）
　　貸：銀行存款等
（2）購進貨物改變用途
借：在建工程

貸：原材料
　　　　應交稅費——應交增值稅（進項稅額
　　　　　轉出）
（3）銷售貨物
借：應收帳款
　　貸：主營業務收入/其他業務收入
　　　　應交稅費——應交增值稅（銷項稅額）
（4）視同銷售
不作銷售處理：
借：在建工程、營業外支出
　　貸：庫存商品
　　　　應交稅費——應交增值稅（銷項稅額）
作銷售處理：
借：應付職工薪酬、長期股權投資
　　貸：主營業務收入/其他業務收入
　　　　應交稅費——應交增值稅（銷項稅額）
（5）繳納當月增值稅
借：應交稅費——應交增值稅（已交稅金）
　　貸：銀行存款
（6）繳納前期未交增值稅
借：應交稅費——未交增值稅
　　貸：銀行存款
（7）月末結轉本月應交未交增值稅
借：應交稅費——應交增值稅（轉出未交
　　　增值稅）
　　貸：應交稅費——未交增值稅
（8）月末結轉本月多交的增值稅
借：應交稅費——未交增值稅
　　貸：應交稅費——應交增值稅（轉出多交
　　　　　增值稅）
2. 小規模納稅企業
（1）購進貨物
借：原材料等
　　貸：銀行存款等
（2）銷售貨物
借：應收帳款等
　　貸：主營業務收入
　　　　應交稅費——應交增值稅

應交稅費——消費稅

1. 銷售應稅消費品以及將自產應稅消費品用於投
資、分配給職工
借：營業稅金及附加
　　貸：應交稅費——應交消費稅
2. 將自產應稅消費品用於在建工程、對外捐贈等
借：在建工程/營業外支出
　　貸：應交稅費——應交消費稅
3. 委託加工應稅消費品
（1）若收回後用於連續生產應稅消費品
借：應交稅費——應交消費稅
　　貸：銀行存款
（2）若收回後直接銷售
借：委託加工物資
　　貸：銀行存款

城市維護建設稅和教育費附加

1. 計算城市維護建設稅
借：營業稅金及附加
　　貸：應交稅費——應交城市維護建設稅
2. 計算教育費附加
借：營業稅金及附加
　　貸：應交稅費——應交教育費附加

模塊3　財產物資崗位

原材料——實際成本法

1. 外購材料
（1）單貨同到
借：原材料
　　應交稅費——應交增值稅（進項稅額）
　　貸：銀行存款等
（2）單到貨未到
單到：
借：在途物資
　　應交稅費——應交增值說（進項稅額）
　　貸：銀行存款等
貨到：
借：原材料
　　貸：在途物資
（3）貨到單未到

①暫不入帳
②月內，結算單到達后
借：原材料
　　應交稅費——應交增值說（進項稅額）
　貸：銀行存款等
③月末，結算單仍未到達，暫估入帳
借：原材料
　貸：應付帳款——暫估應付帳款
④下月初，紅字衝銷（註：金額用紅字）
借：原材料
　貸：應付帳款——暫估應付帳款
2. 發出材料
借：生產成本、製造費用、管理費用等
　貸：原材料

原材料——計劃成本法

1. 外購材料
（1）採購
借：材料採購
　　應交稅費——應交增值稅（進項稅額）
　貸：銀行存款等
（2）材料驗收入庫
借：原材料
　　材料成本差異　　（超支）
　貸：材料採購
　　　材料成本差異　　（節約）
2. 發出材料
（1）結轉發出材料計劃成本
借：生產成本、製造費用、管理費用等
　貸：原材料
（2）結轉發出材料成本差異
若為超支差異：
借：生產成本、製造費用、管理費用等
　貸：材料成本差異
若為節約差異：
借：材料成本差異
　貸：生產成本、製造費用、管理費用等

包裝物

1. 生產領用包裝物

借：生產成本
　貸：週轉材料——包裝物
如果按計劃成本計價，還要結轉材料成本差異
2. 隨同商品出售不單獨計價的包裝物
借：銷售費用
　貸：週轉材料——包裝物
3. 隨同商品出售單獨計價的包裝物
借：銀行存款
　貸：其他業務收入
　　　應交稅費——應交增值稅（銷項稅額）
同時：
借：其他業務成本
　貸：週轉材料——包裝物
4. 出借包裝物
（1）收取押金
借：銀行存款
　貸：其他應付款
（2）退還押金
借：其他應付款
　貸：銀行存款
5. 出租包裝物
（1）出租包裝物收取租金
借：銀行存款、其他應收款
　貸：其他業務收入
　　　應交稅費——應交增值稅（銷項稅額）
（2）出租包裝物，若一次性轉銷成本
借：其他業務成本
　貸：週轉材料——包裝物

低值易耗品

1. 一次攤銷法
（1）領用時攤銷全部價值
借：製造費用、管理費用等
　貸：週轉材料——低值易耗品
（2）報廢時殘值
借：原材料
　貸：製造費用、管理費用等
2. 五五攤銷法
（1）領用時
將在庫轉為在用：

借：週轉材料——低值易耗品——在用
　　貸：週轉材料——低值易耗品——在庫
同時攤銷價值的一半：
借：製造費用、管理費用等
　　貸：週轉材料——低值易耗品——攤銷
（2）報廢時
攤銷價值的另一半：
借：製造費用、管理費用等
　　貸：週轉材料——低值易耗品——攤銷
註銷在用：
借：週轉材料——低值易耗品——攤銷
　　貸：週轉材料——低值易耗品——在用

委託加工物資

1. 發出委託加工材料
借：委託加工物資
　　貸：原材料
若按計劃成本計價，還應結轉材料成本差異
2. 支付加工費、增值稅、運雜費
借：委託加工物資
　　應交稅費——應交增值稅（進項稅額）
　　貸：銀行存款等
3. 支付消費稅
借：委託加工物資　（收回后直接出售）
　　應交稅費——應交消費稅（收回后繼續加工）
　　貸：銀行存款等
4. 收回委託加工物資
借：庫存商品、原材料、週轉材料等
　　貸：委託加工物資
借或貸：商品進銷差價/材料成本差異

存貨清查

1. 存貨盤盈
（1）審批前
借：原材料、庫存商品、週轉材料等
　　貸：待處理財產損溢
（2）審批后
借：待處理財產損溢
　　貸：管理費用

2. 存貨盤虧
（1）審批前
借：待處理財產損溢
　　貸：原材料、庫存商品、週轉材料等
　　　　應交稅費——應交增值稅（進項稅額轉出）
（2）審批后
借：原材料、其他應收款、管理費用、營業外支出
　　貸：待處理財產損溢

存貨期末計量

1. 計提存貨跌價準備
借：資產減值損失
　　貸：存貨跌價準備
2. 轉回存貨跌價準備
借：存貨跌價準備
　　貸：資產減值損失

固定資產

1. 購入不需安裝的固定資產
借：固定資產
　　應交稅費——應交增值稅（進項稅額）
　　貸：銀行存款
2. 購入需要安裝的固定資產
（1）購入
借：在建工程
　　應交稅費——應交增值稅（進項稅額）
　　貸：銀行存款
（2）安裝
借：在建工程
　　貸：原材料、銀行存款、應付職工薪酬等
（3）安裝完畢達到預定可使用狀態
借：固定資產
　　貸：在建工程
3. 超過正常信用期分期付款購買固定資產
（1）購入固定資產
借：固定資產/在建工程
　　未確認融資費用
　　貸：長期應付款

(2) 未確認融資費用攤銷
借：財務費用/在建工程
　　貸：未確認融資費用
(3) 支付長期應付款
借：長期應付款
　　貸：銀行存款
4. 自營方式建造固定資產（不動產）
(1) 購入工程物資
借：工程物資
　　貸：銀行存款
(2) 領用工程物資
借：在建工程
　　貸：工程物資
(3) 工程領用生產用原材料
借：在建工程
　　貸：原材料
　　　　應交稅費——應交增值稅（進項稅額轉出）
(4) 工程領用自產產品
借：在建工程
　　貸：庫存商品
　　　　應交稅費——應交增值稅（銷項稅額）
(5) 計提工程人員工資
借：在建工程
　　貸：應付職工薪酬
(6) 輔助生產車間為工程提供勞務支出
借：在建工程
　　貸：生產成本——輔助生產成本
(7) 工程完工達到預定可使用狀態
借：固定資產
　　貸：在建工程
(8) 剩餘工程物資轉為生產用材料
借：原材料
　　應交稅費——應交增值稅（進項稅額）
　　貸：工程物資
5. 出包方式建造固定資產
(1) 按工程進度支付工程款
借：在建工程
　　貸：銀行存款
(2) 工程完工
借：固定資產
　　貸：在建工程
6. 固定資產計提折舊
借：製造費用、管理費用、銷售費用等
　　貸：累計折舊
7. 固定資產改擴建
(1) 將固定資產帳面價值轉入在建工程
借：在建工程
　　累計折舊
　　固定資產減值準備
　　貸：固定資產
(2) 發生改擴建支出
借：在建工程
　　貸：銀行存款
　　　　工程物資
　　　　應付職工薪酬等
(3) 建造過程中發生非正常毀損
借：營業外支出
　　其他應收款
　　貸：在建工程
(4) 改擴建工程達到預定可使用狀態
借：固定資產
　　貸：在建工程
8. 固定資產處置（出售、報廢、毀損）
(1) 固定資產轉入清理
借：固定資產清理
　　累計折舊
　　固定資產減值準備
　　貸：固定資產
(2) 發生清理費用
借：固定資產清理
　　貸：銀行存款
(3) 計算出售不動產應交營業稅
借：固定資產清理
　　貸：應交稅費——應交營業稅
(4) 清理收入：出售固定資產收入、殘值收入、保險賠款等
借：銀行存款、原材料、其他應收款等
　　貸：固定資產清理
　　　　應交稅費——應交增值稅（銷項稅額）
(5) 結轉清理淨損失
借：營業外支出

貸：固定資產清理
（6）結轉清理淨收益
借：固定資產清理
　　貸：營業外收入
9. 固定資產盤虧
（1）審批前
借：待處理財產損溢
　　　累計折舊
　　　固定資產減值準備
　　貸：固定資產
（2）審批后
借：其他應收款
　　　營業外支出
　　貸：待處理財產損溢
10. 固定資產盤盈
（1）盤盈時
借：固定資產
　　貸：以前年度損益調整
（2）計算應交企業所得稅
借：以前年度損益調整
　　貸：應交稅費——應交企業所得稅
（3）結轉為留存收益
借：以前年度損益調整
　　貸：盈餘公積
　　　　利潤分配——未分配利潤
11. 計提固定資產減值準備
借：資產減值損失
　　貸：固定資產減值準備

無形資產

1. 外購無形資產
借：無形資產
　　貸：銀行存款
2. 自行研發無形資產
（1）發生研發支出
借：研發支出——費用化支出
　　　　　　——資本化支出
　　貸：原材料
　　　　應付職工薪酬
　　　　累計折舊

　　　　銀行存款等
（2）期末，結轉費用化支出
借：管理費用
　　貸：研發支出——費用化支出
（3）達到預定用途
借：無形資產
　　貸：研發支出——資本化支出
3. 使用壽命有限的無形資產攤銷
借：生產成本
　　　管理費用
　　　製造費用
　　　其他業務成本
　　　研發支出
　　貸：累計攤銷
4. 無形資產處置
借：銀行存款
　　　累計攤銷
　　　無形資產減值準備
　　　營業外支出——處置非流動資產損失
　　貸：無形資產
　　　　應交稅費——應交營業稅
　　　　營業外收入——處置非流動資產利得
5. 計提無形資產減值準備
借：資產減值損失
　　貸：無形資產減值準備

投資性房地產

1. 外購投資性房地產
借：投資性房地產　　（成本模式）
　　　投資性房地產——成本　（公允價值模式）
　　貸：銀行存款
2. 自行建造投資性房地產
借：投資性房地產
　　　投資性房地產——成本
　　貸：在建工程
3. 作為存貨的房地產轉換為投資性房地產
成本模式：
借：投資性房地產
　　　存貨跌價準備
　　貸：開發產品

公允價值模式：
借：投資性房地產——成本
　　　存貨跌價準備
　　　公允價值變動損益　（借差）
　貸：開發產品
　　　其他綜合收益　（貸差）
4. 自用建築物等轉換為投資性房地產
成本模式：
借：投資性房地產
　　累計折舊（攤銷）
　　固定資產（無形資產）減值準備
　貸：固定資產（無形資產）
　　　投資性房地產累計折舊（攤銷）
　　　投資性房地產減值準備
公允價值模式：
借：投資性房地產——成本
　　累計折舊（攤銷）
　　固定資產（無形資產）減值準備
　　公允價值變動損益　（借差）
　貸：固定資產（無形資產）
　　　其他綜合收益　（貸差）
5. 投資性房地產的后續計量
成本模式：
(1) 計提折舊或進行攤銷
借：其他業務成本
　貸：投資性房地產累計折舊（攤銷）
(2) 取得租金收入
借：銀行存款
　　其他應收款
　貸：其他業務收入
(3) 計提減值準備
借：資產減值損失
　貸：投資性房地產減值準備
公允價值模式：
(1) 資產負債表日，公允價值>帳面價值
借：投資性房地產——公允價值變動
　貸：公允價值變動損益
(2) 資產負債表日，公允價值<帳面價值
借：公允價值變動損益
　貸：投資性房地產——公允價值變動
6. 投資性房地產的處置

成本模式：
(1) 取得處置收入
借：銀行存款
　貸：其他業務收入
(2) 結轉投資性房地產的帳面價值
借：其他業務成本
　　投資性房地產累計折舊（攤銷）
　　投資性房地產減值準備
　貸：投資性房地產
公允價值模式：
(1) 取得處置收入
借：銀行存款
　貸：其他業務收入
(2) 結轉投資性房地產的帳面價值
借：其他業務成本
　貸：投資性房地產——成本
　貸：投資性房地產——公允價值變動（也可能在借方）
同時：
借：公允價值變動損益
　貸：其他業務成本
或者：
借：其他業務成本
　貸：公允價值變動損益

模塊4　資金管理崗位

短期借款

1. 借入
借：銀行存款
　貸：短期借款
2. 計提短期借款應付利息
借：財務費用
　貸：應付利息
3. 還本付息
借：短期借款
　　應付利息
　　財務費用（未計提的利息）
　貸：銀行存款

長期借款

1. 借入
借：銀行存款
　　貸：長期借款——本金
2. 計提長期借款利息
借：在建工程
　　財務費用
　　研發支出
　　管理費用
　　貸：應付利息　（分期支付的付息）
　　　　長期借款——應計利息（到期支付的利息）
3. 歸還本息
借：長期借款——本金
　　　　　　——應計利息
　　應付利息
　　在建工程、財務費用等（未計提的利息）
　　貸：銀行存款

應付債券

1. 發行債券
借：銀行存款
　　貸：應付債券——面值
借或貸：應付債券——利息調整
2. 計提利息及利息調整的攤銷
借：在建工程
　　財務費用
　　研發支出
　　管理費用
　　貸：應付利息
　　　　應付債券——應計利息
借或貸：應付債券——利息調整
3. 歸還本息
借：應付債券——面值
　　　　　　——應計利息
　　應付利息
　　在建工程、財務費用等（未計提的利息）
　　貸：銀行存款

實收資本

1. 接受投資者投資
借：銀行存款
　　固定資產
　　原材料
　　應交稅費——應交增值稅（進項稅額）
　　無形資產
　　貸：實收資本
　　　　資本公積——資本溢價
2. 資本公積轉為實收資本
借：資本公積
　　貸：實收資本
3. 盈余公積轉為實收資本
借：盈余公積
　　貸：實收資本

股本

1. 股份有限公司發行股票
借：銀行存款
　　貸：股本
　　　　資本公積——股本溢價
2. 股份有限公司回購股票，註銷股本
（1）回購股份
借：庫存股
　　貸：銀行存款
（2）註銷庫存股
若面值回購：
借：股本
　　貸：庫存股
若溢價回購：
借：股本
　　資本公積——股本溢價
　　盈余公積
　　利潤分配——未分配利潤
　　貸：庫存股
若折價回購：
借：股本
　　貸：庫存股
　　　　資本公積——股本溢價

交易性金融資產

1. 初始取得交易性金融資產
借：交易性金融資產——成本
　　投資收益
　　應收股利
　　應收利息
　貸：其他貨幣資金等
2. 持有期間的現金股利或債券利息
借：應收股利
　　應收利息
　貸：投資收益
3. 收到現金股利或利息
借：銀行存款
　貸：應收股利
　　　應收利息
4. 資產負債表日，公允價值大於帳面價值時
借：交易性金融資產——公允價值變動
　貸：公允價值變動損益
5. 資產負債表日，公允價值小於帳面價值時
借：公允價值變動損益
　貸：交易性金融資產——公允價值變動
6. 出售交易性金融資產
借：其他貨幣資金等
　貸：交易性金融資產——成本
借或貸：交易性金融資產——公允價值變動
　　　　投資收益
同時：
借或貸：公允價值變動損益
　貸或借：投資收益

持有至到期投資

1. 取得持有至到期投資
借：持有至到期投資——成本
　　應收利息
　貸：其他貨幣資金等
借或貸：持有至到期投資——利息調整
2. 持有期間計算利息收入
借：應收利息　（分期付息的）
　　持有至到期投資——應計利息（到期付息的）
　貸：投資收益
借或貸：持有至到期投資——利息調整
3. 計提持有至到期投資減值準備
借：資產減值損失
　貸：持有至到期投資減值準備
4. 出售持有至到期投資
借：其他貨幣資金等
　　持有至到期投資減值準備
　貸：持有至到期投資——成本
　　　　　　　　　　——應計利息
借或貸：投資收益

可供出售金融資產

1. 取得可供出售金融資產
（1）股票投資
借：可供出售金融資產——成本
　　應收股利
　貸：其他貨幣資金等
（2）債券投資
借：可供出售金融資產——成本
　　應收利息
　貸：其他貨幣資金等
借或貸：可供出售金融資產——利息調整
2. 持有股票期間，被投資單位宣告發放現金股利
借：應收股利
　貸：投資收益
3. 持有期間計算債券利息
借：應收利息　（分期付息的）
　　可供出售金融資產——應計利息（到期付息的）
　貸：投資收益
借或貸：可供出售金融資產——利息調整
4. 資產負債表日，可供出售金融資產公允價值變動
（1）公允價值上升
借：可供出售金融資產——公允價值變動
　貸：其他綜合收益
（2）公允價值下降
借：其他綜合收益
　貸：可供出售金融資產——公允價值變動

5. 可供出售金融資產發生減值
借：資產減值損失
　　貸：其他綜合收益
　　　　可供出售金融資產——減值準備
6. 出售可供出售金融資產
(1) 債券投資
借：其他貨幣資金等
　　可供出售金融資產——減值準備
貸：可供出售金融資產——成本
　　可供出售金融資產——利息調整（可能在借方）
　　可供出售金融資產——公允價值變動（可能在借方）
　　可供出售金融資產——應計利息
借或貸：投資收益
同時：
借或貸：其他綜合收益
　　貸或借：投資收益
(2) 股票投資
借：其他貨幣資金等
　　可供出售金融資產——減值準備
貸：可供出售金融資產——成本
　　可供出售金融資產——公允價值變動（可能在借方）
借或貸：投資收益
同時：
借或貸：其他綜合收益
　　貸或借：投資收益

長期股權投資——成本法

1. 取得長期股權投資時
借：長期股權投資
　　應收股利
　　貸：其他貨幣資金等
2. 持有期間，被投資單位宣告分派現金股利
借：應收股利
　　貸：投資收益
3. 收到現金股利
借：銀行存款
　　貸：應收股利

4. 計提長期股權投資減值準備
借：資產減值損失
　　貸：長期股權投資減值準備
5. 處置長期股權投資
借：銀行存款
　　長期股權投資減值準備
　　貸：長期股權投資
　　　　投資收益（也可能在借方）

長期股權投資——權益法

1. 取得長期股權投資時
(1) 初始投資成本大於應享有被投資單位可辨認淨資產公允價值份額
借：長期股權投資——成本
　　應收股利
　　貸：其他貨幣資金等
(2) 初始投資成本小於應享有被投資單位可辨認淨資產公允價值份額
借：長期股權投資——成本
　　應收股利
　　貸：其他貨幣資金等
同時：
借：長期股權投資——成本
　　貸：營業外收入
2. 持有期間
(1) 被投資單位實現淨利潤
借：長期股權投資——損益調整
　　貸：投資收益
(2) 被投資單位發生虧損
借：投資收益
　　貸：長期股權投資——損益調整
(3) 被投資單位其他綜合收益
借或貸：長期股權投資——其他綜合收益
　　貸或借：其他綜合收益
(4) 被投資單位除淨損益、其他綜合收益外的所有者權益的其他變動
借或貸：長期股權投資——其他權益變動
　　貸或借：資本公積——其他資本公積
(5) 被投資單位宣告分配現金股利
借：應收股利

貸：長期股權投資——損益調整
（6）計提減值準備
借：資產減值損失
　　貸：長期股權投資減值準備
（7）處置長期股權投資
借：其他貨幣資金等
　　長期股權投資減值準備
　　貸：長期股權投資——成本
　　　　長期股權投資——損益調整（也可能在借方）
　　　　長期股權投資——其他權益變動（也可能在借方）
　　　　長期股權投資——其他綜合收益（也可能在借方）
　　　　投資收益（也可能在借方）
同時：
借或貸：資本公積——其他資本公積
　　貸或借：投資收益
借或貸：其他綜合收益
　　貸或借：投資收益

模塊 5　職工薪酬崗位

1. 貨幣性職工薪酬
（1）確認分配職工薪酬
借：生產成本
　　製造費用
　　管理費用
　　銷售費用
　　在建工程
　　研發支出
　　貸：應付職工薪酬
（2）發放
借：應付職工薪酬
　　貸：庫存現金、銀行存款
2. 非貨幣性職工薪酬
（1）以自產產品作為非貨幣性福利發放給職工
計提時：
借：生產成本、製造費用、管理費用等
　　貸：應付職工薪酬——非貨幣性福利

實際發放時：
借：應付職工薪酬——非貨幣性福利
　　貸：主營業務收入
　　　　應交稅費——應交增值稅（銷項稅額）
同時：
借：主營業務成本
　　貸：庫存商品
（2）將擁有的房屋、車輛等資產無償供職工使用
計提時：
借：生產成本、製造費用、管理費用等
　　貸：應付職工薪酬——非貨幣性福利
同時：
借：應付職工薪酬——非貨幣性福利
　　貸：累計折舊
（3）租賃住房供職工無償使用
計提時：
借：生產成本、製造費用、管理費用等
　　貸：應付職工薪酬——非貨幣性福利
支付租金時：
借：應付職工薪酬——非貨幣性福利
　　貸：銀行存款等

模塊 6　財務成果崗位

銷售商品收入

1. 一般銷售商品業務
（1）銷售實現確認收入
借：銀行存款、應收帳款、應收票據等
　　貸：主營業務收入
　　　　應交稅費——應交增值稅（銷項稅額）
（2）隨時或定期結轉銷售成本
借：主營業務成本
　　存貨跌價準備
　　貸：庫存商品
2. 已發出但不符合銷售商品收入確認條件的
（1）發出商品時
借：發出商品
　　貸：庫存商品

（2）納稅義務已經發生時
借：應收帳款
　　貸：應交稅費——應交增值稅（銷項稅額）
（3）滿足收入確認條件時
借：銀行存款、應收帳款、應收票據等
　　貸：主營業務收入
借：主營業務成本
　　貸：發出商品
3. 銷售商品涉及現金折扣、商業折扣
（1）銷售實現確認收入
借：應收帳款
　　貸：主營業務收入
　　　　應交稅費——應交增值稅（銷項稅額）
（2）收到款項
借：銀行存款
　　財務費用　（現金折扣）
　　貸：應收帳款
4. 銷售商品涉及銷售折讓
（1）銷售折讓發生在確認收入之前，則應在確認收入時直接按扣除銷售折讓后的金額確認
借：銀行存款等
　　貸：主營業務收入（扣除折讓后的淨額）
　　　　應交稅費——應交增值稅（銷項稅額）
（2）銷售折讓發生在確認收入之後，且不屬於資產負債表日后事項的
發生銷售折讓時：
借：主營業務收入
　　應交稅費——應交增值稅（銷項稅額）
　　貸：銀行存款等
5. 銷售退回
（1）對於未確認收入的售出商品，發生銷售退回時
借：庫存商品
　　貸：發出商品
若原發出商品增值稅納稅義務已發生
借：應交稅費——應交增值稅（銷項稅額）
　　貸：應收帳款
（2）對於已確認收入的售出商品發生的銷售退回
借：主營業務收入
　　應交稅費——應交增值稅（銷項稅額）
　　貸：銀行存款

財務費用
同時：
借：庫存商品
　　貸：主營業務成本
6. 採用支付手續費方式委託代銷商品
委託方：
（1）發出代銷商品時
借：委託代銷商品
　　貸：庫存商品
（2）收到代銷清單時
確認收入：
借：應收帳款
　　貸：主營業務收入
　　　　應交稅費——應交增值稅（銷項稅額）
同時：
借：主營業務成本
　　貸：委託代銷商品
（3）雙方結算時
借：銀行存款
　　銷售費用　（受託方收取的手續費）
　　貸：應收帳款
受託方：
（1）收到代銷商品時
借：受託代銷商品
　　貸：受託代銷商品款
（2）對外銷售時
借：銀行存款等
　　貸：受託代銷商品
　　　　應交稅費——應交增值稅（銷項稅額）
（3）收到委託方開具的增值稅專用發票時
借：應交稅費——應交增值稅（進項稅額）
　　貸：應付帳款
同時：
借：受託代銷商品款
　　貸：應付帳款
（4）雙方結算時
借：應付借款
　　貸：銀行存款
　　　　其他業務收入

提供勞務收入

1. 在同一會計期間內開始並完成的勞務
借：勞務成本或主營（其他）業務成本
　　貸：銀行存款等
借：銀行存款等
　　貸：主營（其他）業務收入
借：主營（其他）業務成本
　　貸：勞務成本
2. 提供勞務交易結果能夠可靠估計（完工百分比法）
（1）實際發生勞務成本時
借：勞務成本
　　貸：銀行存款等
（2）預收勞務款時
借：銀行存款
　　貸：預收帳款
（3）確認提供勞務收入
借：預收帳款
　　貸：主營業務收入
（4）結轉勞務成本時
借：主營業務成本
　　貸：勞務成本

利　潤

1. 結轉各項收入、利得
借：主營業務收入
　　其他業務收入
　　投資收益
　　營業外收入
　　公允價值變動損益
　　貸：本年利潤
2. 結轉各項費用、損失
借：本年利潤
　　貸：主營業務成本

　　　其他業務成本
　　　營業稅金及附加
　　　管理費用
　　　銷售費用
　　　財務費用
　　　資產減值損失
　　　營業外支出
　　　投資收益
　　　公允價值變動損益
3. 計算應交企業所得稅
借：所得稅費用
　　貸：應交稅費——應交企業所得稅
4. 結轉所得稅費用
借：本年利潤
　　貸：所得稅費用
5. 進行利潤分配
借：利潤分配——提取法定盈餘公積
　　　　　　——提取任意盈餘公積
　　　　　　——應付現金股利或利潤
　　貸：盈餘公積——法定盈餘公積
　　　　　　　　——任意盈餘公積
　　　應付股利
6. 年終結轉本年利潤
若為淨利潤：
借：本年利潤
　　貸：利潤分配——未分配利潤
若為虧損：
借：利潤分配——未分配利潤
　　貸：本年利潤
7. 年終結轉利潤分配
借：利潤分配——未分配利潤
　　貸：利潤分配——提取法定盈餘公積
　　　　　　　　——提取任意盈餘公積
　　　　　　　　——應付現金股利或利潤

國家圖書館出版品預行編目(CIP)資料

初級會計實務核算 / 張幫鳳, 唐瑩 主編. -- 第一版.
-- 臺北市：財經錢線文化出版：崧博發行, 2019.01
　面； 公分
ISBN 978-957-680-272-0(平裝)
1.初級會計
495.1　　　　107018836

書　名：初級會計實務核算
作　者：張幫鳳、唐瑩 主編
發行人：黃振庭
出版者：財經錢線文化事業有限公司
發行者：崧博出版事業有限公司
E-mail：sonbookservice@gmail.com
粉絲頁　　　　　網　址：
地　址：台北市中正區延平南路六十一號五樓一室
8F.-815, No.61, Sec. 1, Chongqing S. Rd., Zhongzheng Dist., Taipei City 100, Taiwan (R.O.C.)
電　話：(02)2370-3310　傳　真：(02) 2370-3210
總經銷：紅螞蟻圖書有限公司
地　址：台北市內湖區舊宗路二段 121 巷 19 號
電　話：02-2795-3656　　傳真：02-2795-4100　　網址：
印　刷：京峯彩色印刷有限公司（京峰數位）

　　本書版權為西南財經大學出版社所有授權崧博出版事業有限公司獨家發行電子書及繁體書繁體版。若有其他相關權利及授權需求請與本公司聯繫。
定價：600元
發行日期：2019 年 01 月第一版
◎ 本書以POD印製發行